双核过渡金属羰基配合物负离子的光电子速度成像研究

刘志凌　著

中国原子能出版社

图书在版编目（CIP）数据

双核过渡金属羰基配合物负离子的光电子速度成像研
究 / 刘志凌著. --北京：中国原子能出版社，2023.6

ISBN 978-7-5221-2772-9

Ⅰ. ①双… Ⅱ. ①刘… Ⅲ. ①光电器件–成像原理–
研究 Ⅳ. ①TN15

中国国家版本馆 CIP 数据核字（2023）第 164381 号

双核过渡金属羰基配合物负离子的光电子速度成像研究

出版发行	中国原子能出版社（北京市海淀区阜成路 43 号　100048）
责任编辑	张　磊
责任印制	赵　明
印　　刷	北京金港印刷有限公司
经　　销	全国新华书店
开　　本	787 mm×1092 mm　1/16
印　　张	10.75
字　　数	189 千字
版　　次	2023 年 6 月第 1 版　2023 年 6 月第 1 次印刷
书　　号	ISBN 978-7-5221-2772-9　　　定　价　75.00 元

网址：http://www.aep.com.cn　　　　**E-mail：atomep123@126.com**
发行电话：010-68452845

作者简介

　　刘志凌，男，汉族，1987 年 6 月出生，入选 2018 年度山西省"三晋英才"支持计划青年优秀人才。毕业于中国科学院大连化学物理研究所，博士研究生学历，主要研究方向为气相团簇的反应动力学，化合物的几何结构、电子结构、化学成键和反应特性。现就职于山西师范大学化学与材料科学学院，副教授，硕士生导师，承担物理化学、物理化学实验等课程的教学工作。主持国家自然科学基金项目 1 项、山西省基础研究计划 2 项、山西省高等学校科技创新项目 1 项、中科院大连化物所分子反应动力学国家重点实验室开放课题 2 项、山西省高等学校教学改革创新项目 1 项、山西省研究生教育教学改革课题 1 项、山西师范大学教学改革项目 1 项，参与国家自然科学基金项目 4 项。

前　言

　　过渡金属羰基配合物在有机金属化学、现代配位化学和表面化学中发挥着重要作用，其中双、多核过渡金属羰基配合物，为研究金属 – 配体、金属 – 金属相互作用和反应性质提供了经典的范例。气相的负离子光电子速度成像是团簇研究的光谱技术之一，可以提供负离子和对应中性物种的几何结构、电子结构、化学成键特性和反应性质等信息。

　　基于此，本书采用负离子的光电子速度成像技术结合密度泛函理论计算，对代表性的双核过渡金属羰基配合物的几何电子结构、化学成键和反应机理进行了光谱实验和理论研究。全书共设置 8 章：第 1 章对过渡金属羰基配合物的制备、过渡金属羰基配合物的谱学和理论研究方法、过渡金属羰基配合物的化学成键进行梳理阐述；第 2 章主要介绍激光溅射团簇源、飞行时间质谱、负离子光电子速度成像等技术；第 3 章至第 7 章分别对 $Ni_2(CO)_n^-$ 负离子、$AgNi(CO)_n^-$ 负离子、$AgFe(CO)_4^-$ 负离子、$NbNiO(CO)_n^-$ 负离子、$TaNiO(CO)_n^-$ 负离子的光电子速度成像进行详尽的研究；第 8 章对本研究的结果进行经验总结与后续展望。

　　本书选题新颖独到、结构科学合理、内容丰富详实，可供从事气相光谱反应动力学的研究人员阅读，也可为大专院校化学及相关专业的师生提供参考。

　　作者在本书的写作过程中，参考、引用了许多国内外学者的相关研究成果，也得到了许多专家和同行的帮助和支持，在此表示诚挚的感谢。由于作者的专业领域和实验环境所限，加之作者研究水平有限，本书难以做到全面系统，谬误之处在所难免，敬请同行和读者提出宝贵意见。

目　录

第 1 章

绪 论

　　过渡金属羰基配合物是一类由过渡金属和一氧化碳配体形成的配合物，是配位化学和有机金属化学中常见且非常重要的化合物之一。过渡金属羰基配合物不仅作为有机金属化学合成的重要原料，而且是许多有机反应的关键催化剂。过渡金属羰基配合物正离子可以催化羰基化、烷基化聚合和许多的其他转化反应。简单的配体取代可以制备过渡金属羰基配合物的衍生物，使进一步的应用成为可能，如三羰基铬/锰的 π-芳烃配合物是亲核芳烃取代的优良底物。过渡金属羰基配合物作为催化剂参与重要的工业应用，如 Fischer-Tropsch 过程、Cativa 工艺、Pauson-Khand 反应等。自从杂配体的过渡金属羰基配合物 $Pt(CO)_2Cl_2$ 与均配体的过渡金属配合物 $Ni(CO)_4$ 和 $Fe(CO)_5$ 首次合成以来，这些过渡金属羰基配合物的合成、检测、结构和反应性一直是广泛研究的课题，并且仍然是现代过渡金属化学的重要研究领域。大量的过渡金属羰基配合物及其衍生物相继被合成，一方面是因为它们与合成和催化中的许多工业过程密切相关，另一方面是它们经常被视为理解化学基本概念的典型范例，如金属-配体键、金属-金属键、电子计数规则等。此外，多种过渡金属在化学反应中的协同作用，被认为是异核过渡金属配合物高效催化性能的根源。异核过渡金属羰基配合物提供了理想的模型，用于研究不同过渡金属间的协同作用对催化性能的影响。因此，无论是理论研究还是实际应用，过渡金属羰基配合物在近代无机化学中都具有特殊重要的地位。

　　温和环境条件下，稳定的中性过渡金属羰基配合物比较常见，如单核过渡金属羰基配合物 $Ni(CO)_4$、$Fe(CO)_5$ 和 $Cr(CO)_6$，以及双/多核过渡金属羰基团簇 $Mn_2(CO)_{10}$、$Fe_2(CO)_9$、$Fe_3(CO)_{12}$ 和 $Co_4(CO)_{12}$ 等。这些以液体或固体形式稳定存在的均配体羰基配合物，可以作为起始原材料，广泛地应用于有机金属化学合成等领域。此外，凝聚相中合成了许多带电的过渡金属羰基配合物离子，与适当的抗衡离子分离成盐。这些稳定的过渡金属羰基配合物一般是配位饱和，其中过渡金属中心的价层电子通常满足稳定的 18 电子结构。

　　除稳定的饱和过渡金属羰基配合物之外，配位不饱和的过渡金属羰基配合物也得到了广泛地关注。不饱和的过渡金属羰基配合物，即可以作为构建稳定的有机金属配合物的结构单元，又可作为非常活泼的反应中间体，参与各种重要的化学过程。光谱表征这些高活性的不饱和过渡金属羰基配合物，对于理解它们参与反应的内在机理至关重要。红外吸收光谱用于研究低温惰性气体基质中生成和分离的二元不饱和过渡金属羰基配合物，可以获得过渡金属羰基配合物的振动频率。饱和/不饱和的过渡金属羰基配合物离子也可以在气相中制得，其质谱研究提供了重要的热化学和光化学性质。进一步，尺寸可控、可重复、排除外界干扰的气相光谱研究，不仅提供了不饱和过渡金属羰基配合物的光谱信息，而且还揭示了反应动力学和光物理性质信息。例如，质量选择的光电子能谱技术广泛地应用于过渡金属羰基配合物负离子的光脱附研究，可以获得配合物的光谱参数和电子结构信息。利用红外光解离光谱结合红外自由电子激光或光参量放大/光参量振荡激光系统，科学家们研究了气相中生成的过渡金属羰基配合物离子的振动光谱，解析了它们的几何结构和化学成键。

1.1　过渡金属羰基配合物的制备

过渡金属羰基配合物的制备是进行光谱研究的前提。一般来说，不饱和过渡金属羰基配合物的生产主要有两种途径：第一种是从金属原子簇和 CO 分子开始，通过 CO 配体在过渡金属核上的连续吸附，从小至大制备不同配位数的过渡金属羰基配合物（式 1-1）；第二种是以稳定的饱和过渡金属羰基配合物为前驱体，利用不同的解离技术依次脱附前驱体的羰基配体，从大到小制备不饱和的过渡金属羰基配合物（式 1-2）。下面将简要介绍过渡金属羰基配合物的气相制备方法。

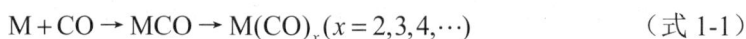

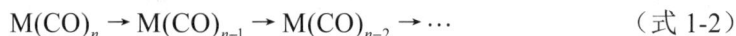

$$M + CO \rightarrow MCO \rightarrow M(CO)_x \, (x = 2, 3, 4, \cdots) \qquad （式\ 1\text{-}1）$$

$$M(CO)_n \rightarrow M(CO)_{n-1} \rightarrow M(CO)_{n-2} \rightarrow \cdots \qquad （式\ 1\text{-}2）$$

1.1.1　羰基配体吸附法

在没有合适的饱和羰基配合物前驱体的情况下，一些小的不饱和过渡金属羰基配合物的制备可以通过金属原子或团簇连续吸附羰基配体实现。因此，金属原子或团簇的制备是羰基配体吸附方法的第一步，这可以通过对金属样品的热蒸发、激光溅射、直流放电等方法实现。

早期的研究主要是通过热蒸发产生金属原子，然后与 CO 和惰性气体的混合气体共沉积，生成配位数不同的过渡金属羰基配合物。低温基质隔离技术在捕获活泼的不饱和过渡金属羰基配合物方面具有独特的优势。在低温条件，大量的惰性基质冻结并捕获不稳定的不饱和过渡金属羰基配合物。由于相互之间不能相遇，避免了活泼物种之间的碰撞淬灭；同时因为基质与这些客体分子间的相互作用很弱，低温降低了中间体的反应活性，在气相中很容易继续反应的不饱和羰基配合物可以被稳定下来，随后可以用诸如红外、拉曼、紫外可见吸收和电子顺磁共振等光谱手段进行研究。

近年来，激光溅射成为制备金属原子和离子的主要手段，常用于气相光电子能谱、红外吸收光谱、红外光解离光谱研究。激光溅射金属样品靶，可以生成含有金属原子、金属离子和电子的等离子体，或在大量的 Ar/Ne 气体中与 CO 共沉积，或在激光蒸发超声膨胀团簇源的生长通道中与惰性气体载带的 CO 反应，可以同时生成不同尺寸的过渡金属羰基配合物中性物种、正离子、负离子。激光溅射只对少量的靶材直接加热，从而最大限度地减少了杂质进入样品和基质上的热负荷。激光溅射同时产生了电子、正离子和中性原子，通过中性分子捕获电子可以生成负离子，通过正离子-分子反应可以生成新的正离子。因此，调节激光溅射源的条件，如溅射激光的能量、载气的压强、生长通道的尺寸、激光与载气间的时序等各种因素，可以优化生成不同尺寸、不同配位数的过渡金属羰基配合物。气相制备的过渡金属羰基配合物离子可以通过红外光解离光谱、光电子能谱等技术进行研究。

1.1.2 羰基配体解离法

当存在稳定的饱和过渡金属羰基配合物前驱体时，解离饱和的过渡金属羰基配合物前驱体是生成不饱和羰基配合物的有效方法，广泛应用于气相、溶液和惰性气体基质研究。各种不同的技术已被用于诱导过渡金属羰基配合物的解离，如紫外光解、激光辐射、微波放电、电子或离子束轰击。例如，Lineberger 和 Leopold 等通过对 $Fe(CO)_5$ 微波放电制备了低配位数的 $Fe(CO)_x^-$ ($x = 1 \sim 4$)，对 1:1 的 $Ni(CO)_4$ 和 CO 放电制备了小尺寸的 $Ni(CO)_x^-$ ($x = 1 \sim 3$)，然后利用光电子能谱测量了这些配合物的电子亲和能和振动频率[1]。Turner 和同事通过光解 $Fe(CO)_5$、$Cr(CO)_6$ 前驱体，制备 $Fe(CO)_{3,4}$、$Cr(CO)_{3\sim5}$，用于红外光谱研究[2]。利用紫外光解离技术，Weitz 等人在气相中制备了不饱和过渡金属羰基配合物，用于时间分辨红外吸收光谱研究[3]，Kompa 等人研究了 $Cr(CO)_6$ 和 $Fe(CO)_5$ 光解离的飞秒动力学[4]。

1.2 过渡金属羰基配合物的谱学和理论研究方法

为了对实验制备的羰基配合物进行组成和结构分析，特定的谱学检测方法必不可少。分子水平研究过渡金属羰基配合物，可以获取配合物的许多有价值信息，如配合物的几何结构、电子结构、振动频率、化学成键和反应活性等。利用各种谱学技术在气相或低温基质中研究单个的过渡金属羰基配合物，结合量子化学理论计算，可以很好地指认实验的光谱特征，确认配合物的几何结构，深入研究配合物的成键特征和反应特性。

1.2.1　谱学表征技术

气相中通过激光溅射等方法制备的过渡金属羰基配合物,其组成的确认往往会用到质谱技术。通过质谱技术,可以快速地确认过渡金属羰基配合物的组成和反应通道,但在确定分子几何结构等方面却是无能为力,需要结合一些基于激光的气相光谱技术,如负离子光电子能谱、红外光解离等。

基于光电效应原理的负离子光电子能谱是研究团簇离子结构和成键的重要光谱技术之一。实验时,采用脉冲激光溅射或电弧放电等与超声分子束技术相结合,制备过渡金属羰基配合物负离子,经飞行时间质谱确认其质量数,然后质量选择的负离子与特定波长的激光作用,光电离脱附出光电子。早期的光电子探测是通过飞行时间分析器进行能量分析,以获得光电子能谱的;后期发展的速度成像技术,可以同时对光电子进行动能分析和各向异性分析,获得相应的光电子能谱和光电子角分布信息。光电子能谱的实验结果直接揭示了中性物种的电子亲和能、激发态的相对能量和振动频率等信息。本书介绍了代表性的双核过渡金属羰基配合物负离子体系,采用的实验研究手段就是负离子的光电子速度成像技术。

红外光解离光谱是研究气相离子振动光谱的重要手段之一,常用的激光光源有光学参量振荡器和自由电子激光。实验时,利用超声膨胀脉冲激光溅射团簇源制备过渡金属羰基配合物离子,经质谱分析确认配合物的组成之后,对感兴趣的离子进行质量选择,并用可调谐的红外光使其发生解离,监测解离碎片的强度与入射激光波长的变化关系,即得到红外光解离光谱。由于过渡金属羰基配合物在 C—O 伸缩振动频率区间有很强的吸收,红外光解离光谱技术已经被国内外许多课题组广泛地应用于过渡金属羰基配合物离子和中性团簇的研究。

除了气相光谱技术,低温基质隔离技术结合光谱表征技术也是一种在研究过渡金属化合物的有效方法。在研究过渡金属羰基配合物方面,与低温基质隔离技术相结合的表征手段包括红外吸收光谱、电子自旋共振谱等。

红外吸收光谱是通过分子选择性吸收特定波长的红外光引起分子中的振动或转动跃迁。在低温基质中分子的转动自由度被限制,剩下纯粹的振动吸收,红外光谱峰变得尖锐易分辨,而且红外光谱范围广,可同时展现多个检测物。红外吸收光谱是表征配位不饱和过渡金属羰基配合物的主要光谱方法,与基质隔离技术相结合发展起来的基质隔离红外光谱技术,在结构表征和反应机理研究等方面发挥着重要的作用。

电子自旋共振谱是直接检测和研究含有未成对电子的顺磁性物质的方法,广泛应用于不饱和的过渡金属羰基配合物的研究。该技术结合基质隔离技术,只对含未成对电子的顺磁物种灵敏,可以提供基态电子态的信息。虽然电子自旋共振提供了分子结构和几何对称性的有关信息,但无法给出振动频率和键长的信息,不适用于简并的开壳层基态和闭壳层物种。

1.2.2　理论研究方法

过渡金属羰基配合物光谱实验结果的解析，离不开量子化学理论计算的辅助。对于本书介绍的双核过渡金属羰基配合物负离子体系，理论解析其光电子速度成像能谱的一般流程是：首先利用遗传算法结合密度泛函理论计算，优化得到双核过渡金属羰基配合物负离子的最稳定结构和低能量异构体；然后基于优化的几何结构，理论计算其电子亲和能、垂直脱附能、激发态的激发能、振动频率等性质，并与实验测量值对比，以确认光电子成像实验检测离子的几何结构；最后利用各种先进的量子化学方法分析过渡金属羰基配合物的化学键，理论计算过渡金属羰基配合物参与反应的路径，解释实验观测到的反应通道。

在过去的几十年里，一方面，复杂的量子化学方法在计算分子的可测量性质（如能量、几何结构、振动频率等）方面取得了前所未有的进展。各种不同的理论方法应用于计算过渡金属羰基配合物的几何结构、化学成键和反应性质。早期的 Hartree-Fock 方法低估了金属至 CO 的贡献，无法准确地描述金属 – 羰基配合物体系。考虑了电子相关效应的理论方法，如完全活性空间自洽场（CASSCF）、单双迭代（包括非迭代三重激发）耦合簇理论（CCSD（T））等，可以对这些系统进行合理的描述。必须强调的是，即使是 CCSD（T）方法，也只有在使用大基组时才能获得准确的键能，而且高昂的计算成本意味着它们不适用于多原子的金属羰基配合物。密度泛函理论是极具吸引力的替代计算方法，同时兼顾了计算成本和计算精度。如 B3LYP、BP86 等密度泛函结合合适的基组，可以合理地预测过渡金属配合物的几何结构[5]。

另一方面，不同的电子结构分析理论方法也得到快速发展，旨在深入了解分子的化学成键情况。下面将简要介绍目前广泛用于分析过渡金属配合物化学键的 6 种量子化学方法。这些方法包括自然键轨道（NBO）[6]、适应性自然密度划分（AdNDP）[7]、主相互作用轨道（PIO）[8]、分子中原子的量子理论（QTAIM）[9]、相互作用的量子原子（IQA）[10]和能量分解分析 – 化学价自然轨道（EDA-NOCV）[11]等。

NBO 分析是一种对密度矩阵部分对角化，从而将分子轨道部分定域化的量子化学方法。该方法从体系的密度矩阵信息中得到自然原子轨道（NAO），然后从 NAO 基的密度矩阵搜索出孤对电子和两中心两电子键，将体系转化为与 Lewi 式对应的定域描述。后来，NBO 方法被推广到共振现象的定量研究。

AdNDP 分析是 Zubarev 和 Boldyrev 于 2008 年提出来的一种分析多中心键的方法[7]。该方法是对 NBO 的广义化，是基于 NAO 基的一阶密度矩阵区块的对角化，在 NBO 方法搜索完 1c-2e、2c-2e、3c-2e 后，以相同的方法继续搜索多中心键（nc-2e，n 小于等于体系总原子数）。

PIO 分析方法是林振阳课题组于 2018 年开发的一种新的成键分析方法[8]。PIO 分析确定了化学片段间相互作用涉及的最重要片段轨道，描述为一个一对一的轨道相互作用模式，即由两个碎片的成对轨道相互作用衍生出一组独特的成键和反键轨道。通过使用主成分分析，PIO 分析可以有效地将涉及多个前线分子轨道的复杂离域轨道相互作用，变换成少量的定域 PIO，以提供与定域化学概念密切相关且易于解释的结果，同时对多中心相互作用的系统保持必要的离域特征。

QTAIM 分析是 Bader 提出的一种基于电子密度分布的电子结构分析理论方法[10]。电子密度分布 $\rho(r)$ 的拓扑结构包含有关成键情况的信息。$\rho(r)$ 的拓扑分析可以揭示分子电子结构的有用信息，通过相互作用原子间键临界点的性质来分析化学键。一般认为，键临界点处的 $\nabla^2\rho(r)$ 为正值时，代表闭壳层相互作用，此处的能量密度 H_b 大于等于零；$\nabla^2\rho(r)$ 为负值时，代表电子共享相互作用，此处的能量密度 H_b 为负值。

IQA 是一种基于 QTAIM 的能量分解方法[10]。该方法将一个多电子体系的总能量分解成原子间的和原子内的能量：$E = \sum_A E_{intra}^A + \frac{1}{2}\sum_A\sum_{A\neq A} E_{inter}^{AB}$。$E_{intra}^A$ 是原子单体自身能量，包括所有原子内的贡献：$E_{intra}^A = T^A + V_{ee}^{AA} + V_{en}^{AA}$。$E_{inter}^{AB}$ 是原子间相互作用能贡献，包括了所有的粒子间势能：$E_{inter}^{AB} = V_{nn}^{AB} + V_{en}^{AB} + V_{ne}^{AB} + V_{ee}^{AB}$。$E_{inter}^{AB}$ 又可进一步分解静电和共价贡献：$E_{inter}^{AB} = V_{cl}^{AB} + V_{XC}^{AB}$。其中，$V_{XC}^{AB}$ 是交换和相关势能的总和：$V_{XC}^{AB} = V_X^{AB} + V_{corr}^{AB}$。

EDA-NOCV 是一种结合了 Morokuma 提出的能量分解分析[12]［类似于 Ziegler 和 Rauk 提出的扩展的过渡态方法（ETS）[11a]］和 Mitoraj 提出的自然轨道化学价分析[11b] 的电荷和能量分解方法。该方法将 A—B 键的总的键能 ΔE 分解成 4 个组分，在连续的 4 个步骤中分别计算：$\Delta E = \Delta E_{prep} + \Delta E_{elstat} + \Delta E_{Pauli} + \Delta E_{orb}$。$\Delta E_{prep}$ 是将化学片断 A 和 B 从各自的平衡几何和电子基态提升至在化合物中所处的几何和电子态所必需的能量。ΔE_{elstat} 是片断之间的静电相互作用能，用化合物几何结构中的冻结电子密度分布计算。ΔE_{Pauli} 给出了交换（Pauli）斥力引起的排斥能，这是在波函数正交和反对称时计算得到的。能量项 ΔE_{elstat} 和 ΔE_{Pauli} 之和表示为空间能 ΔE°。最后一项 ΔE_{orb} 给出了波函数弛豫时来自轨道相互作用的稳定化能量。这一项可以进一步分解为具有不同对称性的轨道贡献。

1.3　过渡金属羰基配合物的化学成键

过渡金属羰基配合物团簇是理解金属 – 金属和金属—CO 化学成键的理想模型体系，在金属有机化学和工业催化等领域中发挥着重要的作用。深入研究两个金属原子之间、金属与配体之间的化学成键，对于理解这些化合物在分子尺寸的导体、磁体和光敏剂，以及多相催化和酶催化等相关领域的特殊应用，有着至关重要的作用。

1.3.1　羰基配位模式

对于单核过渡金属羰基配合物，一氧化碳配体的碳原子主要以端式配位的方式与金属核结合；但对于双、多核过渡金属羰基配合物，单个的羰基配体在金属核上的配位模式存在多种多样的方式。一氧化碳在双、多核过渡金属羰基配合物中常见的配位模式汇总在图 1-1 中[13]。根据一氧化碳连接金属核的数目不同，过渡金属羰基配合物中的羰基配位可以分为端式配位（点）、桥式配位（线）和帽式配位（面）。如果一氧化碳配体的碳原子与其中的一个金属核结合，则形成端式配位，此类的羰基配体称为端羰基，如图 1-1（a）所示。这是双、多核过渡金属羰基配合物中普遍存在的配位方式。如果一个羰基配体同时与两个金属原子结合，则形成桥式配位，此类的羰基配体称为桥羰基。根据一氧化碳配体与金属双核的结合方式不同，桥羰基可以分为对称桥羰基和非对称桥羰基，非对称桥羰基又可以细分为半桥羰基和侧桥羰基。如果一氧化碳配体的碳原子以端式配位的形式同时与两个金属核（通常是同核金属）结合，则形成对称桥式配位，此类的羰基配体称为对称桥羰基，如图 1-1（b）所示。如果桥式羰基的氧原子弯向其中的一个金属核，可以形成半桥式配位，此类的羰基配体称为半桥羰基，如图 1-1（c）所示。如果桥式羰基的氧原子弯向其中的一个金属核程度更大，以至于氧原子也与该金属核成键时，可以形成侧桥式配位，此类的羰基配体称为侧桥羰基，如图 1-1（d）所示。此时一氧化碳的碳原子同时与两个金属核结合，而且氧原子也和其中一个金属核结合。对于双核过渡金属羰基配合物，还存在一种特殊的配位方式，即一氧化碳的碳原子端与其中的一个金属核结合，氧原子端与另一个金属核结合，形成线性的 M—C—O—M 连接单元，即线性桥式配位，此类的羰基配体称为线性桥羰基，如图 1-1（e）所示。当多个金属核与同一个羰基配体配位时，羰基配体的碳原子同时与 3 个金属核平面配位，形成帽式配位，如图 1-1（f）所示，此类的羰基配体称为面桥羰基（或者帽羰基）。倘若如半桥配位或侧桥配位，羰基的氧原子弯曲朝向不同的方向，则金属羰基配合物的结构将变得更加复杂多样，例如图 1-1（g）中所示，羰基侧配位至三核的金属链上。对于双、多核过渡金属的多羰基配合物，不同的一氧化碳配体可以采用图 1-1 所示的不同配位方式成键，共同形成结构丰富的过渡金属羰基配合物。

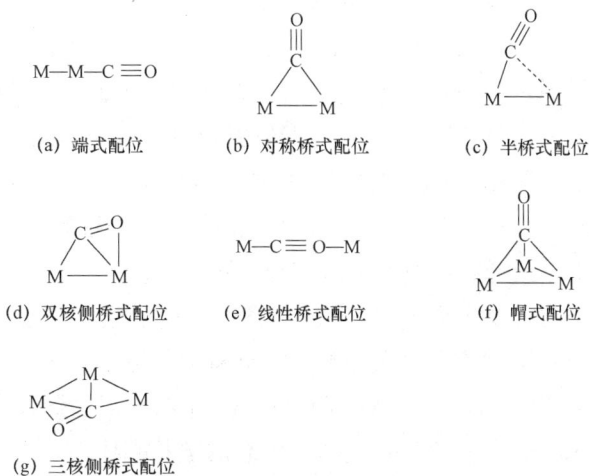

(a) 端式配位　　(b) 对称桥式配位　　(c) 半桥式配位

(d) 双核侧桥式配位　　(e) 线性桥式配位　　(f) 帽式配位

(g) 三核侧桥式配位

图 1-1　一氧化碳配体的配位模式

气相的红外光谱是目前应用于分析金属羰基配合物最广泛的技术之一,因为过渡金属羰基配合物在 C—O 伸缩振动频率区表现出较强的吸收。CO 伸缩振动频率与 C—O 键的强度有关,是体现金属与 CO 配体相互作用的直接结果。不同配位方式的羰基配体与金属核之间的相互作用强弱有所不同,表现出不一样的 CO 伸缩振动频率。一氧化碳和金属中心的成键作用可以用协同的 σ 给予和 π 反馈作用来描述。π 反馈作用趋向于削弱 C—O 键,引起 CO 伸缩振动频率的红移。这样的羰基配合物通常被称为经典的羰基配合物。σ 给予对 CO 伸缩振动频率的影响比 π 反馈作用要弱得多,因为 CO 的 5σ 轨道主要是非键特征(或弱的反键特征)。当 CO 配位至金属正离子时,成键作用主要体现出 σ 给予作用,而非 π 反馈作用,表现蓝移的 CO 伸缩振动频率。这样的羰基配合物通常被称为非经典的羰基配合物。此时,静电作用是 CO 伸缩振动频率蓝移的主要驱动力。因此,不同配位方式的羰基有不一样的伸缩振动频率,红外光谱技术可以揭示羰基配体在过渡金属羰基配合物中的配位方式。

气相红外光解离光谱研究表明,对于绝大部分的双核过渡金属羰基配合物正离子,如同双核正离子 $Fe_2(CO)_8^+$、$Fe_2(CO)_9^+$、$Ni_2(CO)_7^+$、$Fe_2(CO)_8^+$、$Cu_2(CO)_6^+$ 和异双核正离子 $FeM(CO)_8^+$(M=Co、Ni、Cu)、$CuM(CO)_8^+$(M=Co、Ni)、$FeZn(CO)_5^+$、$CoZn(CO)_7^+$ 等[14],红外光谱表征发现这些配合物的所有羰基配体都是端式配位,红外活性的羰基伸缩振动频率在 2 030~2 220 cm^{-1} 区间,相对于自由 CO 发生了蓝移或轻微的红移。类似地,红外光谱实验证实,同双核负离子 $Fe_2(CO)_n^-$($n=4\sim8$)和异双核负离子 $FeCu(CO)_n^-$($n=4\sim7$)中的所有羰基均是端式配位,羰基伸缩振动频率在 1 800~2 100 cm^{-1} 区间,相对于自由的 CO 分子发生了红移[15]。除了端式配位,桥式配位也在一些过渡金属羰基配合物中被观测到。例如,$Co_2(CO)_8^+$ 正离子的红外光解离光谱中观测到一个低于 2 000 cm^{-1} 的谱峰,归属于 $Co_2(CO)_8^+$ 正离子中桥式配位的羰基伸缩振动[16]。而 $Ta_2(CO)_9^+$ 正离子的红外光谱,除了观测到归属于端羰基的振动峰(2 100~2 200 cm^{-1}),还观测到归属于桥羰基的振动峰(1 942 cm^{-1})和归属于半桥羰基的振动峰(1 685 和 1 655 cm^{-1}),证实了 $Ta_2(CO)_9^+$ 正离子拥有多种不同配位类型的羰基。而 $Cr_2(CO)_n^+$($n=7\sim9$)正离子的红外光解离光谱揭示了特殊的羰基配位模式,除了观测到归属于端羰基的振动峰(2 000~2 200 cm^{-1}),还揭示了一个归属于线性桥羰基的振动峰(1 797 cm^{-1})[17]。

此外,气相的负离子光电子能谱技术也广泛地应用于过渡金属羰基配合物的电子几何结构研究。不同配位方式的羰基与金属核配位成键,调控过渡金属羰基配合物的电子结构,表现不同的基态跃迁和激发态能级间隙。图 1-1 中所展示的各种配位方式,在一系列的过渡金属羰基配合物负离子中,得到负离子光电子速度成像实验的验证。对于一些羰基配位数较小的双核过渡金属羰基配合物负离子,例如,含 Fe 的异双核配合物负离子 $MFe(CO)_4^-$(M=Pb、Ag、Ti、V、Cr)和含 Ni 的异双核配合物负离子 $MNi(CO)_n^-$(M=Cu、Ag、Mg、Ca、Al;$n=2\sim4$)体系,所有的羰基配体均采用端式配位的方式[18]。当 M 替换成前过渡金属元素时,如 $MNi(CO)_n^-$(M=Sc、Y、V;$n=2\sim6$)和 $MNi(CO)_n^-$(M=Ti、Zr、Hf;$n=3\sim7$)体系,则同时拥有端羰基、对称桥羰基和侧桥羰基等 3 种不同类型的羰基配体[19]。对于不饱和的 $Ni_2(CO)_n^-$（$n=4\sim6$）体系，在镍双核的连续羰基化过程中，体系保持着双桥羰基配位至镍双核的内核 $Ni_2(\mu^2\text{-}CO)_2$[20]。而对于 $Ti_2(CO)_n^-$（$n=1\sim9$）体系，在羰基配体的连续化学吸附过程中，三侧桥基配位至钛双核的结构单元 $Ti_2[\eta^2(\mu\text{-}C,O)_3]$ 保持至 $n=5$，而后演变成 $Ti_2(\mu^2\text{-}CO)_2$ 的内核（$n=6\sim9$）[21]。对于三核的过渡金属羰基配合物，如 $V_2Ni(CO)_n^-$（$n=6\sim10$）体系，光电子速度成像实验揭示了金属核从 V-V-Ni 金属链向 V_2Ni 金属三角的演变，相应地，羰基配位模式从侧配位至 V-V-Ni 金属链向帽式配位至 V_2Ni 金属三角平面的演变[22]。

1.3.2 18 电子规则

18 电子规则经常用于定性地预测过渡金属配合物的配位和结构。当过渡金属 sp^3d^5 的 9 个轨道中都填充一对电子，即金属原子的价电子与周围配体提供的电子数总和等于 18 时，金属原子具有同周期惰性气体的电子构型。过渡金属羰基配合物是证明 18 电子规则的典型例子。众所周知，第 6、8 和 10 族单核过渡金属羰基配合物，如 $Ni(CO)_4$、$Fe(CO)_5$ 和 $Cr(CO)_6$，是遵循 18 电子规则的稳定羰基配合物。更少价电子的前过渡金属需要结合更多的羰基配体来完成 18 电子结构。但高配位数可能引起配体间的空间排斥。因此，18 电子规则对于前过渡金属不那么严格。$V(CO)_6$ 是一个高活性但可分离的过渡金属羰基配合物，只有 17 个价电子。早期的基质光谱实验表明，固体基质中生成的中性Ⅳ族金属羰基配合物是 16 电子的六配位羰基配合物 $M(CO)_6$（M=Ti、Zr、Hf），而非理论预测的 18 电子配合物 $M(CO)_7$[23]。对于Ⅳ族金属正离子体系，红外光解离光谱揭示配位饱和的配合物是 15 电子的 $M(CO)_6^+$（M=Ti、Zr、Hf），而非 17 电子的 $M(CO)_7^+$[17,24]。对于Ⅲ族和Ⅴ族金属正离子体系，更重的金属形成 18 电子配合物 $M(CO)_7^+$（M=Nb、Ta）和 $M(CO)_8^+$（M=Y、La），而更轻的 Sc^+ 和 V^+ 离子只形成 16 电子的配合物 $V(CO)_6^+$ 和 $Sc(CO)_7^+$[25]。对于Ⅳ族和Ⅴ族金属负离子，Ⅳ族生成 17 电子的配合物 $M(CO)_6^-$（M=Ti、Zr、Hf），Ⅴ族金属生成 18 电子的配合物 $M(CO)_6^-$（M=V、Nb、Ta）[26]。气相中，Ⅲ族金属负离子可以结合 8 个 CO 配体，形成八配位的配合物负离子 $M(CO)_8^-$（M=Sc、Y、La）[27]。等电子的 $M(CO)_8$（M=Zr、Hf）中性配合物在固体氙基质中制备得到[28]。虽然这些配合物形式上均是 20 电子，如果只计算那些参与金属成键的价电子，则这些物种仍然满足 18 电子规则。

不饱和的双核过渡金属羰基配合物离子，常常缺少足够的价电子来满足两个金属核的 18 电子规则。不同的过渡金属配合物会采用不同的策略来实现稳定的 18 电子结构。

一方面，对于无桥羰基支持的双核过渡金属羰基配合物离子，常常采用不对称的几何结构，优先让其中的一个金属中心满足 18 电子结构。例如，$Cr_2(CO)_n^+$（$n=7\sim9$）配合物正离子表征为 $(OC)_5Cr\text{—}C\text{—}O\text{—}Cr(CO)_{n-5}^+$ 结构。$Cr(CO)_6$ 亚单元的 Cr 原子拥有 18 电子结构，而另一个 Cr 原子分别只有 9、11 和 13 个价电子[29]。一般 CO 配体提供 2 个电子，类似的，对于含 Fe 的均双核和异双核配合物正离子 $FeM(CO)_n^+$（M=Fe、Co、

Ni、Cu，$n=8$、9），非对称结构为$(OC)_5Fe\text{-}M(CO)_{n-5}^+$，其中 Fe(CO)$_5$ 亚单元的 Fe 原子满足 18 电子规则[14a,14d]。这些 Fe(CO)$_5$ 亚单元满足 18 电子规则，可以作为两电子给体，与另一个金属配位成键。CuNi(CO)$_n^-$（$n=2\sim4$）配合物负离子的光电子速度成像揭示羰基优先吸附至 Ni 原子，当 Ni 原子满足 18 电子结构时，Cu 原子开始吸附额外的 CO 配体[18d]。而对于含 Fe 的均双核和异双核配合物负离子 FeM(CO)$_n^-$（M=Fe、Cu，$n=4\sim7$），非对称结构为$(OC)_4Fe\text{-}M(CO)_{n-5}^+$[15]。因为 Fe(CO)$_4^-$ 亚单元的 Fe 原子只有 17 个价电子，需与另一个金属形成 Fe-M 共价单键来获得一个电子满足 18 电子规则。更低配位数的含 Fe 异双核过渡金属配合物，如 MFe(CO)$_3^-$（M=As、Sb、Bi；Ge、Sn、Pb；Sc、Y、La；U、UO）等，非对称结构为$(OC)_3Fe\text{-}M^-$[30]。Fe(CO)$_3$ 亚单元的 Fe 原子相对于 18 电子结构是严重缺电子，此时 Fe 原子趋向于另一个原子 M 形成 Fe-M 多重键，获得相应的电子来满足 18 电子规则。

另一方面，18 电子规则通常能成功地预测过渡金属配合物的分子式和几何结构。对于桥羰基配位的双核过渡金属羰基配合物，桥羰基通常理解为酮基，通过 M-C 键给桥连的两个金属原子各提供一个电子；每个端羰基给它所连接的金属原子提供两个电子。为了实现金属中心的 18 电子，金属与金属之间假定形成了 M-M 单键或多重键。Schaefer Ⅲ 等理论计算了中性的 Ni$_2$(CO)$_x$（$x=5\sim7$）和 Fe$_2$(CO)$_x$（$x=6\sim9$）体系，预测双镍羰基配合物体系依次形成了 Ni—Ni 单重键、Ni═Ni 双重键和 Ni≡Ni 三重键，而双铁羰基配合物体系依次形成了 Fe—Fe 单重键、Fe═Fe 双重键、Fe≡Fe 三重键和 Fe≣Fe 四重键[31]。基于 18 电子规则，假设桥羰基支持的双、多核过渡金属羰基配合物中金属－金属间存在直接的成键甚至多重键，仍然存在争议，特别是以 Fe$_2$(CO)$_9$ 为例。Fe$_2$(CO)$_9$ 中较短的 Fe—Fe 键长和基于 18 电子规则的电子计数，认为该配合物存在真实的 Fe-Fe 单重键。这一直是一个有争议的话题，理论研究人员通过分子轨道分析、原子分子中的量子理论分析以及域平均费米空穴的分析，得到不同的解释[32]。在不存在 Fe—Fe 键的情况下，Fe$_2$(CO)$_9$ 的 Fe 原子的 18 电子构型仍可以满足，如果假定三个桥羰基配体中的一个参与多中心键，将一对电子贡献给两个 Fe 中心共享，而其余两个羰基作为酮基，分别为每个 Fe 原子贡献一个电子[33]。利用桥羰基参与的三中心两电子化学键的概念，我们成功地解释了 Ni$_2$(CO)$_n^-$（$n=4\sim6$）和三桥羰基配位的 Ni$_2$(CO)$_5$ 的 18 电子结构[20,34]。

1.3.3　金属－配体相互作用

过渡金属羰基配合物是无机和有机金属化学中金属－配体成键的范例，它们在催化过程中发挥着重要的作用，为金属表面－吸附质相互作用提供了理论模型。过渡金属和羰基配体间强的化学成键可以通过 Dewar-Chatt-Duncanson 模型做定性的解释。如图 1-2 所示，该成键模型从给体－受体相互作用的角度考虑 M—CO 键：CO 的 5σ 最高占据轨道和过渡金属 σ 对称的空 d 原子轨道之间的给体－受体相互作用；过渡金属的 π 型占据

d 轨道和 CO 的简并 $2\pi*$ 反键轨道的给体–受体相互作用。一方面,羰基沿 M—C—O 轴将电子密度从它的最高占据的 5σ 轨道贡献给空的金属 d 轨道,金属–配体间形成配位 σ 键。另一方面,金属原子的占据 d 轨道将电荷转移给 CO 的未占据 $\pi*$ 反键轨道,金属–配体间形成 π 反馈键。对称匹配的金属 $d\pi$ 轨道与 CO 的 $\pi*$ 反键轨道在空间上重叠,π 反馈作用得到促进。对于绝大部分的过渡金属羰基配合物,金属→CO 的 π 反馈对成键作用能的贡献比金属←CO 的 σ 给予更大。这是因为 CO 的最高占据轨道与金属的占据轨道之间有强烈的排斥,会部分抵消 CO 的 5σ 轨道至金属的空轨道的作用。此外,从 CO 的占据 π 轨道至金属空轨道的电子给予,是金属–配体相互作用的额外来源,但其贡献并不显著。

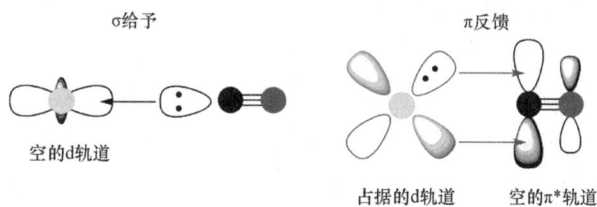

σ给予 π反馈

空的d轨道 占据的d轨道 空的π*轨道

图 1-2　Dewar-Chatt-Duncanson（DCD）成键模型

金属–羰基间微妙的相互作用得到了理论化学的广泛研究。过渡金属羰基配合物相对于自由 CO 分子的频率移动方向和幅度,受 σ 给予和 π 反馈作用的程度影响非常敏感,因此对配合物几何结构和电子结构也非常敏感。因为 π 反馈作用在"经典"羰基配合物中占主导,电荷从金属的 $d\pi$ 轨道转移至 CO 的 π 反键轨道,会增加 CO 反键轨道的电子密度,从而削弱 C—O 键和相应地降低羰基伸缩振动频率。一方面,金属的 π 反馈作用取决于金属的电离能。金属的电离能越低,π 反馈作用越强,相应地羰基伸缩振动频率越低。显然,金属负离子比中性原子反馈更多的电子,而中性原子又比正离子贡献更多的电子。另一方面,π 反馈还取决于金属的 d 轨道布局数,拥有 4 个 $d\pi$ 电子的金属原子比电子更少的原子贡献更多的电荷。

CO 的 σ 给予被认为是一个相对较弱的效应,能够抵消部分 π 电子反馈,本质上导致了 C—O 伸缩振动频率的蓝移。早期的理论研究认为,CO 的 5σ 分子轨道实际上具有部分的反键性质,这个轨道的极化降低了其电子密度,会增强 C—O 键。羰基的 σ 给予包括真实的 CO 至金属的电子给予,以及金属正电荷诱导羰基 5σ 分子轨道向金属的极化。Bauschlicher 等指出了 σ 给予与静电极化效应之间的微妙关系,以及它们在不同系统中是如何变化的[35]。Krogh-Jespersen 和 Frenking 及其同事的工作也强调了静电效应的重要性,而不是 σ 给予[36]。他们认为,孤立的 C—O 键是不平衡的,氧原子的电荷密度更大,因此正离子诱导的极化重新分配了 C—O 键的电子密度,从而增强了 C—O 键,导致了 C—O 伸缩振动频率的蓝移。静电极化作用很好地解释了"非经典"羰基配合物的 CO 振动频率蓝移现象。因此,微妙的金属–羰基成键包含了 σ 给予、静电效应和 π 反馈之间的复杂协同作用。

11

1.3.4　金属 – 金属相互作用

均/异双核金属配合物中特殊的金属 – 金属化学键赋予了它们诸如发光、磁性、导电性等非凡的物理性质，以及光化学、有机金属催化中的金属 – 金属协同催化、小分子活化等重要的化学性质。它们极具吸引力的反应性和强大的催化活性，激发了科学家们研究这些双核金属配合物中微妙金属 – 金属化学键的浓厚兴趣。

由于过渡金属不同的价层电子结构，不同金属核配位的羰基数目各不相同，形成的双核过渡金属羰基配合物几何结构形式多样，其中的金属 – 金属化学键本质也是迥异的。红外光谱表征 $Cr_2(CO)_n^+$ 配合物正离子不存在直接的 Cr—Cr 键，而是具有线性的 Cr—C—O—Cr 结构单元[17]，原因是 Cr—CO 键比 Cr—Cr 键更强。除了特殊的 $Cr_2(CO)_n^+$（$n = 7 \sim 9$）配合物正离子，文献报道的双核过渡金属羰基配合物，特别是元素周期表中的第一过渡系金属，均存在金属 – 金属成键的结构。虽然理论预测一些不饱和双核羰基配合物中金属 – 金属多重键是可行的，但是实验验证这些双核金属羰基配合物离子中并不存在金属 – 金属多重键，取而代之的是金属 – 金属单键或半键，这与它们的几何结构密切相关。

第一种情况，这些双核过渡金属羰基配合物中的绝大部分趋向于形成非对称的几何结构，其中一个分子片断是配位饱和的 18 电子结构单元 $M(CO)_n$，不利于这些配合物的金属 – 金属多重键结合。例如，$Fe_2(CO)_n^+$（$n = 8 \sim 9$）[14a]、$Ni_2(CO)_7^+$[14b]、$MFe(CO)_8^+$（M = Co、Ni、Cu）[14d]等配合物中均涉及一个 18 电子的中性片断和一个不饱和的正离子片断，其中的金属 – 金属键表征为从中性片断至正离子片断的 σ 配位键[14a,14d]。如果两个分子片断均是不饱和的，且其中的一个是 17 电子结构，则形成的金属 – 金属键是电子共享的单键。如 $CoZn(CO)_7^+$[14e]、$Fe_2(CO)_n^-$（$n = 4 \sim 8$）[15a]和 $CuFe(CO)_n^-$（$n = 4 \sim 7$）[15b]配合物离子，其中的金属 – 金属键则是电子共享的单键。值得一提的是，对于不饱和的 $AgFe(CO)_4^-$ 负离子配合物，光电子速度成像实验结合理论计算，揭示了银原子和 $Fe(CO)_4^-$ 间奇特的多中心电子共享 σ 键，其中银原子不仅共价键结合于铁中心，而且共价作用于径向的羰基碳原子[18b]。

第二种情况，极少数双核过渡金属羰基配合物拥有对称的几何结构，如 $Ni_2(CO)_8^+$ 和 $Cu_2(CO)_6^+$ 正离子配合物，所有羰基配体都是端羰基，并均匀地分配至两个金属中心。$Ni_2(CO)_8^+$ 配合物的对称性为 D_{3d}，有两个相同的 C_{3v} 对称的 $Ni(CO)_4$ 亚单元，其中的 Ni—Ni 键是一个电子共享的半键[14b]。$Cu_2(CO)_6^+$ 配合物有一个 D_{3d} 结构，两个相同的 $Cu(CO)_3$ 准平面片断相互交错式重叠，其中的 Cu—Cu 键也是一个半键[14c]。

金属 – 金属多重键往往存在于一些极不饱和的异核过渡金属羰基配合物中。例如，不饱和的 $Fe(CO)_3^-$ 与第 3 族、第 14 族和第 15 族的金属元素结合可以形成金属 – 金属多重键配合物。最近红外光解离实验，揭示了 $UFe(CO)_3^-$ 和 $OUFe(CO)_3^-$、$MFe(CO)_3^-$（M = As、Sb、Bi）、$MFe(CO)_3^-$（M = Ge、Sn、Pb）异双核过渡金属配合物体系，均为金属 – 金属

成键的非对称 C_{3v} 结构,均存在 M≡M 三重键,包括一个 σ 键和两个 π 键。其中 $UFe(CO)_3^-$、$OUFe(CO)_3^-$ 和 $MFe(CO)_3^-$(M=Ge、Sn、Pb)体系的金属–金属三重键包括一个电子共享的 σ 键和两个 Fe→M 的配位 π 键[30a,30c],类似的三重键也存在于 $BeFe(CO)_4^-$ 中[37]。而 $MFe(CO)_3^-$(M=As、Sb、Bi)体系的 M 和 $Fe(CO)_3^-$ 间的一个 σ 键和两个 π 键本质上均是电子共享键[30b]。红外光解离结合理论计算,揭示了异核的 $MFe(CO)_3^-$(M=Sc、Y、La)负离子中 M 和 $Fe(CO)_3^-$ 间存在特殊的 M≡M 四重键,包括一个电子共享的 σ 键、两个 Fe→M 的配位 π 键和一个 M→Fe 的配位 σ 键[30d],$BFe(CO)_4^-$ 中 $B—Fe(CO)_4^-$ 之间也发现了类似的四重键[38]。

综上,气相光谱研究揭示了过渡金属羰基配合物丰富多样的几何结构、电子结构和化学成键特征。本实验室独立研制了一套飞行时间质谱–光电子速度成像能谱仪,利用该实验装置,开展了一系列代表性的双核过渡金属羰基配合物研究工作,重点关注了它们的几何结构、电子结构、化学成键、化学反应活性等方面的性质。后续章节中,首先重点介绍飞行时间质谱–光电子速度成像能谱仪的原理和结构,然后通过一些过渡金属羰基配合物负离子的典型案例,详细介绍负离子光电子速度成像技术的应用。

1.4 本章主要参考文献

[1] (a) VILLALTA P W, LEOPOLD D G. A study of FeCO⁻ and the $^3\Sigma^-$ and $^5\Sigma^-$ states of FeCO by negative ion photoelectron spectroscopy[J]. J. Chem. Phys., 1993, 98(10): 7730-7742; (b) ENGELKING P C, LINEBERGER W C. Laser photoelectron spectrometry of the negative ions of iron and iron carbonyls. Electron affinity determination for the series $Fe(CO)_n$, $n=0$, 1, 2, 3, 4[J]. J. Am. Chem. Soc., 1979, 101(19): 5569-5573; (c) STEVENS A E, FEIGERLE C S, LINEBERGER W C. Laser photoelectron spectrometry of $Ni(CO)_n^-$, $n=1–3$[J]. J. Am. Chem. Soc., 1982, 104(19): 5026-5031.

[2] TURNER J J, GEORGE M W, POLIAKOFF M, et al. Photochemistry of transition metal carbonyls[J]. Chem. Soc. Rev., 2022, 51(13): 5300-5329.

[3] (a) POLIAKOFF M, WEITZ E. Shedding light on organometallic reactions: the characterization of $Fe(CO)_4$, a prototypical reaction intermediate[J]. Acc. Chem. Res., 1987, 20(11): 408-414; (b) WEITZ E. Studies of coordinatively unsaturated metal carbonyls in the gas phase by transient infrared spectroscopy[J]. J. Phys. Chem., 1987, 91(15): 3945-3953; (c) WEITZ E. Transient infrared spectroscopy as a probe of coordinatively unsaturated metal carbonyls in the gas phase[J]. J. Phys. Chem., 1994, 98(44): 11256-11264.

[4] (a) TRUSHIN S A, FUSS W, SCHMID W E, et al. Femtosecond dynamics and

vibrational coherence in gas-phase ultraviolet photodecomposition of $Cr(CO)_6$[J]. J. Phys. Chem. A, 1998, 102(23): 4129-4137; (b) TRUSHIN S A, FUSS W, KOMPA K L, et al. Femtosecond dynamics of $Fe(CO)_5$ photodissociation at 267 nm studied by transient ionization[J]. J. Phys. Chem. A, 2000, 104(10): 1997-2006.

[5] (a) FENG X J, GU J D, XIE Y M, et al. Homoleptic carbonyls of the second-row transition metals: evaluation of hartree-fock and density functional theory methods[J]. J. Chem. Theory Comput., 2007, 3(4): 1580-1587; (b) NARENDRAPURAPU B S, RICHARDSON N A, COPAN A V, et al. Investigating the effects of basis set on metal-metal and metal-ligand bond distances in stable transition metal carbonyls: performance of correlation consistent basis sets with 35 density functionals[J]. J. Chem. Theory Comput., 2013, 9(7): 2930-2938.

[6] REED A E, CURTISS L A, WEINHOLD F. Intermolecular interactions from a natural bond orbital, donor-acceptor viewpoint[J]. Chem. Rev., 1988, 88(6): 899-926.

[7] ZUBAREV D Y, BOLDYREV A I. Developing paradigms of chemical bonding: adaptive natural density partitioning[J]. Phys. Chem. Chem. Phys., 2008, 10(34): 5207-5217.

[8] ZHANG J X, SHEONG F K, LIN Z Y. Unravelling chemical interactions with principal interacting orbital analysis[J]. Chem. Eur. J., 2018, 24(38): 9639-9650.

[9] BADER R F W. Atoms in molecules[J]. Acc. Chem. Res., 1985, 18(1): 9-15.

[10] BLANCO M A, MARTÍN PENDÁS A, FRANCISCo E. Interacting quantum atoms: a correlated energy decomposition scheme based on the quantum theory of atoms in molecules[J]. J. Chem. Theory Comput., 2005, 1(6): 1096-1109.

[11] (a) ZIEGLER T, RAUK A. On the calculation of bonding energies by the Hartree Fock Slater method[J]. Theor. Chim. Acta, 1977, 46(1): 1-10; (b) MITORAJ M, MICHALAK A. Natural orbitals for chemical valence as descriptors of chemical bonding in transition metal complexes[J]. J. Mol. Model., 2007, 13(2): 347-355; (c) MICHALAK A, MITORAJ M, ZIEGLER T. Bond orbitals from chemical valence theory[J]. J. Phys. Chem. A, 2008, 112(9): 1933-1939; (d) MITORAJ M P, MICHALAK A, ZIEGLER T. A combined charge and energy decomposition scheme for bond analysis[J]. J. Chem. Theory Comput., 2009, 5(4): 962-975.

[12] (a) MOROKUMA K. Molecular orbital studies of hydrogen bonds. III. $C\!=\!O\cdots H\!-\!O$ hydrogen bond in $H_2CO\cdots H_2O$ and $H_2CO\cdots 2H_2O$[J]. J. Chem. Phys., 1971, 55(3): 1236-1244; (b) MOROKUMA K. Why do molecules interact? The origin of electron donor-acceptor complexes, hydrogen bonding and proton affinity[J]. Acc. Chem. Res., 1977, 10(8): 294-300.

[13] WANG G J, ZHOU M F. Infrared spectra, structures and bonding of binuclear transition metal carbonyl cluster Ions[J]. Chin. J. Chem. Phys., 2018, 31(1): 1-11.

[14] (a) WANG G J, CUI J M, CHI C X, et al. Bonding in homoleptic iron carbonyl cluster cations: a combined infrared photodissociation spectroscopic and theoretical study[J]. Chem. Sci., 2012, 3: 3272-3279; (b) CUI J M, WANG G J, ZHOU X J, et al. Infrared photodissociation spectra of mass selected homoleptic nickel carbonyl cluster cations in the gas phase[J]. Phys. Chem. Chem. Phys., 2013, 15(25): 10224-10232; (c) CUI J M, ZHOU X J, WANG G J, et al. Infrared photodissociation spectroscopy of mass selected homoleptic copper carbonyl cluster cations in the gas phase[J]. J. Phys. Chem. A, 2013, 117(33): 7810-7817; (d) QU H, KONG F C, WANG G J, et al. Infrared photodissociation spectroscopic and theoretical study of heteronuclear transition metal carbonyl cluster cations in the gas phase[J]. J. Phys. Chem. A, 2016, 120(37): 7287-7293; (e) QU H, KONG F C, WANG G J, et al. Infrared photodissociation spectroscopy of heterodinuclear iron-zinc and cobalt-zinc carbonyl cation complexes [J]. J. Phys. Chem. A, 2017, 121(8): 1627-1632.

[15] (a) CHI C X, CUI J M, LI Z H, et al. Infrared photodissociation spectra of mass selected homoleptic dinuclear iron carbonyl cluster anions in the gas phase[J]. Chem. Sci., 2012, 3: 1698-1706; (b) ZHANG N, LUO M B, CHI C X, et al. Infrared photodissociation spectroscopy of mass-selected heteronuclear iron-copper carbonyl cluster anions in the gas phase[J]. J. Phys. Chem. A, 2015, 119(18): 4142-4150.

[16] CUI J M, ZHOU X J, WANG G J, et al. Infrared photodissociation spectroscopy of mass-selected homoleptic cobalt carbonyl cluster cations in the gas phase[J]. J. Phys. Chem. A, 2014, 118(15): 2719-2727.

[17] ZHOU X J, CUI J M, LI Z H, et al. Carbonyl bonding on oxophilic metal centers: infrared photodissociation spectroscopy of mononuclear and dinuclear titanium carbonyl cation complexes[J]. J. Phys. Chem. A, 2013, 117(7): 1514-1521.

[18] (a) LIU Z L, ZOU J H, QIN Z B, et al. Photoelectron velocity map imaging spectroscopy of lead tetracarbonyl-iron anion $PbFe(CO)_4^-$[J]. J. Phys. Chem. A, 2016, 120(20): 3533-3538; (b) LIU Z L, BAI Y, LI Y, et al. Multicenter electron-sharing σ-bonding in the $AgFe(CO)_4^-$ complex[J]. Dalton Trans., 2020, 49(43): 15256-15266; (c) XIE H, ZOU J H, YUAN Q Q, et al. Photoelectron velocity-map imaging and theoretical studies of heteronuclear metal carbonyls $MNi(CO)_3^-$(M＝Mg, Ca, Al)[J]. J. Chem. Phys., 2016, 144(12): 124303; (d) LIU Z L, XIE H, QIN Z B, et al. Structural evolution of homoleptic heterodinuclear copper-nickel carbonyl anions revealed using photoelectron velocity-map imaging[J]. Inorg. Chem., 2014, 53(20): 10909-10916; (e) LIU Z L, XIE H, ZOU J H, et al. Observation of promoted C—O bond weakening on the heterometallic nickel-silver: photoelectron velocity-map imaging spectroscopy of $AgNi(CO)_n^-$[J]. J. Chem. Phys., 2017, 146(24): 244316.

[19] (a) YUAN Q Q, ZHANG J M, ZOU J H, et al. Photoelectron velocity map imaging spectroscopic and theoretical study of heteronuclear vanadium-nickel carbonyl anions $VNi(CO)_n^-(n=2\text{-}6)$[J]. J. Chem. Phys., 2018, 149(14): 144305; (b) XIE H, ZOU J H, YUAN Q Q, et al. Photoelectron velocity map imaging spectroscopy of heteronuclear metal-nickel carbonyls $MNi(CO)_n^-(M=$ Sc, Y; $n=$ 2-6)[J]. Top. Catal., 2017; (c) ZOU J H, XIE H, YUAN Q Q, et al. Probing the bonding of CO to heteronuclear group 4 metal-nickel clusters by photoelectron spectroscopy[J]. Phys. Chem. Chem. Phys., 2017, 19(15): 9790-9797.

[20] LIU Z L, BAI Y, LI Y, et al. Unsaturated binuclear homoleptic nickel carbonyl anions $Ni_2(CO)_n^-(n=4\text{-}6)$ featuring double three-center two-electron Ni—C—Ni Bonds[J]. Phys. Chem. Chem. Phys., 2020, 22(41): 23773-23784.

[21] ZOU J H, XIE H, DAI D X, et al. Sequential bonding of CO molecules to a titanium dimer: a photoelectron velocity-map imaging spectroscopic and theoretical study of $Ti_2(CO)_n^-(n=1\text{-}9)$[J]. J. Chem. Phys., 2016, 145(18): 184302.

[22] ZHANG J M, XIE H, LI G, et al. Photoelectron velocity-map imaging and theoretical studies of heterotrinuclear metal carbonyls $V_2Ni(CO)_n^-$ $(n=6\text{-}10)$[J]. J. Phys. Chem. A, 2018, 122(1): 53-59.

[23] (a) BUSBY R, KLOTZBUECHER W, OZIN G A. Titanium texacarbonyl, $Ti(CO)_6$, and titanium hexadinitrogen, $Ti(N_2)_6$. 1. synthesis using titanium atoms and characterization by matrix infrared and ultraviolet-visible spectroscopy[J]. Inorg. Chem., 1977, 16(4): 822-828; (b) ZHOU M F, ANDREWS L. Infrared spectra and density functional calculations of small vanadium and titanium carbonyl molecules and anions in solid neon[J]. J. Phys. Chem. A, 1999, 103(27): 5259-5268; (c) ZHOU M F, ANDREWS L. Reactions of zirconium and hafnium atoms with CO: infrared spectra and density functional calculations of $M(CO)_x$, OMCCO, and $M(CO)_2^-(M=Zr,$ Hf; $x=1\text{-}4)$[J]. J. Am. Chem. Soc., 2000, 122(7): 1531-1539; (d) LUO Q, LI Q S, YU Z H, et al. Bonding of seven carbonyl groups to a single metal atom: theoretical study of $M(CO)_n$ ($M=$ Ti, Zr, Hf; $n=7,$ 6, 5, 4)[J]. J. Am. Chem. Soc., 2008, 130(24): 7756-7765.

[24] BRATHWAITE A D, DUNCAN M A. Infrared photodissociation spectroscopy of saturated group IV(Ti, Zr, Hf) metal carbonyl cations[J]. J. Phys. Chem. A, 2013, 117(46): 11695-11703.

[25] (a) BRATHWAITE A D, MANER J A, Duncan M A. Testing the limits of the 18-electron rule: the gas-phase carbonyls of Sc^+ and Y^+[J]. Inorg. Chem., 2014, 53(2): 1166-1169; (b) XIE H, WANG J, QIN Z B, et al. Octacoordinate metal carbonyls of lanthanum and cerium: experimental observation and theoretical calculation[J]. J. Phys. Chem. A, 2014, 118(40): 9380-9385; (c) RICKS A M, REED Z D, DUNCAN M A.

Seven-coordinate homoleptic metal carbonyls in the gas phase[J]. J. Am. Chem. Soc., 2009, 131(26): 9176-9177; (d) RICKS A M, BRATHWAITE A D, DUNCAN M A. Coordination and spin states in vanadium carbonyl complexes($V(CO)_n^+$, $n=1$-7) revealed with IR spectroscopy[J]. J. Phys. Chem. A, 2012, 117(6): 1001-1010.

[26] SHU J L, YANG Y Z, YANG X J, et al. Mononuclear carbonyl anion complexes of groups Ⅳ and Ⅴ metals[J]. Chin. J.Chem. Phys., 2022, 35(6): 867-874.

[27] JIN J Y, YANG T, XIN K, et al. Octacarbonyl anion complexes of group three transition metals[$TM(CO)_8$]$^-$ (TM = Sc, Y, La) and the 18-electron rule[J]. Angew. Chem. Int. Ed., 2018, 57(21): 6236-6241.

[28] DENG G H, LEI S J, PAN S, et al. Filling a gap: the coordinatively saturated group 4 carbonyl complexes $TM(CO)_8$(TM = Zr, Hf) and $Ti(CO)_7$[J]. Chem. Eur. J., 2020, 26(46): 10487-10500.

[29] ZHOU X J, CUI J M, LI Z H, et al. Infrared photodissociation spectroscopic and theoretical study of homoleptic dinuclear chromium carbonyl cluster cations with a linear bridging carbonyl group[J]. J. Phys. Chem. A, 2012, 116(50): 12349-12356.

[30] (a) CHI C X, WANG J Q, QU H, et al. Preparation and characterization of uranium-iron triple-bonded $UFe(CO)_3^-$ and $OUFe(CO)_3^-$ complexes[J]. Angew. Chem. Int. Ed., 2017, 56(24): 6932-6936; (b) WANG J Q, CHI C X, HU H S, et al. Triple bonds between iron and heavier group 15 elements in $AFe(CO)_3^-$(A = As, Sb, Bi) complexes[J]. Angew. Chem. Int. Ed., 2018, 57(2): 542-546; (c) WANG J Q, CHI C X, LU J B, et al. Triple bonds between iron and heavier group-14 elements in the $afe(co)_3^-$ complexes(A = Ge, Sn, and Pb)[J]. Chem. Commun., 2019, 55(40): 5685-5688; (d) WANG J Q, CHI C X, HU H S, et al. Multiple bonding between group 3 metals and $Fe(CO)_3$[J]. Angew. Chem. Int. Ed., 2020, 59(6): 2344-2348.

[31] (a) IGNATYEV I S, SCHAEFER III H F, KING R B, et al. Binuclear homoleptic nickel carbonyls: incorporation of Ni-Ni single, double, and triple bonds, $Ni_2(CO)_x$($x=5$, 6, 7) [J]. J. Am. Chem. Soc., 2000, 122(9): 1989-1994; (b) XIE Y M, SCHAEFER III H F, KING R B. Binuclear homoleptic iron carbonyls: incorporation of formal iron-iron single, double, triple, and quadruple bonds, $Fe_2(CO)_x$($x=9$, 8, 7, 6)[J]. J. Am. Chem. Soc., 2000, 122(36): 8746-8761.

[32] (a) BAUSCHLICHER C W. On the bonding in $Fe_2(CO)_9$[J]. J. Chem. Phys., 1986, 84(2): 872-875; (b) ROSA A, BAERENDS E J. Metal-metal bonding in $Fe_2(CO)_9$ and the double bonds $Fe(CO)_4 = Fe_2(CO)_8$ and $(vCO)=Fe_2(CO)_8$ in $Fe_3(CO)_{12}$ and $Fe_2(CO)_9$. similarities and differences in the inorganic/inorganic isolobal analogues X = Y(X, Y are CH_2, $Fe(CO)_4$, $Fe_2(CO)_8$, C_2H_4, CO)[J]. New J. Chem., 1991, 15(10-11): 815-829; (c) REINHOLD J, KLUGE O, MEALLI C. Integration of electron density and

molecular orbital techniques to reveal questionable bonds: the test case of the direct Fe-Fe bond in $Fe_2(CO)_9$[J]. Inorg. Chem., 2007, 46(17): 7142-7147; (d) ROBERT P, GYÖRGY L, JOAQUIN C. Structure and bonding in binuclear metal carbonyls from the analysis of domain averaged fermi holes. I.$Fe_2(CO)_9$ and $Co_2(CO)_8$[J]. J. Comput. Chem., 2008, 29(9): 1387-1398; (e) HOGARTH G. The diiron centre: $Fe_2(CO)_9$ and friends[J]. Organomet. Chem., 2017, 41: 48-92.

[33] GREEN J C, GREEN M L H, PARKIN G. The occurrence and representation of three-centre two-electron bonds in covalent inorganic compounds[J]. Chem. Commun., 2012, 48(94): 11481-11503.

[34] LIU Z L, BAI Y, LI Y, et al. Triply carbonyl-bridged $Ni_2(CO)_5$ featuring triple three-center two-electron Ni—C—Ni bonds instead of Ni≡Ni triple bond[J]. Inorg. Chem., 2020, 59(20): 15365-15374.

[35] ZHOU M F, ANDREWS L, BAUSCHLICHER C W. Spectroscopic and theoretical investigations of vibrational frequencies in binary unsaturated transition-metal carbonyl cations, neutrals, and anions[J]. Chem. Rev., 2001, 101(7): 1931-1962.

[36] (a) GOLDMAN A S, KROGH-JESPERSEN K. Why do cationic carbon monoxide complexes have high C—O stretching force constants and short C—O bonds? electrostatic effects, not σ-bonding[J]. J. Am. Chem. Soc., 1996, 118(48): 12159-12166; (b) LUPINETTI A J, FAU S, FRENKING G, et al. Theoretical analysis of the bonding between co and positively charged atoms[J]. J. Phys. Chem. A, 1997, 101(49): 9551-9559; (c) LUPINETTI A J, STRAUSS S H, FRENKING G. Nonclassical metal carbonyls, progress in inorganic chemistry, 2001: 1-112.

[37] WANG G J, ZHAO J, HU H S, et al. Formation and characterization of $BeFe(CO)_4^-$ anion with beryllium-iron bonding[J]. Angew. Chem. Int. Ed., 2021, 60(17): 9334-9338.

[38] CHI C X, WANG J Q, HU H S, et al. Quadruple bonding between iron and boron in the $BFe(CO)_3^-$ complex[J]. Nat. Commun., 2019, 10(1): 4713.

第 2 章

飞行时间质谱 – 光电子速度成像能谱

光电子能谱是一种研究气相负离子的有效手段，可以提供负离子和对应中性物种的电子结构信息。光电子速度成像技术是在传统的光电子能谱技术基础上发展起来，除了可以获得负离子的光电子能谱，同时还可以得到脱附光电子的角分布信息。光电子速度成像技术结合量子化学理论计算，运用于团簇负离子的气相研究，可以解析团簇物质的几何结构、电子结构、化学成键特性和反应性质等。本书的研究工作是利用实验室自制的飞行时间质谱 – 光电子速度成像能谱仪，结合理论计算，研究气相制备的双核过渡金属配合物负离子体系，对该体系的气相形成、几何结构、电子结构、化学成键和化学反应机理进行探讨，基本的研究思路可以参考图 2-1。

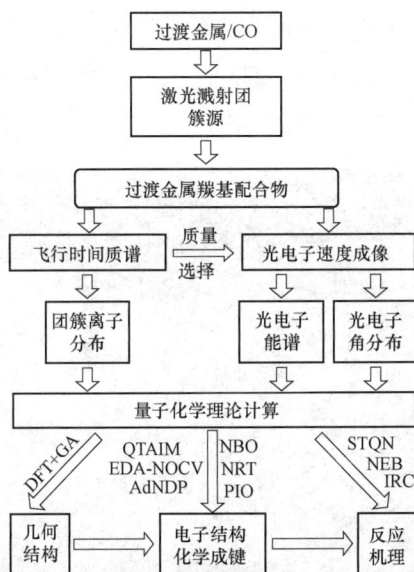

图 2-1　双核过渡金属羰基配合物负离子的光电子速度成像研究流程图

实验时，过渡金属混合样品压制成合金靶材，置于激光溅射团簇源。一束 Nd：YAG

激光器输出的二倍频激光（532 nm）溅射样品靶，产生等离子体，与脉冲阀喷出的惰性气体（载带 CO 反应气体）发生反应碰撞，从而冷却成簇，生成过渡金属羰基配合物团簇。产生的团簇束流经过一个 skimmer 进行准直，截取了一部分束流进入飞行时间质谱的加速场。在负脉冲加速电场作用下，负离子团簇被垂直引入到 Wiley-McLaren 型飞行时间质谱，利用高分辨的飞行时间质谱采集离子的信息，从而可以获得离子的飞行时间质谱，基于核质比和同位素丰度指认团簇离子的分布、原子组成。然后，质量选择感兴趣的过渡金属羰基配合物负离子，引入至光电子速度成像能谱仪的光电子脱附区，与特定波长的激光相互作用，产生光电子和相应的中性物种。在共线式速度成像透镜静电场的作用下，光电子投影到由微通道板和荧光屏组成的位置灵敏的成像探测器上。荧光屏发出的荧光光斑被后面的 CCD 相机采集并累加，从而获得原始的光电子投影图像。原始的光电子图像经过反阿贝尔变换法处理后，可以重构成三维的光电子速度图像，从中同时得到光电子能谱和光电子角分布信息。能谱解析获得相应物质的电子亲和能、垂直脱附能、振动频率、激发态谱项、电子态和振动态的角分布信息等。最后，结合量子化学理论计算，确认气相负离子的几何结构，解析相应物质的电子结构、化学成键，推测相应物质参与反应的反应机理。

　　双核过渡金属羰基配合物负离子的光电子速度成像研究，是在自制的飞行时间质谱－光电子速度成像能谱仪上完成的。该实验装置的实物图展示在图 2-2 中，图 2-3 展示了对应的装置原理示意图。具体的光电子成像实验过程包括双核过渡金属羰基配合物负离子的气相制备、飞行时间质谱探测和质量选择的负离子光电子速度成像表征，分别需要利用飞行时间质谱－光电子速度成像能谱系统的 3 个重要组成部分，即激光溅射团簇源、飞行时间质谱和负离子光电子速度成像能谱仪。这 3 个关键组成部分结构示意图分别对应于图 2-3 中的（A）、（B）和（C）区域。下面将逐一详细地介绍激光溅射团簇源、飞行时间质谱和负离子光电子速度成像能谱仪这 3 个重要组成部分。

图 2-2　飞行时间质谱－光电子速度成像能谱实验装置实物图

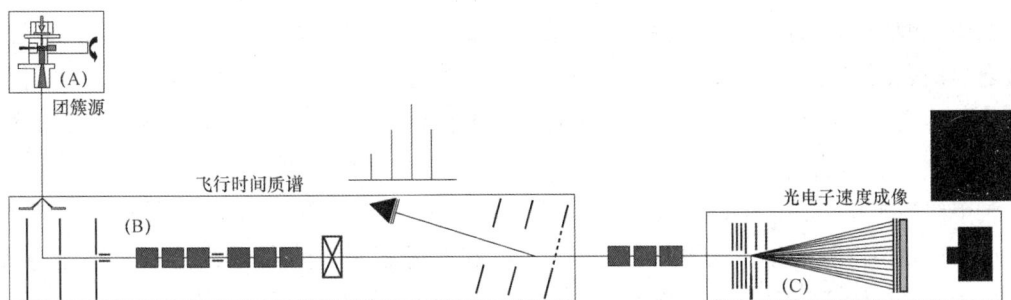

（A）激光溅射团簇源；（B）飞行时间质谱；（C）负离子光电子速度成像能谱仪

图 2-3　飞行时间质谱 – 光电子速度成像能谱实验装置原理图

2.1　激光溅射团簇源

在双核过渡金属配合物负离子的实验研究工作中，气相离子的制备是至关重要的第一步，要求有高效稳定的离子团簇源。基于制备原理的不同，这些团簇源基本上可以分成两类：一类是物理制备方法，主要利用热、光、电子或离子与样品靶材作用，将体相样品变成蒸气、等离子体后冷却成簇；另一类是化学制备方法，对一些活泼的不稳定的中间物种，例如有机分子自由基和中间体，通过相关化学反应来合成制备。经过过去几十年的发展，团簇源的型式越来越多样化。不同的团簇源有着各自的优势和不足，人们根据所研究的体系的不同选用合适的团簇源。目前常用的团簇源，包括但不限于激光蒸发团簇源、磁控溅射团簇源、电喷雾离子源、脉冲电弧团簇离子源、电子轰击离子源等。

激光蒸发团簇源由 Smally 和 Vladimir Bondybey 等人首创[1]，广泛应用于气相中金属团簇及分子离子复合物的生成。早期的设计是脉冲激光溅射样品靶材产生等离子体，直接向真空膨胀形成团簇。而后的改进引入了载气，用以碰撞冷却、促进成簇。另外，当激光器以低功率模式工作时，可以使用基质辅助激光解吸电离技术去解吸附多环芳烃或生物分子。这种源能够产生质量范围较宽的团簇。由于是脉冲模式，离子的峰值强度相对较强，超声膨胀引起的冷却效果也是十分明显的。但这种源需要脉冲激光器，成本相对较高，另外由于高压缓冲气体的引入，还需要复杂的多级真空系统。

脉冲电弧团簇离子源[2]与激光蒸发团簇源相类似，不同之处是用脉冲电弧蒸发代替了激光蒸发，材料置于电极上，弧光放电将材料熔化蒸发形成蒸气，再与超声分子束碰撞冷却成簇。这种离子源的重复频率高，产生的团簇束流强。

磁控溅射团簇源最初由 Haberland 等人设计[3]。辉光放电产生的电子在电场和磁场的同时作用下，与工作气体 Ar 碰撞，将其电离成 Ar^+ 离子。Ar^+ 离子在电场的加速作用下轰击阴极靶材，使靶材测射出粒子。溅射粒子穿过阳极向引出端运动，经过碰撞产生团簇。该源有利于大尺寸团簇的形成，同时频率较高，适合金属、合金团簇的研究。

电喷雾离子源[4]中的样品先制备成溶液，经由稳定直流高压的针尖喷出，雾化成微

21

小的带电液滴后，通过加热的毛细管，溶剂不断蒸发，液滴收缩导致库仑斥力增加，超过自身的表面张力时，液滴破裂成更小的液滴，如此反复直至大部分溶剂被蒸发得到所需的带电离子。该方法不会造成样品母体分子的破坏，还能生产多电荷的离子，尤为适合生物大分子的研究。

电子轰击离子源由 Dempster 等人发明，并经 Beleakney 和 Nier 发展成熟[5]。其基本工作原理是，待测样品以气体分子的形式引入到电离室，被电压灯丝发射出的电子电离成离子。这种源工作时，气体分子或失去一个电子形成母体离子峰，或发生化学键断裂形成碎片离子峰，二者相结合，可以用来确定物质的质量和结构。这种源成本相对低廉，主要应用于有机质谱中。

这些团簇源优势互补，在气相团簇研究工作中发挥着重要作用。针对双核过渡金属羰基配合物负离子研究体系，我们采用的是激光蒸发与超声膨胀相结合的团簇源，即 Smalley 和 deHeer 等人首先发展起来的激光溅射蒸发团簇源。伴随着激光蒸发团簇源的发展，这种团簇源广泛应用于含金属的团簇和配合物的研究。早期激光蒸发源主要用于生成过渡金属和主族金属的原子团簇，而后推广至其他耐火材料和半导体甚至绝缘体团簇的制备。

基于原始的 Smalley 团簇源，做了一些改进，使之更适合本研究体系。根据实验要求的不同，设计了两种激光溅射团簇源：一种是传统的单阀激光溅射团簇源，采用单个脉冲阀，主要用于生成纯的金属团簇或是团簇离子复合物；另一种是双阀激光溅射反应团簇源，采用双脉冲阀加一个反应通道，主要用于研究团簇与小分子的反应特性研究。图 2-4 展示了两种激光溅射团簇源的整体组装。下面分别对这两种激光溅射团簇源进行详细的介绍。

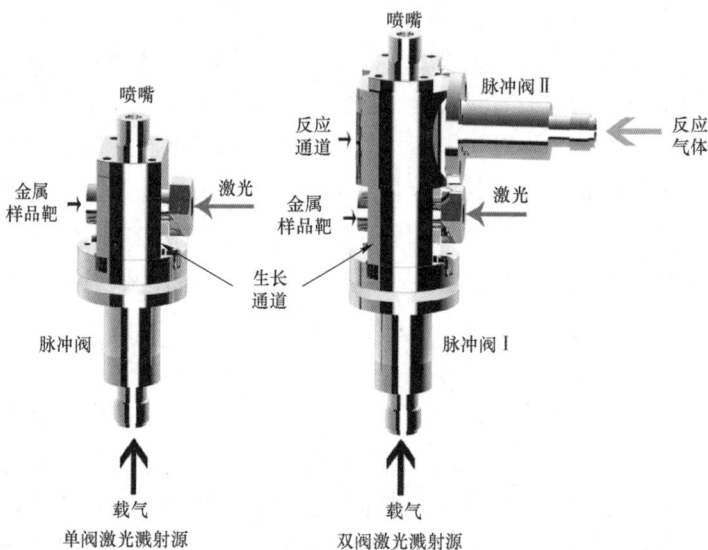

图 2-4　激光溅射团簇源组装示意图

2.1.1　单阀激光溅射团簇源

单阀激光溅射团簇源的组成结构如图 2-5 所示，主要由脉冲阀、样品杆、生长通道、喷嘴、溅射激光、凸透镜等部分组成。其中样品杆、生长通道、喷嘴等部分都是采用不锈钢材料制作的。这是因为一方面不锈钢材料质地坚硬、不易变形、耐腐蚀；另一方面不锈钢材料可以方便对长时间使用的源头进行清洗，容易去除溅射样品之后在生长通道和喷嘴上的残余沉积。清洗可以防止样品沉积堵住孔道，减少前次实验样品的污染，这样可以重复使用源头。

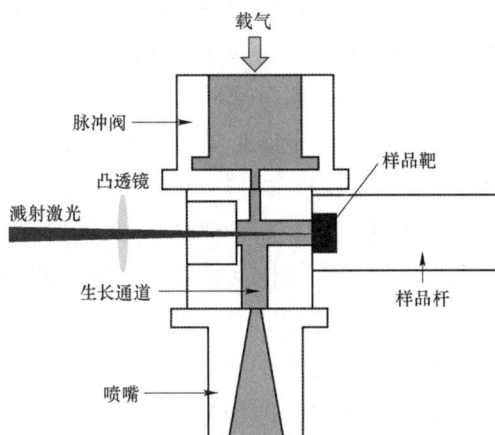

图 2-5　单阀激光溅射团簇源剖面示意图

通常，人们用 Nd：YAG 激光器或准分子激光器来产生溅射激光。准分子激光重复频率高，紫外波长，光子能量高。对于金属样品来说，大部分金属紫外光区吸收较强，可见光区反射较多，采用紫外光溅射效率相对较高。然而，准分子激光波动性较大，且呈非高斯线型，这会引起生成团簇的强度波动，团簇生成强度不稳定。相反，Nd：YAG 激光稳定性好，脉冲能量也高。因此，实验时我们利用 Nd：YAG 激光器的二倍频输出 532 nm 激光作为溅射激光，工作频率是 10 Hz。激光溅射到样品靶材上，在高压惰性气体氛围中，将样品蒸发产生等离子体。载气气体分子与等离子体相互碰撞，带走热量，淬灭等离子体的温度，从而冷却成簇。在这个成簇过程中，激光聚焦引起的高温和等离子体中的高能电子一方面导致中性团簇电离生成团簇正离子和电子，另一方面也会贴附到中性团簇上生成团簇负离子。这样，等离子体冷却成簇后的产物中即有中性团簇，又有正离子团簇和负离子团簇，使得人们不需要二次电离就可以获得带电粒子。

通过多组棱镜、532 nm 全反射镜等，将 532 nm 激光引入源室。在溅射激光透过源室的光窗之前，放置了一个长焦凸透镜，用以将溅射激光在样品靶表面上聚焦成小于 1 mm 的光斑。选用长焦凸透镜是为了减小溅射深度对激光能量的依赖性，从而提高团簇生成的稳定性。进光孔前我们放置了一片直径与进光孔孔径大小相当的圆形不锈钢薄片，利用溅射激光在薄片上打出一个小孔，仅让溅射激光通过。这种设计一方面提高了样品溅射区的密闭性，形成一个相对隔离的溅射区；另一方面可以防止溅射产生的等离子体冷却沉积到进光孔处，时间久了有可能堵住进光孔。超声膨胀用的冷却气体，通常是氦气，是经过脉冲阀脉冲式喷射引入的。喷出的载气先要通过一段直径为 1 mm、长为 7.5 mm 小孔道，然后到达溅射区。溅射区到喷嘴之间的生长通道的孔径较大，一方面利于载气碰撞冷却等离子体，另一方面可以减小等离子体混合物与孔壁的作用，降低其在孔壁上的沉积。团簇生成的尺寸和分布是由碰撞次数以及吸附和脱附原子分子的能力共同决定的。根据研究的体系不同，设计加工了一系列不同生长通道孔径和长度的源头。

为了保持样品表面的新鲜以及降低激光对样品的损坏，样品杆由一台步进电机驱动，不停旋转。此外，样品杆整体的设计也做了优化，以方便更换样品，设计了用于真空系统进样换样，结构如图 2-6 所示。整个部件通过法兰安装到源室中，法兰的左边是进样过渡室，右边就是源室。进样过渡室的左端通过在样品杆上套上密封圈来隔绝外界大气，一方面防止漏气，另一方面方便样品杆转动和来回抽动。样品杆的左端开一小槽，方便连接步进电机的旋转轴，右端加工成有外丝螺纹，方便安装固定样品靶头，样品就放置在靶头前端。更换样品时，首先抽出样品杆直至前端靶头到进样过渡室，然后关闭插板阀，最后完全抽出样品杆。安装好新的样品靶头后，将样品杆穿过密封圈塞回到进样过渡室，打开抽气阀，用机械泵抽走进样过渡室的空气。待空气抽完之后，关闭抽气阀，迅速打开插板阀，将样品杆推到底。在整个换样过程中，插板阀保护了真空系统，从而不需要关闭源室的分子泵。

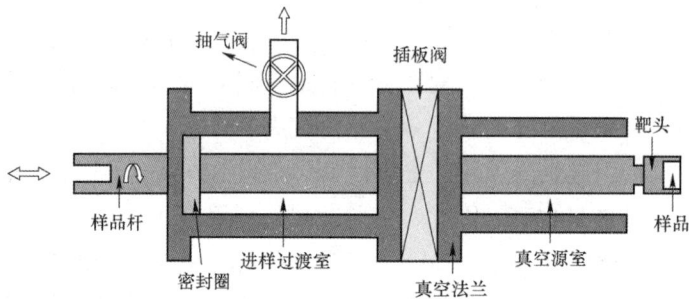

图 2-6　用于真空系统进样换样的装置示意图

2.1.2　双阀激光溅射反应团簇源

为了研究一些生成团簇与小分子的反应产物、中间体及反应特性，还设计了一种双阀激光溅射反应团簇源，其结构如图 2-7 所示。相较于传统的单阀激光溅射团簇源，该双阀源在生长通道和喷嘴之间增加了一个脉冲阀和一个反应通道。双阀源工作时，先由脉冲阀 1 引入惰性缓冲气体进入生长通道，将激光溅射生成的等离子体碰撞冷却成簇。

生成的纯团簇，在载气载带下进入反应通道。这时脉冲阀 2 引入小分子等反应气体，如 CO、O_2、N_2、NO、H_2O 和 CH_4 等，与生成的团簇碰撞相互作用，生成反应中间体和最终产物。对于一些常温是液体的反应物，如甲醇，可以通过鼓泡法载带进入反应通道。鼓泡法样品池装置如图 2-8 所示，载气通过 A 管进入样品池，载上反应物蒸气后，经由 B 管流出，接至脉冲阀 2。对于一些饱和蒸气压比较大的样品，A 管可以不用伸到液面以下；而对一些饱和蒸气压比较小的样品，可以通过适当加热样品池来增加样品蒸气的分压。

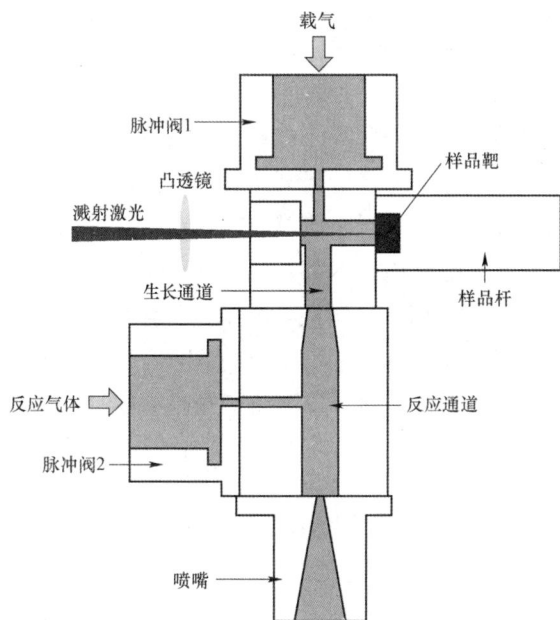

图 2-7　双阀激光溅射反应团簇源剖面示意图　　　　图 2-8　鼓泡法样品池示意图

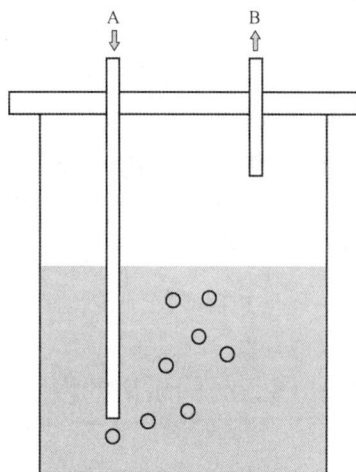

　　两个脉冲阀的时序需要分别控制，其脉宽和气压跟所研究的体系密切有关，不同体系要各自优化相关参数。通过开关脉冲阀 2 控制是否引入反应气体，对比引入反应气体前后的质谱分布变化，可以判断哪些产物发生了反应，再结合光电子速度成像等手段探测产物及反应中间体，结合量化计算可以对反应通道有一个相对清晰的理解。这种双阀激光溅射团簇反应源对于研究团簇与一些无机和有机小分子的反应非常适用，已有不少课题组采用这种设计去研究团簇的反应特性。

　　从激光溅射团簇源的组成部分可以看出，影响团簇生长尺寸和强度的因素有很多，诸如激光脉冲能量、脉冲阀脉宽、载气、生长通道和喷嘴结构尺寸等。热的等离子体必须与载气碰撞冷却，将热量传递到生长通道的壁上。由于团簇源是脉冲式的，超声膨胀的碰撞只发生在喷嘴附近，碰撞冷却只会发生在有限的时间范围内。考虑到气体的典型速度和喷嘴的空间结构，气体在喷嘴区域的停留时间大概有几微秒。氦气的速度快，在气体脉冲时间刻度内可以发生更多次的碰撞。因此我们的大部分实验使用的都是氦气。实验中我们主要调节 3 个参量：激光脉冲能量、脉冲阀与激光脉冲之间的时间延迟以及脉冲阀载气的压强。我们可以通过调 Q，并改变聚焦透镜与溅射点的距离来控制激光脉冲能量。利用脉冲发生器我们可以分别控制脉冲阀开阀时间、阀的脉宽，以及脉冲激光与脉冲阀的延时来获得不同的团簇尺寸及强度分布。生长通道中载气的气压会影响等离子体的冷却效果，通常压力越大，生成的团簇的尺寸越大。长生通道的长度和孔径大小，以及喷嘴的尺寸和形状对团簇的生长也有很大的影响。一方面，生长通道越长，越能促进碰撞；另一方面，这也会造成金属在孔壁上沉积得更利害。

2.2　飞行时间质谱

团簇负离子产生之后，首先要确认的信息是这些负离子的组成和分布。气相中质谱探测这些离子，可以测量团簇的质量和尺寸分布。团簇的研究工作中，发展了诸多不同类型的质谱技术，如飞行时间质谱、四极杆质谱、离子阱质谱、轨道阱质谱和傅里叶离子回旋共振质谱等。尽管工作原理不同，但这些质谱技术都是测量离子的质荷比，通过分析不同物质的峰位置和同位素轮廓，确认团簇离子的组成。其中，飞行时间质谱仪具有简单、高扫描速度、几乎无限的质量范围以及优越的分辨率等特点，在团簇反应动力学领域应用广泛。当前研究工作使用的是飞行时间质谱，下面将简要地介绍这一技术的发展、原理和自研的仪器装置。

2.2.1　飞行时间质谱的发展

通过测量粒子的飞行时间来分析粒子质量的尝试，最早可以追溯到著名的伽利略比萨斜塔实验。当时，伽利略从比萨斜塔顶扔下两颗重量不同的球，比较两球自由落体的飞行时间。当初的实验是利用重力来加速两个球，两个球同时击中地面。只有将加速力从待分析粒子的质量中分离出来，飞行时间测量才成为质量分析的工具。满足这一前提条件的最常见方法是使用磁场、电场来加速，当然，这只能对带电粒子起作用。

质谱分析的历史始于约瑟夫·约翰·汤姆森在 1913 年提出的质谱分析物质组成的基本思路，即样品的所有成分转化为离子，通过电场加速，通过磁场分离质荷比不同的离子。这种利用磁场来实现不同质荷比离子分别检测的扇形磁场质谱，质荷比检测范围窄，不适合检测寿命短或成分变化很快的样品。

为了克服这些局限性，科学家选择利用电场来分析质量。1946 年 4 月，Stephens最早在美国物理协会的春季会议上，提出了一项通过离子的飞行时间来区分不同质荷比离子的新技术，并称为 "pulsed mass spectrometer with time dispersion"[6]。该质量分析器的两个主要特征是：使用微秒脉冲离子；具有不同质荷比的离子到达探测器的时间不同，通过在分析器中的 "飞行时间" 来区分离子。离子脉冲被电场加速到相同的能量，并在真空管中传播。由于不同质荷比的离子具有不同的初始速度，它们撞击探测器的时间略有不同，较轻和/或较多的带电离子先到达。通过这种方式，所研究样品的整个质荷比谱可以在短短数百微秒内获得。这是最早提出飞行时间质谱的概念，但直到 1953 年 Stephens 和同事才公开发表了他们的飞行时间质谱仪的结构[7]。

"飞行时间质谱"概念提出的两年之后，Cameron 和 Eggers 研制出世界上第一台飞行时间质谱原理的验证样机，并取了一个更简洁的名称 "ion velocitron" [8]。该仪器包含了简单飞行时间质谱的所有组成：脉冲离子源、无场漂移区和示波器作为检测设备。遵循 Stephens 提出的建议，velocitron 没有使用磁场，采用 5 μm 的离子脉冲。当时的分辨率非常低，虽然可以分辨不同价态的汞离子，但不能分辨它们的同位素。1953 年，Stephens 和 Wolff 制造出实际意义分辨率的飞行时间质谱，结构类似于 Cameron 和 Eggers 的研究，分辨率达到～20[7]。因此，改善分辨率是接下来若干年中需要重点解决的问题之一。

飞行时间质谱历史上重要的里程碑式进展之一发生在 1955 年。为了克服仪器分辨率和探测器响应时间慢的限制，1955 年，Katzenstein 和 Friedland 改进了飞行时间质谱，引入了离子引出脉冲和门控离子探测器[9]。为了提高飞行时间质谱的分辨率，同年，Wiley 和 McLaren 提出双场加速聚焦、离子脉冲式引出的设计，实现离子空间聚集，并详细地讨论了离子的初始空间分散和能量分散对分辨率的影响[10]。他们首次采用"延时聚焦"技术，离子产生后一个短暂的时间延时再用脉冲电压将离子引入到加速场，一定程度上降低了能量分散，使分辨率达到 300，开启了飞行时间质谱的商业应用时代。基于他们提出的双场加速和延时聚集的概念，Bendix 公司在 1957 年生产了第一台商业化飞行时间质谱，质量范围为 400 个质量数，分辨率为 200。

几乎在同时期，苏联也开展类似的飞行时间质谱研究。1953 年，Ionov 和 Mamyrin 介绍了他们的飞行时间质谱，在飞行管的出口加装了四极杆门控，分辨率好于 50。引入电子倍增器，飞行时间质谱的分辨率可以达到 300。在 1957 年苏联发射的人类第一颗人造卫星"伴侣号"之后，一系列的飞行时间质谱相继制造出来，用于研究大气层的上层。

1957 年，为了解决离子初始能量分散的问题，Alikanov 提出一级反射电场，实现了对离子能量分散的一级聚集[11]。1973 年，Mamyrin 等在 Wiley-Mclaren 式飞行时间质谱中引入了二级反射电场，以实现对离子能量分散的二阶聚集，使得飞行时间质谱的分辨率迅速提升至 3 000 以上[12]，这是飞行时间质谱又一里程碑式的发展。之后反射电场得到不断的发展，相继出现无网反射电场和非线性反应电场。同期，Poschenrieder 提出不同的策略来解决同样的问题，创造了多级聚焦飞行时间质谱。径向和轴向聚焦形成一个环形电场，离子通过由扇形静电场连接的两个线飞行管，飞行时间只取决于它们的质量，与它们的速度无关，因此消除动量分散在质量分辨的影响[13]。1989 年，Dawson 和 Guilhaus 设计出垂直加速飞行时间质谱，使离子引入的方向与质谱加速电场的方向垂直，使飞行时间质谱分辨率飞跃至 20 000[14]。1995 年，Brown 将延时萃取技术引入至飞行时间质谱的设计中[15]。后续，LECO 公司提出多次反射折叠路径技术，在有限的空间内，利用电场将离子的飞行路径折叠反射来延长飞行时间，在保证了长距离飞行的离子束不发散的同时，实现质量峰的压缩聚焦，从而极大地提高了分辨率。这些技术大大提高了飞行时间质谱的分辨率和质量检测范围。

进入 21 世纪后，生物分子检测、痕量分析等各种应用需求推动了飞行时间质谱技术的发展。飞行时间质谱与多种离子源技术的联用，特别是与电喷雾电离[16]、基质辅助激光解吸电离[17]的联用，使飞行时间质谱在食品检测、环境测量、生命科学等诸多领域得到了广泛应用。

2.2.2　飞行时间质谱的原理

飞行时间质谱技术是基于离子的飞行时间进行质量分析，最基础的飞行时间质谱仪由均匀电场的加速区、无场漂移区和探测器组成。飞行时间质谱背后的物理原理是电势能转化为动能，导致不同质量的离子飞离加速器时有不同的速度，从而在通过一定距离的无场飞行区有不同的飞行时间。如图 2-9 所示，离子源产生的离子引入到静电场后，被静电场加速，获得相同的动能，但因其质量的不同造成速度不同，飞行相同距离的无场漂移区所需时间因而不同，通过记录到达探测器的先后顺序来分辨不同质荷比的离子。离子加速后动能相同，无场漂移区距离固定相同，则质量相同的离子到达探测器的时间相同，不同质量的离子到达探测器的时间不同。质量小的粒子速度大，先被探测器检测到，质量大的粒子则晚到达探测器。利用探测器记录不同飞行时间到达的离子的强度，以飞行时间对离子的强度作图，即可得到飞行时间质谱图。

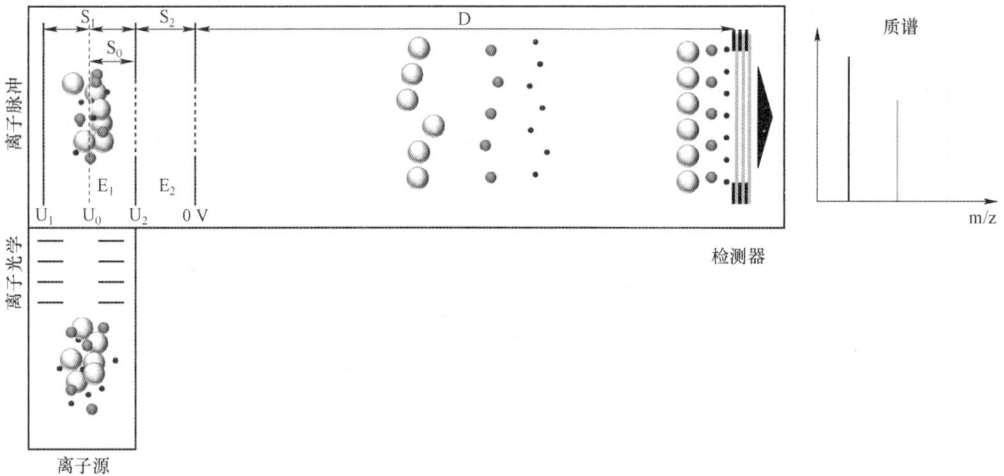

图 2-9　飞行时间质谱原理示意图

最简单的飞行时间质谱系统中，质量为 m、电荷量为 $q = ze$（z 为离子的价数）的理想布局是位于距离探测器特定距离的一个平面上（图 2-9 中的细虚线，此处的电压设为 U_0），从静止开始加速飞向探测器。加速离子通常是由加速器电极之间的单电场或双电场实现的，将启动加速作为起始事件，触发飞行时间的计时开始。合并的加速区域的总长度 $(S_0 + S_2)$ 通常为几厘米。设图 2-9 中加速器的双加速静电场场强分别为 E_1 和 E_2，离子在两场中的飞行距离分别为 S_0 和 S_2，则离子离开加速场后获得的电势能为 $q(E_1S_0 + E_2S_2)$，它与离子的飞行速度的关系可用式 2-1 和式 2-2 表示。接下来是一个长度 D（通常 0.5～3 m）的漂移区域，离子通过该区域的飞行时间 t 在式 2-3 中给出。因为速度 v 和 m/z 的平方根成反比，较轻的离子比较重的离子更快地穿过无场漂移区域时，不同 m/z 的离子实现分离。通常，无场漂移区域末端有一个平面探测器用于将离子的到达转化成电信号，记录其相对于启动加速的时间。通常，离子加速起点的常用电压 U_0 为 2～30 kV，所以，离子飞离加速器时获得的动能大概为 2～30 keV，这样重离子的飞行时间大约为 50～100 μs。如果飞行时间质谱的采集频率为 10～20 kHz，相差一个质量数的离子到达的时间差约为几个纳秒，因此要求数字转换器的取样速率至少为 2×10^8 s^{-1}。

$$W = \frac{1}{2}mv^2 = q(E_1S_0 + E_2S_2) = ze(E_1S_0 + E_2S_2) = zeU_0 \qquad （式 2\text{-}1）$$

$$v = \sqrt{\frac{2ze(E_1S_0 + E_2S_2)}{m}} = \sqrt{\frac{2zeU_0}{m}} \qquad （式 2\text{-}2）$$

$$t = \frac{D}{v} = \frac{D}{[2e(E_1S_0 + E_2S_2)]^{0.5}} \times (m/z)^{0.5} = \frac{D}{(2eU_0)^{0.5}} \times (m/z)^{0.5} \qquad （式 2\text{-}3）$$

很显然，如果式 2-3 中的其他量保持不变，离子的飞行时间正比于质荷比 m/z。理论上，飞行时间质谱能检测的最大质量是没有上限的。此外，探测速度非常快，因为飞行管长度几米的飞行时间在微秒范围内。而且，由于飞行时间与质荷比 (m/z) 平方根之间存在线性关系，利用两个校准物质测量的飞行时间，即可实现未知物质从飞行时间到质荷比的转换。

评价飞行时间质谱性能的一个重要参数是分辨率 R，对于质量为 m 的一价离子，定义为 $R = m/\Delta m$，Δm 是质谱峰 m 的半高全宽。式 2-3 对 m 进行微分，可以得到以下算式。

$$\frac{m}{z} = \left(\frac{2eU_0}{D^2}\right)^2 t^2 \qquad （式 2\text{-}4）$$

$$\frac{1}{z} \times \mathrm{d}m = \left(\frac{2eU_0}{D^2}\right) \times 2t \times \mathrm{d}t \qquad （式 2\text{-}5）$$

$$\frac{m}{\mathrm{d}m} = \frac{t}{2\mathrm{d}t} \qquad （式 2\text{-}6）$$

$$R = \frac{m}{\Delta m} = \frac{t}{2\Delta t} \approx \frac{D}{2\Delta x} \qquad （式 2\text{-}7）$$

可以看出，分辨率 R 直接正比于飞行路径的长度 D。增加飞行管长度是提高分辨率的一种方便方法，但显然，实验室的飞行管不可能无限长。

上述公式假定离子的起始条件是在理想状态下，即离子是静止的，至探测器的距离相同，有效加速电压也相同。现实中，即使是具有相同质荷比的离子，有些因素会导致离子处于非理想起始状态，从而导致不同的离子飞行时间。第一，电离脉冲的宽度会导致离子的生成时间不同，称为时间分散。第二，电离区域的大小会导致离子的起始点不同以及与探测器的距离不同，称为空间分散。在现实中，加速度电压通常是在均匀场中提供的，处于电场中的不同位置意味着不同的有效加速度电压。第三，离子不是从静止开始的，而是在大小和方向上具有初始动能的统计分布，称为速度分散。由于离子的非理想起始条件，离子到达时间不是一个固定值 t，而是中间值为 t、半高全宽为 Δt 的峰形分布，Δt 代表了离子团到达检测器的时间宽度。因此，一组相同 m/z 的离子到达探测器的时间分布在质谱图中表现为一个峰,峰值的中心时间 t 由运动方程很容易计算出来。

通常,时间分散对 Δt 的贡献是恒定的,即与 m/z 无关;而空间分散和速度分散对 Δt 的贡献与 m/z 成比例关系。这些初始分散因素通常是不相关的,所以它们的影响是累加。时间分散相对其他分散因素的影响小,除低 m/z 处,它对大质量的影响不显著。因此,飞行时间质谱的分辨率在大部分质量检测范围内几乎是一个常数,只有对很小的质量才会显著地降低。理论上,可以对初始分散的各个因素进行单独校正。当两个或两个以上的分散因素是显著的且不相关时,通常没有实际的方法来补偿它们的影响。因此,质谱的最终分辨率是有限的。然而,一些解决单个分散因素的聚焦方法结合新颖的离子光学配置,在商用的飞行时间质谱系统中实现了 5 000～20 000 范围内的质量分辨率。

假设两个在均匀静电场下同时产生的离子,在加速电场方向上呈现前后排布,即存在空间分散,如图 2-10 左边部分所示。

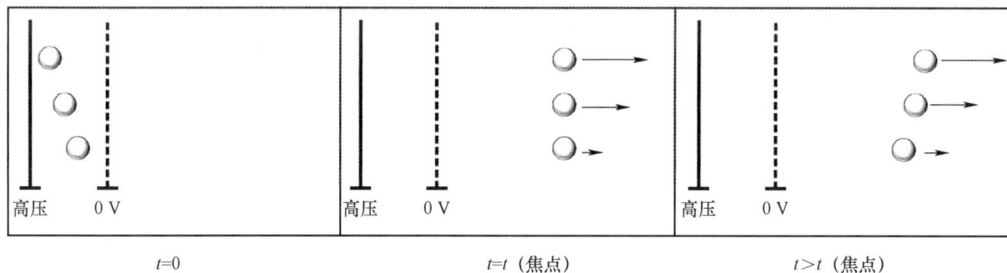

图 2-10　飞行时间质谱的空间聚集示意图

因此,离开加速区后,它们所获得的动能会有略微不同,离出口较远的离子的有效加速电压更大,相对获得更多的加速动能。结果在自由飞行区存在一点,从离出口较远处开始飞行的高能离子,将会赶上离出口较近的低能离子。这一点称为空间焦点。在这个位置上,离子云在其飞行方向上会被压窄,到达探测器的时间宽度 Δt 是最小的,如图 2-10 中间部分所示。通过确定两个离子在漂移区的相对飞行时间差的数学关系,并对其最小化,就可以计算出它距离电极出口的距离 S_F。对于一级加速场,这个空间聚焦点与电极出口的距离等于离子加速长度的两倍地方。通常，加速长度只有几厘米，到达这一点的飞行时间很短，因此通过式 2-7 计算出来的质量分辨率很低。离子束在漂移区的某一位置的相对飞行时间宽度可以写成其相对动能宽度的泰勒展开式。

$$\frac{t}{2\Delta t} = a\frac{\Delta W}{W} + b\left(\frac{\Delta W}{W}\right)^2 + c\left(\frac{\Delta W}{W}\right)^3 + \cdots \qquad (式\ 2-8)$$

可知，在单级加速场的空间聚焦点，展开函数的线性项系数 a 为零，如图 2-11（a）所示。我们把这个条件叫一级能量校正。

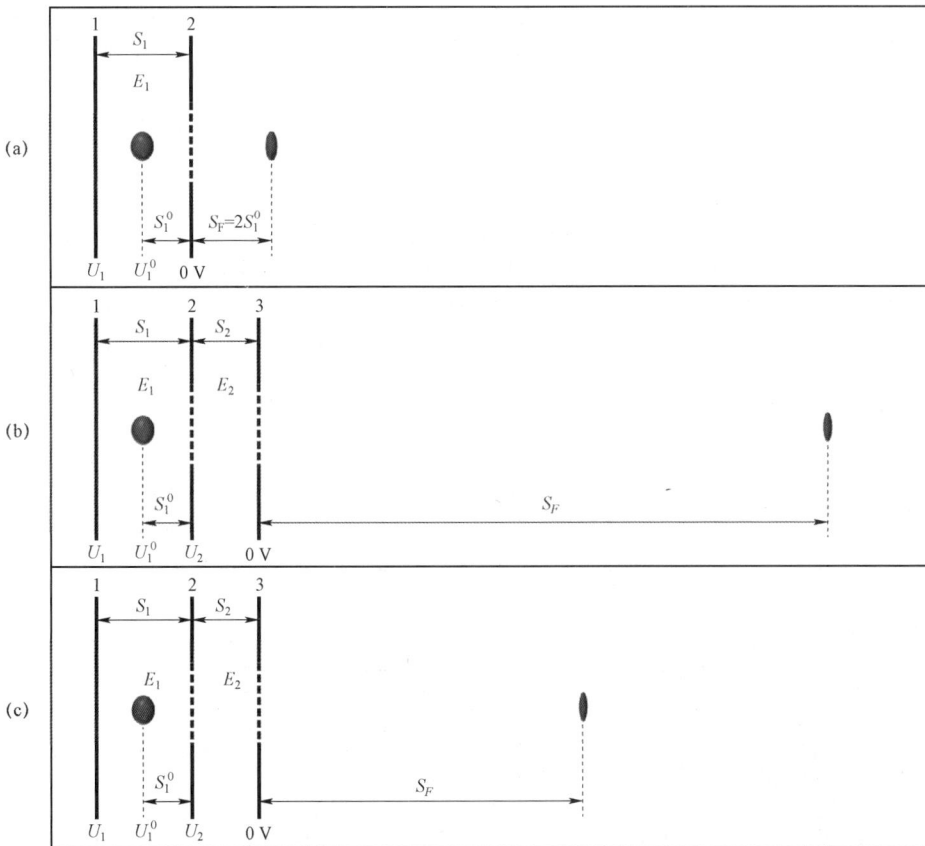

（a）一级加速场的固定一阶空间焦点；（b）两级加速场的可变一阶空间焦点；（c）两级加速场的固定二阶空间焦点

图 2-11　离子从离子源到空间焦点的运动（在空间焦点处，离子束在飞行方向上的宽度最窄）

Wiley 和 McLarden 认识到[10]，通过增加第二级加速场和选择合适的电场，一阶空间聚焦点的位置可以移到离离子源更远处，因此加长了飞行时间，显著地改善质量分辨率，如图 2-11（b）所示。这种 Wiley-McLaren 设计几乎应用于现在所有的飞行时间质谱。图 2-11（b）和图 2-11（c）是两级加速场飞行时间质谱原理示意图，两级加速电场的场强分别为 E_1 和 E_2，加载到排斥电极 1、提取电极 2 和接地电极 3 上的电压分别为 U_1、

U_2 和 0 V，极片 1-2 和 2-3 间距分别为 S_1 和 S_2。自由漂移区的电场场强为 0。设有一个质量为 m、电荷量为 q、初始动能为 W_0 的离子从第一级电场中距极板 2 为 S_1^0 处、有效加速电压为 U_1^0 开始被加速，根据电磁学理论，离开加速电场时，该离子具有的总动能为初始动能 W_0、第一级加速场获得的静电势能 W_1 和第二级加速场获得的静电势能 W_2 之和。

$$W_{\text{total}} = W_0 + W_1 + W_2 = W_0 + q(E_1 S_1^0 + E_2 S_2) \quad \text{（式 2-9）}$$

离子飞到焦点所用的时间是离子在一级加速场的时间、二级加速场的时间及在无场漂移区的时间总和。

$$t_{\text{total}} = t_{S_0} + t_{S_2} + t_{S_F} \quad \text{（式 2-10）}$$

式中

$$t_{S_0} = \frac{\sqrt{2m}}{qE_1} \times \left(\sqrt{W_0 + qE_1 S_1^0} - \sqrt{W_0} \right) \quad \text{（式 2-11（a））}$$

$$t_{S_2} = \frac{\sqrt{2m}}{qE_2} \times \left(\sqrt{W_{\text{total}}} - \sqrt{W_0 + qE_1 S_1^0} \right) \quad \text{（式 2-11（b））}$$

$$t_{S_F} = \frac{\sqrt{2m} \times S_F}{2\sqrt{W_{\text{total}}}} \quad \text{（式 2-11（c））}$$

为简化计算，取离子的初始动能 $W_0 = 0$，令离子的初始位置处 $S = S_1^0$。取参量

$$W_{\text{total}} = q(E_1 S_1^0 + E_2 S_2) \quad \text{（式 2-12（a））}$$

$$k_0 = \frac{E_1 S_1^0 + E_2 S_2}{E_1 S_1^0} = \frac{U_1^0}{U_1^0 - U_2} \quad \text{（式 2-12（b））}$$

则总的飞行时间为

$$\begin{aligned}
t_{\text{total}} &= \sqrt{\frac{m}{2q}} \times \left(\frac{2S_1^0}{\sqrt{W_{\text{total}} - qE_2 S_2}} + \frac{2S_2}{\sqrt{W_{\text{total}}} + \sqrt{W_{\text{total}} - qE_2 S_2}} + \frac{S_F}{\sqrt{W_{\text{total}}}} \right) \\
&= \sqrt{\frac{m}{2qW_{\text{total}}}} \times \left(2(k_0)^{1/2} S_1^0 + \frac{2(k_0)^{1/2}}{(k_0)^{1/2} + 1} S_2 + S_F \right)
\end{aligned} \quad \text{（式 2-13）}$$

由于起始时刻离子并不处于与探测平面平行的同一个平面上，使得离子加速时获得的能量不同，从而造成同一质量的离子到达探测器的时间有差异，因而降低了飞行时间质谱的分辨率。要完全补偿这种时间差异，就要求与初始位置稍有差异 $\left(S = S_1^0 \pm \frac{1}{2}\delta_s \right)$ 的离子到达探测器的时间相同。由式 2-13，令 $\frac{\partial t}{\partial S}\big|_{0,S_1^0} = 0$，并将公式 2-13 代入，得 Wiley-McLaren 型质谱的空间聚焦点。

$$S_F = 2S_1^0 (k_0)^{3/2} \left[1 - \frac{1}{k_0 + (k_0)^{1/2}} \frac{S_2}{S_1^0} \right] \quad \text{（式 2-14）}$$

对只有一级加速电场的飞行时间质谱，因为 $S_2 = 0$，由公式 2-11（b）知 $k_0 = 1$，则代入上式得 $S_F = 2S_1^0$，即空间焦点的长度是加速长度的两倍，表明一阶空间焦点的位置是固定的。由于一般的质谱仪中 S_1^0 只有几厘米，$S_F = 2S_1^0$ 太短，不同质量的离子云没有足够的时间来充分分离，因而只有一级加速电场的飞行时间质谱不能获得较好的分辨率。从式 2-14 可知，固定 S_1^0 和 S_2，通过改变二级电场的电压比（对应于 k_0）可以移动空间焦点的位置。另外，Wiley-McLaren 条件表明，对于确定位置的飞行区的空间焦点，人们仍可以自由选择参数，因为有多组 S_2 / S_1^0 和 U_1^0 / U_2 值满足上述方程。这些条件再结合 Taylor 展开式的二阶能量校正，即 $\frac{\partial^2 t}{\partial^2 S}|_{0, S_1^0} = 0$ 可以确定二阶空间焦点位置。这个焦点位置是固定的，不会像一阶空间焦点那样随加速电压改变而变动，如图 2-11（c）所示。它的位置和两场场强的比值完全由二级加速场的几何结构确定。

$$S_1^0 = \frac{S_F - 2S_2}{2(S_2 + S_F)}\left[S_F\left(\frac{S_F - 2S_2}{3S_F}\right)^{3/3} + S_2 \right] \tag{式 2-15}$$

$$U_2 = U_1^0 \frac{2(S_F + S_2)}{S_F} \tag{式 2-16}$$

二阶聚焦进一步压窄了离子束，这样可以获得更高的分辨率。

除了由于起始时刻离子不处于与探测器平面平行的同一平面上造成相同质量离子的飞行时间差异，相同质量且处于同一平面内但初始速度不同的离子，到达接收平面的时间也会有差异，这就需要解决飞行时间质谱的能量聚焦问题。

减小离子的初速度对质谱仪分辨率造成的影响可以通过两条途径：一是尽量减小离子的初动能在总动能中所占比例；二是离子产生后，延迟一定时间(Δt)再加载加速电场，由于初速度不同的离子在此时间间隔(Δt)飞过不同的距离，造成离子从加速电场中获得的能量不同，以补偿离子的初始速度差异对飞行时间的影响。第二种方法被称为时间延迟聚焦，可以将初始速度分散转化为离子的空间分散。如图 2-12 所示，上图显示了静电场中分子电离生成的相同质量的离子，在平行于探测器的同一平面（虚线）上生成，但初始的速度不同。当这些离子被加速时，它们的初始速度矢量会叠加到电场赋予的速度上。如果初始速度不同，则到达探测器的时间也会不同。当采用时间延迟聚集，在离子形成脉冲和离子提取电压脉冲之间引入了一个时间延迟。离子生成时不开启加速场，处于无场环境中，然后延迟一段时间后再开启加速场，加速离子飞向探测器。在加速电场关闭期间，生成的离子具有初始动能，会在加速器中发生运动，从而导致它们在加速电场中的位置不同。如果某些离子朝向探测器移动的速度比其他离子更快，提取脉冲开启时，它们会更靠近探测器，从而被更低的加速电压加速；相反，其他速度较慢的离子，离探测器更远，被相对更高的加速电压加速。初始动能导致加速电场中的不同位置，从而导致不同的加速电压差，仔细选择延迟时间和加速电压，可以补偿初始动能差，实现探测器处的最小信号宽度，增加飞行时间质谱的分辨率。

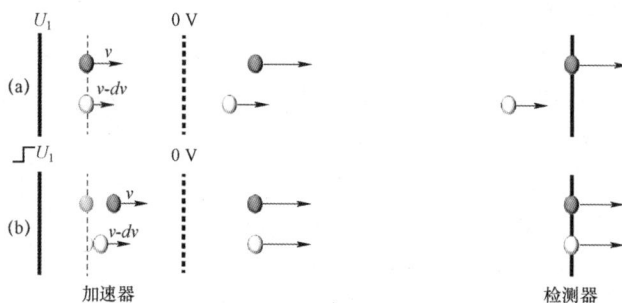

图 2-12　时间延迟聚焦原理

如 Wiley 和 McLarden 所指出的，时间延迟聚焦技术存在一些缺点[10]。第一，对于给定的时间延迟，只有很窄的质量范围内的离子可以实现聚集，质量范围外的离子则会发生离焦。第二，随着时间延迟增加，离子源区域的离子流失将变得严重，因此给成功应用时间延迟聚焦技术设置了质量上限。1989 年，Kinsel 和 Johnston 对时间延迟聚焦技术做了一个简单的改变，离子在离子源区由传统的静电场加速后，聚焦电压脉冲应用于一个短的无场自由区域。该技术称为源后脉冲聚集[18]，用于校正离子束在飞行方向的空间和时间分散。图 2-13（a）和图 2-13（b）展示了在静电场飞行时间质谱中，相同质量的离子具有不同的初始速度和不同的离子生成时间的例子。初始动能越小，到达探测器的时间越晚。不同离子形成时间的离子，将保持这种时间差异，直到它们到达探测器。源后脉冲聚集操作时，在常规的两级静电场中产生的离子进入一个短的、初始无场的源后脉冲聚焦区域后，对该区域施加聚焦脉冲电压，对离子进行二次加速。因同质量离子

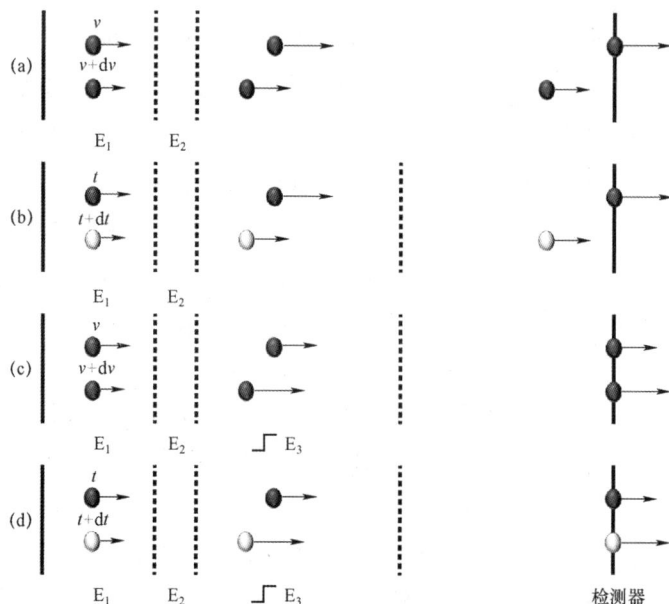

图 2-13　源后脉冲聚集原理

的初速度和形成时间不同，在此区域所处的位置不相同，所获得的动能不同，后进入的
离子获得的动能更大，将追赶前面的离子。适当选取聚焦脉冲电压大小和延迟时间，质
量数相同的离子将同时到达探测器，从而补偿离子的初速度和形成时间上的差异，达到
提高系统质量分辨率的目的，如图 2-13（c）和图 2-13（d）所示。

　　时间延迟聚焦和源后脉冲聚集虽然能补偿离子的初始速度差异，增强飞行时间质谱
的分辨率，但这两个技术都具有质量歧视效应，只能提高某一质量数范围内离子的分辨
率。对飞行时间质谱质量分辨率的限制是由离子初始位置和初始能量共同作用的结果，
一般的直线式飞行时间质谱分辨率可达几百。如果要进一步提高分辨率，可以在无场漂
移区设置一个反射电场，将离子小角度反射回去，再在一定位置接收，即反射式飞行时
间质谱仪。通过在反射静电场中停止并折返离子，能量更高的离子在反射场中穿透的深
度更深，相应的比低能离子花费更多的时间在反射器中，这样可以补偿不同动能的离子
之间的飞行时间差，从而改善分辨，如图 2-14 所示。

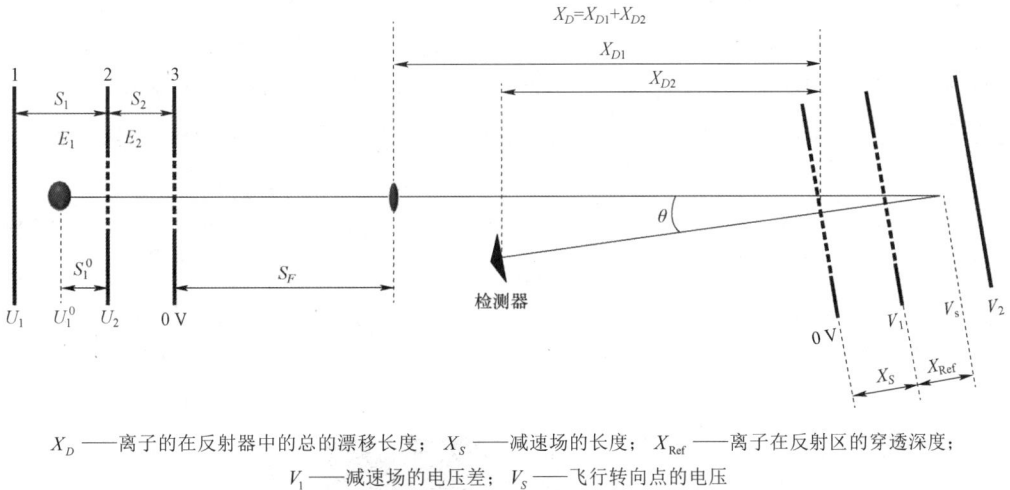

X_D——离子的在反射器中的总的漂移长度；　X_S——减速场的长度；　X_{Ref}——离子在反射区的穿透深度；

V_1——减速场的电压差；　V_s——飞行转向点的电压

图 2-14　反射式飞行时间质谱原理图

　　反射式飞行时间质谱可以将分辨率提高到几千甚至几万。如同加速场，一级反射场
允许初始能量分布的一级校正，而二级电场设计能校正二阶误差，所运用的条件和二级
空间焦点的条件很相似。

$$X_{Ref} = \frac{X_D - 4X_S}{4(X_D + 2X_S)}\left[X_D\left(\frac{X_D - 4X_S}{3X_D}\right)^{3/3} + 2X_S \right] \qquad （式 2\text{-}17）$$

$$V_1 = \frac{2}{3}\left(1 + \frac{2X_S}{X_D}\right)V_s \qquad （式 2\text{-}18）$$

　　这些方程没有考虑反射角 θ 的影响，因为这个角的值通常很小，在大部分情况下可
以忽略。给定这些条件，离子束在离子源的空间焦点处的时间分布将映射到探测器上。
也就是说，它的总的飞行时间大大地加长了，但没有改变其时间宽度，从而显著地提高

了仪器的质量分辨率。

2.2.3　飞行时间质谱的装置

　　基于以上原理，设计并搭建了反射式飞行时间质谱，以适用于当前的过渡金属羰基配合物负离子的质量分析。激光溅射产生的离子束经过一个孔径为 5 mm 的 skimmer 之后进入反射式飞行时间质谱的加速场中，被垂直加速，通过飞行时间对各个团簇离子进行质量分析。这种设计有利于选取初始离子束中很窄的一部分，使得离子云在加速区内的动能分布范围狭窄，从而降低初始动能分布对质谱分辨的影响。缩小 skimmer 孔径会进一步减小动能分布，提高分辨率，但会降低离子信号强度。飞行时间质谱主要由离子加速器、离子反射器和质谱探测器等部分组成，下面将对这些关键的部件进行介绍。

　　离子加速器采用的是 Wiley-Mclaren 双场加速空间聚焦的结构。其基本结构如图 2-15（a）所示，中间的电极片（编号 2-16 的电极片）都是 0.5 mm 厚，而第一片（编号为 1）和最后一片（编号为 17）作为顶压板和底压板的厚度为 5 mm，这样的设计方便组装，同时提高加速场结构连接的稳定性，同时这两片压板中心开有直径为 20 mm 的圆孔，压板结构如图 2-15（b）所示。相邻电极片之间用厚度为 4.5 mm 的聚四氟乙烯垫分隔。为了方便离子穿过又能保持电场的均匀，第 2 片、第 5 片、第 7 片和第 16 片电极片中心开有一个直径为 20 mm 的圆孔，并在离子入射面贴上了透过率 90%的栅网，如图 2-15（d）所示。其中第六片电极片并非整体一片，而是由四瓣"L"形电极片组成，如图 2-15（c）所示。

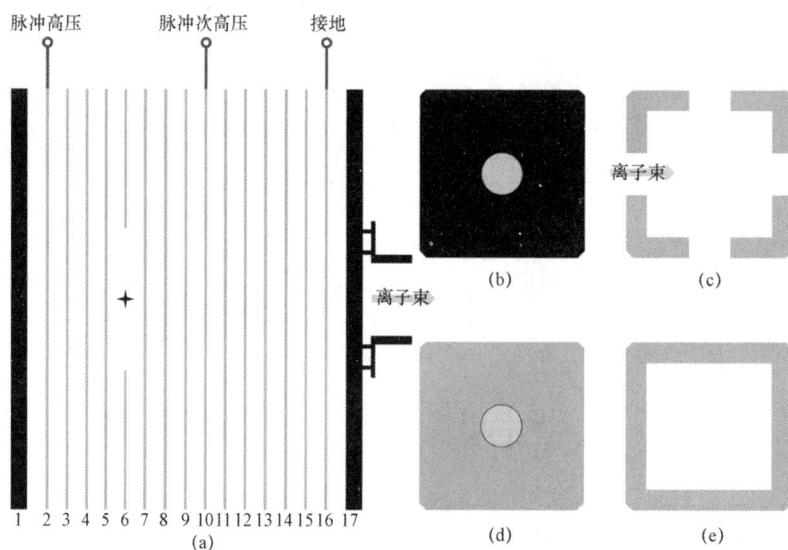

图 2-15　离子加速器示意图

　　为了实现双场分压，两两电极片之间都接上了电阻电容。我们在 2～10 电极片的两两之间都接了一个精度万分之一的 2 MΩ 电阻，同时并联了一个 4.7 nF 的电容。而 10～16 电极片的两两之间接上了两个串联的 2 MΩ 电阻，同时再接上两个串联的 4.7 nF 电容。2、10 和 16 片电极板分别加载脉冲高压、脉冲次高压和接地。这 3 片电极片的两两之间依靠电阻电容分压，这些极片均匀密布使加速电场更加均匀。极片上所加电压是脉冲电压，脉冲宽度在 20～40 μs 之间。离子束从 6 号电极片的开口处进入加速场，依次经过离子排斥区、加速区，最后飞离加速器。根据其进入加速器的位置和电极片所加的电压可以计算出，离子经过加速器后所获得的动能为 1 200 eV。根据前面飞行时间质谱原理所描述的，在加速场的空间前后位置不一样的同质量离子在某一位置能达到空间聚焦，即离子云在飞行轴方向的长度压缩至最小。

Wiley-Mclaren 双场加速实现了空间聚焦，而对那些空间位置相同但初始能量存在差异的离子，即能量分散的离子，则需要反射静电场来实现能量聚焦。离子云飞离离子加速器，经过静电透镜后，进入离子反射器，在反射电场的作用下以一个小角度折返。静电反射器的工作原理见前面的飞行时间质谱原理部分。这里介绍一下我们的离子反射器的结构参数。

本实验装置中设置了一组离子反射器，位于离子加速器所在的飞行路径直线末端，是由 29 片均匀分布的电极平行排布而成，两两极片之间用聚四氟乙烯垫隔开，如图 2-16 所示。圆形的电极片边缘设计为台阶状，这样使相邻的反射电极片的边缘之间形成嵌套结构，层层相扣又不相互接触，既保证了电场的均匀分布，又对外电场的干扰起到了很好的屏蔽作用。反射器中接高压的末端极片是直径为 90 mm 的中心开孔的圆片，接地的前端极片与末端极片大小相等并且中心开设有直径为 35 mm，其余位于末端极片和前端极片之间的 27 片极片大小与底部极片相等并且中心开设有直径为 55 mm 的圆孔。最后一片电极片贴有栅网。反射器各极片之间用厚度为 3.5 mm 的聚四氟乙烯垫分隔。组装好的离子反射器整套固定在一个与入射离子飞行轨迹线方向呈 2.7° 夹角的斜面上。

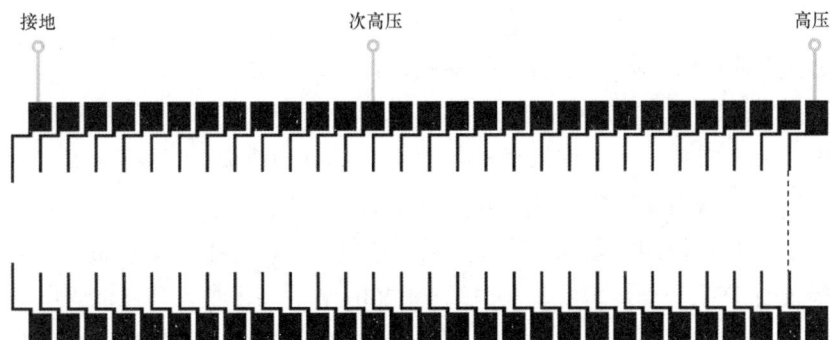

图 2-16　静电反射器结构示意图

离子反射器采用双场静电场反射，有两路直流高压输入。反射器的末端极片（第 29 片）、第 13 片和前端极片（第 1 片）分别接直流高压、直流次高压和接地。为了使电压均匀分配到电极片上，两两极片之间用精度万分之一的 2 MΩ 电阻分压。优化选择合适的电压参数，离子反射器中前后两段电极板组成两级反射区。一般来说，相同质量且初始动能大的团簇离子先进入反射区，并进入到反射区更深处，在反射区中的飞行时间比动能小的团簇离子要长，离开反射区后，动能大的离子开始追赶动能小的离子，这样具有不同初始动能且具有相同质量的团簇离子离开反射区之后会聚焦于一点。

当仪器进行质量分析时，反射器加载上电压，离子折返后可到达探测器。微通道板作为一种时间分辨能力很强的电子倍增探测器，广泛应用于离子信号探测领域。微通道板堆放着无数的通道，板面垂直接收信号，通道偏置产生的夹角使信号离子二次电子可以在通道壁上碰撞，在内壁通过表面的半导体材料的作用下倍增放大，两片 MCP 的放大效果在 10^6 倍左右。

离子探测器的整个装置如图 2-17 所示，主要由微通道板和接收极组成。为了实现信号放大，质谱探测器采用了两片微通道板，且两片微通道板按通道倾角呈 V 型叠放。图 2-17 中的斜纹长条表示的就是微通道板，其中斜纹代表微通道的方向。两片微通道板后端紧接着一个锥形的电子接收极。两片微通道板的上下都垫有一片直径与微通道板相当的薄圆环，如图 2-17 中的黑色方块所示。

整个质谱探测器只有两路线引出到腔体外，其中一路用来接直流高压，另一路用作信号输出。直流高压输入后，被电阻分压到微通道板和接收极上。首先直流高压要经过保护电阻，即图中的 R3，然后再经过两个电阻 R1 和 R2 实现分压，从而保证微通道板入射面、出射面和接收极三者形成梯度电压。仪器实际工作时，我们在电压输入接头处输入直流高压，经分压后，两片微通道板上的电压为1 600 V，即每片 800 V，而第二片微通道板与接收极之间的压差为 160 V。接收极尾端连接了一个10 nF 的电容来耦合输出质谱信号。我们的质谱探

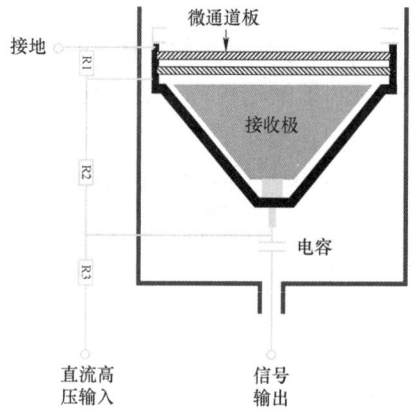

图 2-17 质谱探测器结构示意图

测器的第一片微通道板入射面接地，这样可以让微通道板前端的飞行区形成无场。为了提高质谱信号接收效率，我们使用直径为 36 mm 的微通道板（有效直径为 27 mm）。为了屏蔽内部电压对飞行离子的干扰，我们将整套探测器放置在接地的套筒内。

实验时，我们给探测器输入直流高压后，在每片微通道板上加载 800 V 的分压，就会在每个通道中产生一个均匀的轴向电场。1 200 eV 的离子进入微通道的电场后，与通道壁碰撞时产生次级电子，并且在轴向电场的作用下次级电子被加速，次级电子碰到壁上又会产生更多的新的次级电子。这样，一个离子信号经过两片微通道板后被放大约 10^6 倍，最终产生的次级电子在第二片微通道板与接收极间的电压差驱动下，被接收极收集，再经过接收极后面的电容输出。输出的电子倍增脉冲信号依次经过信号放大器、数据采集卡，再被 Labview 采集记录下来，记录为飞行时间质谱。

2.3　负离子光电子速度成像

利用反射式飞行时间质谱，确认完激光溅射团簇源中产生离子的组分和分布之后，即可以筛选感兴趣的负离子进行谱学手段的探究。常用的谱学技术包括但不限于紫外可见光谱、基质隔离红外吸收光谱、红外多光子解离光谱、电子自旋共振和光电子能谱等。这些谱学技术各有优劣，结合量子化学理论计算，在研究过渡金属羰基配合物的电子几何结构、化学成键和反应性质等方面，发挥着重要的作用。本书研究体系采用的谱学技术是基于传统的光电子能谱发展起来的光电子速度成像能谱。

具体实验时，当完成飞行时间质谱探测后，切换至质量选择的负离子光电子速度成像探测，只需撤去反射器上的电压，改为接地，离子可以穿过反射器的栅网，继续向前飞行，进入光电子脱附区。感兴趣离子的质量选择是在脱附激光、成像透镜、成像探测器的微通道板和荧光屏后 CCD 相机均在协同的脉冲模式下实现的。简而言之，利用时序控制器，调节激光的时间，使感兴趣的负离子到达光脱附点的时间与脉冲脱附激光的时间重合，脉冲激光与感兴趣的负离子作用，产生光电子，光电子被成像透镜的脉冲电压提取，投射到由微通道板和荧光屏组成的探测器。当产生的光电子到达微通道板时，微通道板加载上脉冲高压，使之达到响应电压，实现对光电子信号的倍增，撞击荧光屏，产生光斑信号。后面的 CCD 相机稍微提前开启，捕捉记录光斑信号，累加形成原始的光电子图像。最后，利用反阿贝尔变换方法，可以重构原始的光电子三维图像，从中可以同时获得质选离子的光电子能谱和光电子角分布信息。下面将简要地介绍这一技术的发展、原理和自研的仪器装置。

2.3.1　负离子光电子速度成像的发展

光电子能谱是一种利用光研究物质性质的方法。基于光电效应的原理，通过光子能量大于电子束缚能的单色光照射物质，会产生光电子，测量脱附出光电子的动能，并由此揭示其结合能、光电子强度和光电子角分布，应用这些信息研究物质的电子结构。尽管早在 1887 年德国物理学家 Heinrich Hertz 发现了光电效应，但直到 1905 年 Albert Einstein 在他的论文中解释光以量子的形式传播，光电效应才逐渐被人们理解和利用。20 世纪 60 年代，光电子能谱开始被广泛应用，Feodor I.Vilesov、David Turner 等利用光电子能谱结合紫外光源发展了紫外光电子能谱，而 Kai Siegbahn 等利用光电子能谱结合 X 射线光源开发了 X 射线光电子能谱，用于物质表面的化学分析。

将该技术应用于气相中的负离子，即用一束能量大于电子束缚能的紫外可见光与质量选择的负离子作用，测量脱附光电子的动能，可以得到负离子的光电子能谱。1967 年，Hall 等人报道了第一次负离子光电子能谱实验，测量了原子负离子 He^- 的电子亲和能。该实验利用连续离子源和连续运转氩离子激光器，并使用半球电子能量分析器检测光电子动能分布[19]。后续，他们将负离子光电子能谱推广至 NO^- 和 O_2^- 等小分子负离子[20]。同时期，Lineberger 和合作者研究了 Cu^-、Ag^- 等金属原子负离子的光脱附，测量了金属原子的电子亲和能[21]。随着脉冲激光技术和离子源的开发，脉冲式负离子光电子能谱应运而生，利用飞行时间方法分析脱附光电子的动能分布，包括自由场式[22]和磁瓶式[23]飞行时间分析器。自由场式的电子能谱分析器收集效率低，只能探测小角度的光电子，但分辨率可达到 5～10 MeV；磁瓶式的电子能量分析器收集效率高，接近 100%，但受多普勒展宽的影响，分辨率相对较低。

1987 年，Houston 和 Chandler 首次提出粒子成像技术，并应用于气相 CH_3I 中性分子光解离实验的产物离子成像[24]。成像技术将粒子的三维分布投影到二维平面进行成像，再通过数学反阿贝尔变换等方法重构出三维的空间分布，从中可以同时获得平动能谱和角分布信息。成像技术在分子反应动力学领域中应用相当广泛，可以在一张图像中分析散射粒子的全三维速度分布。1993 年，Helm 等将成像技术与光电子能谱技术结合，观测了中性原子 Xe 的多光子电离[25]。1996 年，Blondel 等将成像技术推广至 Br^- 负离子，探测了 Br^- 的光脱附[26]。1997 年，Eppink 和 Parker 改进了成像透镜，即用 Wiley-Mclaren 型双场加速取代了传统成像透镜的单场加速，并用中间开孔的电极片代替了贴有栅网的电极片[27]。这一改进使激光–粒子作用区中位置不同但速度相同的粒子，聚焦在探测器表面上的同一位置上，显著改善了粒子速度成像的能量分辨率。

速度成像技术给粒子成像领域带来了革命性的发展，使负离子光电子速度成像得到了蓬勃发展[28]，虽然分辨率提升至约为 3%，但依然不足以分辨低频振动和能级间隔很小的密集光谱。2004 年，为了提高成像分辨率，Neumark 等人整合传统光电子能谱和零动能谱的优势，将速度成像和负离子阈值光脱附相结合，提出了负离子的慢电子速度成像。利用波长可调谐的染料激光器，使脱附激光的光子能量略高于特定的跃迁阈值，这样脱附的电子动能范围仅有几十毫电子伏。这种技术只需采集不同波长下的光电子能谱，将其拼成一张完整的能谱图，便可以得到高分辨的光电子能谱，$\Delta eKE/eKE \approx 2\%$，近阈值电子的线宽低至 $1.5\ cm^{-1}$。2007 年，Cavanagh 和同事[29]报道了一种具有很高分辨率的速度成像透镜设计，对于动能等于 0.87 eV 的电子，可达到 $\Delta eKE/eKE = 0.38\%$ 的能量分辨率[29]。2014 年，Wang 等设计了优化的多透镜速度成像系统，极大地发展了光电子速度成像，优势在于其实现对近阈值电子 $1.2\ cm^{-1}$ 的分辨率，同时对高能电子保持 0.53% 的光电子动能分辨能力[30]。该设计理念后续得到了 Ning 和 Neumark 等的推崇和应用。同时，低温离子阱冷却技术与慢电子速度成像技术相结合，可将负离子冷却至振动基态，减小分子的热展宽，从而获得优异的能量分辨率，极大地拓展了负离子光电子能谱的应用。

2.3.2　负离子光电子速度成像的原理

带电粒子成像技术在分子反应动力学领域中的应用相当广泛，可以从一张图像中分析散射粒子的全三维速度分布。它将粒子的三维分布投影到二维平面进行成像，再通过数学反阿贝尔变换等方法重构出三维的空间分布，从中可以同时获得平动能谱和角分布信息。这一技术最早由 Houston 和 Chandler 提出并应用于气相 CH_3I 中性分子光解离实验中[24]。离子成像技术具有质量和量子态选择性，较光学成像技术有更高的灵敏度和空间分辨率。经过多年的发展，该实验方法被推广应用于光解离、光电离、光脱附、反应碰撞和非弹性碰撞等。尤其，结合超快泵浦探测，时间分辨的粒子成像，是一种非常有效的技术，可用于研究原子运动自然时间刻度下的反应分子的电子结构演化等动力学过程。1997 年，Eppink 和 Parker 引进速度成像的概念，即用 Wiley-Mclaren 型双场加速取代了传统成像系统的单场加速，并用中间开孔的电极片代替了贴有栅网的电极片[27]。这一改进，使激光–负离子作用区中位置不同但速度相同的粒子聚焦在探测器表面的同一位置上，极大降低了图像模糊，因此显著改善了图像的质量和分辨率，给粒子成像领域带来了革命性的发展。

早期的光电子成像实验主要集中在中性分子上，而后推广到负离子上。负离子光电子能谱具有显著的优势：① 可以测量电子亲和能；② 可以研究中性分子吸收或发射光谱中的暗态；③ 可以通过先制备更稳定的负离子形式，获得短寿命的中性分子的振动和电子信息；④ 相比于电离能，中性分子的电子亲和能较低，可以用近紫外和可见光进行单光子实验。在负离子光电子速度成像实验中，光电子能谱的优势和速度成像技术的优势相结合，能够同时测量光电子的动能和角度各向异性。光电子图像获得了光电子起源的原子或分子轨道的指纹信息。这意味着成像技术不仅可以研究原子分子的电子结构，同时可作为一种分析工具来确定多个电子或结构异构体的复杂体系。

负离子光电子速度成像实验涉及 3 个阶段：离子生成、质量选择和选择物种的光电子脱附探测。通常实验都是在脉冲模式下工作的，如图 2-18 所示。通过质量门选择感兴趣的离子，先将其释放进入成像透镜电极片间的光脱附区，同时一束特定波长的线偏振光照射这一负离子束，让这些负离子光脱附出光电子。产生的光电子从激光–负离子作用区开始膨胀，并且任意时刻速度相同的电子都处在同一球面上（牛顿球的每个球面代表了不同电子态、振动态能级）。因此，光电子云可以看作是依次嵌套（类似于俄罗斯套娃）并不断膨胀的球。在成像透镜的电场作用下，光电子牛顿球被加速投影到位置灵敏的探测器上。探测器是由微通道板和荧光屏组成的。经成像电极加速后的光电子快速撞击到微通道板上，光电子信号经微通道板倍增放大后撞击到荧光屏上，荧光屏发出荧光形成一个光斑，代表一个光脱附事件，被荧光屏后面的 CCD 采集记录下来。每个实验周期内，激光–负离子作用区只有几个光脱附事件发生。在探测器表面观察到的是单个电子作用的局部碰撞点。图像采集累加足够多次，特定的轮廓将会出现，这一轮廓反映了电子的概率密度分布。累加次数越多，该轮廓变得越清晰。

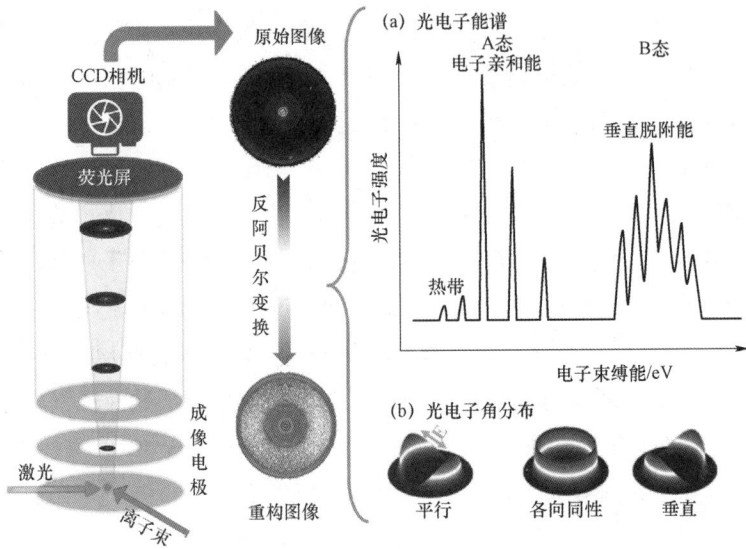

图 2-18　负离子光电子速度成像实验操作流程图

　　荧光屏上采集的是光电子牛顿球的二维投影图像，呈现出来的是一个个圆环，这可以从将一个立体的球压成平面想象得到。很明显，当把一个球面压成一个平面，其在平面上显现的是一个圆，并且由于圆边缘最窄，相应的压缩密度最大，亮度最高，因此呈现为圆形。从圆的轮廓可以看出光电子脱附的各向异性特征。这个圆展现为上下对称、左右对称、完整圆，分别反映电子跃迁是平行跃迁、垂直跃迁、各向同性。

　　采集得到的光电子图像必须经过数学处理才能恢复为原始的三维速度图像，进而从速度图像中提取光电子能谱和光电子角分布。幸运的是，负离子光脱附实验采用了偏振方向平行探测器平面的线偏振光，光电子的速度分布是绕这个偏振轴呈现圆柱对称分布。我们把这个轴标记为 z 轴，用速度图像 $F(z,r)$ 来描述速度分布，其中 r 为垂直于 z 轴的坐标。向外扩展的电子云沿着 y 轴（垂直于 z 轴）的方向朝着平面探测器加速。探测器记录下每个电子的位置，形成了光电子的影像 $D(z,x)$，即牛顿球在探测面上的投影。图 2-19 给出了牛顿球与速度图像和光电子图像的关系以及各轴的定义。

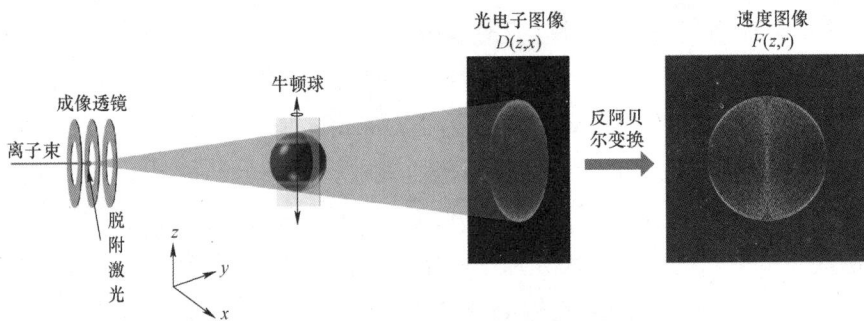

图 2-19　光电子速度成像示意图

　　很明显，速度图像 $F(z,r)$ 和光电子图像 $D(z,x)$ 都是只包含了两个坐标轴，光电子图像包含了速度图像中所示的信息。如果速度图像 $F(z,r)$ 已知，则理论上的影像 $A(z,x)$ 可以通过阿贝尔变换计算得到。

$$A(z,x) = 2\int_x^\infty F(z,r)\frac{r\mathrm{d}r}{\sqrt{r^2-x^2}} \qquad \text{（式 2-19）}$$

反之，速度图像 $F(z,r)$ 可以从影像 $A(z,x)$ 中通过反阿贝尔变换计算得到。

$$F(z,r) = -\frac{1}{\pi}\int_r^\infty \frac{\partial A}{\partial x}\frac{\mathrm{d}x}{\sqrt{x^2-r^2}} \qquad \text{（式 2-20）}$$

光电子的速度矢量分布 $\mathbf{v}=(x,y,z)$ 可以在笛卡儿坐标系中展开为 $P^C(x,y,z)$，或是在球坐标系中展开为 $P^S(\vartheta,\theta,\phi)$。这些分布根据下述公式归一化。

$$N_{\mathrm{ele}} = \int_{-\infty}^\infty \int_{-\infty}^\infty \int_{-\infty}^\infty P^C(x,y,z)\mathrm{d}x\mathrm{d}y\mathrm{d}z \qquad \text{（式 2-21）}$$

$$= \int_0^\infty \int_0^\pi \int_0^{2\pi} P^C(\vartheta,\theta,\phi)\frac{\mathrm{d}\phi}{2\pi}\sin\theta\mathrm{d}\theta\vartheta^2\mathrm{d}\vartheta \qquad \text{（式 2-22）}$$

其中，N_{ele} 为光电子的总数。这些分布是绕 z 轴呈旋转对称的，即 $P^S(\vartheta,\theta,\phi)$ 与 ϕ 无关，$P^C(x,y,z)$ 对于固定的 $z=\sqrt{x^2+y^2}$ 是常数。

$$P^S(\vartheta,\theta,\phi) = P^S(\vartheta,\theta,0) \qquad \text{（式 2-23）}$$

$$P^C(x,y,z) = P^C(r,0,z) = F(r,z) \qquad \text{（式 2-24）}$$

式 2-24 定义的函数 $F(r,z)$ 可以理解为速度分布在垂直于 y 轴（$y=0$）的中心切片，它包含了光电子分布的全部信息，因此也被称作速度图像。如果将速度图像 $F(r,z)$ 绕 z 轴旋转 $180°$，就可以恢复得到原始的三维光电子牛顿球。

成像实验的目的就是确定这个速度图像 $F(r,z)$，有两种不同的方法来实现这一目标。第一种是基于实验技术，非常窄的时间门作用于探测器上，用以取样膨胀的牛顿球的中心 2D 切片。Kitsopoulos 和他的同事提出，先让离子云无场扩展，然后加载脉冲电场作用于扩展的离子云。这样可以沿飞行时间轴的方向将离子云扩展至几百纳秒，足够用窄的时间门来中心切片。为了形成无场扩展区，该方法采用了栅网，自然会造成所观测的图像模糊。Tonokura 和 Suzuki 等用激光薄片电离方法同样也实现了切片，用非常窄的激光束只电离中心切片。但这种方法工作在泵浦-探测模式下，需要两束激光，其中分子先用第一束激光激发，然后用第二束激光解离。最近，Townsend 等人在标准的 VMI 的基础上增加两个额外的透镜极片，用以沿探测器轴方向展宽离子云至适合时间，然后选择中心切片成像。所有的这些实验方法都是选择性探测带电粒子云的中心切片，不需要数学上反阿贝尔变换，避免了反阿贝尔变换带来的噪声污染。然而，由于有限的电子响应时间，时间切片方法不能广泛推广，尤其不适合轻的粒子，如 H 和电子。因此，光电子速度成像实验无法直接通过实验技术进行切片。

另外一种更为普遍的方法是试图通过数学解析从二维探测器上的投影还原到牛顿

球的中心二维切片。实验上测量的是带电粒子速度分布沿 y 轴的投影 $D(z,x)$。这个所谓的粒子影像数据 $D(z,x)$ 是一个二维阵列 (z_i,x_j)，每个阵列元素代表空间均匀分布的像素点的强度，其总数 $N_x \times N_y$ 通常为 $10^5 \sim 10^6$。我们关心的速度图像 $F(r,z)$ 可以通过反阿贝尔变换得到。

$$F(z,r) = -\frac{1}{\pi} \int_r^\infty \frac{\partial D(z,x)}{\partial x} \frac{\mathrm{d}x}{\sqrt{x^2 - r^2}} \qquad (式 2\text{-}25)$$

早期最常用的计算反阿贝尔变换是 Fourier-Hankel 技术。它是通过投影 Fourier 变换的 Hankel 变换来实现反阿贝尔变换的。这种方法运算速度快，广泛运用于成像数据重构。但这种方法会放大实验噪声，同时会生成一些强的假特征，造成分辨率和信噪比降低，从而不适用于噪声图像或大的动态范围的图像。为了缓解这些问题，一些新的技术，诸如反投影法、剥洋葱法、基组展开法、极化基函数展开法等相继出现并应用于图像重构。Matsumi 和他的同事提出反投影法，通过频域过滤来降低实验噪声。这种方法是通过平滑数据来实现的，不可避免地会丢失信息。Helm 和他的同事提出的反投影法过于复杂，运行起来也费时，且针对每个体系都要设定特定的参数。剥洋葱法是从外圆开始，朝中心逐步重构。这种方法同样不能处理噪声图像，而且重构的图像的噪声从外圈朝中心逐渐递增。2002 年，Dribinski 和他的同事提出基组展开法，将图像展开为解析的基函数，反阿贝尔可以精确求解。这种方法能很好地处理噪声图像，但会在中心线处累积噪声。2004 年，Garcia 等人基于速度分布完全可以用一组 Legendre 多项式很好地表示这一原理，提出了改进的方法——极化基函数展开法。不同于原始的基组展开方法采用笛卡儿坐标系，极化基函数展开法采用的是极坐标系，使用二维基函数，重构出来的图像中心线处没有噪声。所有的这些方法或是直接平滑、插值、用拟合函数近似来反转数据。最近，Dick 提出了一种新的方法来重构速度图像——最大熵速度图像重构和最大熵速度勒让德重构。这些方法不需要反转或平滑数据，而是基于最大熵效应，反复进行图像搜索，直至它能最好地反映原始实验数据，同时保持信息最少。这确保了速度图像中不会出现虚假特征，即原始实验图像不存在的特征，最终获得的能谱图基线很平滑。

重构的速度图像包括了光电子分布的全部信息，对其进行角度积分可以获得相应的光电子能谱。速度图像中的一个个环代表了不同的电子态或振动能级。圆环的半径大小与光电子的速度成正比，内环代表速度较小的光电子，外环代表速度更大的光电子。因此，根据环半径的大小可以确定光电子的速度，即动能。根据爱因斯坦的光电效应，可知电子束缚能（eBE）与光子能量（$h\nu$）及光电子动能（eKE）三者的相互关系为 eBE = $h\nu$ − eKE。因此，成像测得光电子的动能后，我们就可以计算出相应的电子束缚能。用电子束缚能对光电子强度作图，即可获得相应的光电子能谱。

图 2-20 展示了负离子光电子能谱的示意图。首先，我们可以获得中性分子基电子态及不同激发电子态的绝热电子脱附能及垂直脱附能，如图 2-20 右边的灰色谱峰所示。当电子态存在振动分辨时，一方面我们可以获得相应电子态的分子的振动频率，这些振

动频率往往对应于分子中的全对称振动模，因此往往可以观测到红外光谱中没有红外活性的或是活性很弱的振动频率；另一方面我们可以从各个电子态的起点及最强振动能级处分别精确地确定绝热电子脱附能和垂直脱附能。当中性和负离子的几何结构非常接近时，基态的绝热电子脱附能又可表示中性分子的电子亲和能。其次，在某些情况下，我们还可能获得负离子的热带，从中可以得到负离子的振动频率，如图 2-20 右边的谱峰所示。光电子能谱研究的是从负离子的分子轨道上脱附一个电子形成相应的中性分子电子态。从不同的分子轨道上脱附电子可形成中性分子的不同电子态，在单粒子 Koopman 理论前提下，从负离子的 HOMO 轨道上脱附一个电子生成中性分子的基态，而从 HOMO-1、HOMO-2、HOMO-3 等轨道脱附一个电子分别对应中性的第一激发态、第二激发态、第三激发态等。光电子脱附不受跃迁选择定则影响，常常可以观测到吸收或发射光谱中没有观测到的暗态。因此，光电子能谱反映了中性分子或团簇的电子态和振动态，结合量子化学计算，可以获得负离子和中性分子的几何结构、电子结构和化学成键等信息。

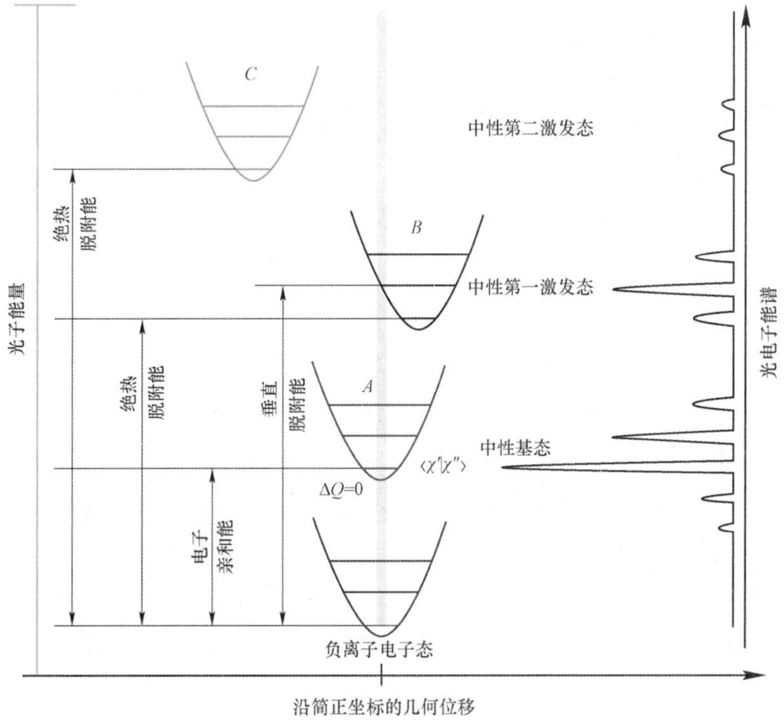

图 2-20　简谐近似下的一维光电子能谱

负离子光脱附过程遵循 Franck-Condon 原理，光电子跃迁的强度分布受制于 Franck-Condon 因子。偶极矩近似时，两个振动态之间的单电子跃迁强度正比于电子偶极跃迁动量的平方，在绝热近似下可以表达为

$$\langle \chi'(Q) \cdot \psi'(q,Q)|M(q,Q)|\psi''(q,Q) \cdot \chi''(Q)\rangle = \mu \cdot \langle \chi'(Q)|\chi''(Q)\rangle \quad （式 2-26）$$

45

其中，ψ'' 和 ψ' 代表初始电子态和末电子态的电子态波函数，χ'' 和 χ' 分别代表初始电子态和目标电子态的振动波函数，q 和 Q 代表了电子和核坐标。Born-Oppenheimer 近似下，电子跃迁动量 μ 在核坐标部分可以忽略。依据定义，Franck-Condon 因子对应于跃迁初态和末态的振动重叠积分 $\chi'|\chi''$，则振动跃迁的强度正比于 Franck-Condon 因子的平方，即

$$I \propto \langle \chi'|\chi \rangle''^2 \qquad\qquad \text{（式 2-27）}$$

对于热带（即来自振动激发初始电子态的跃迁），强度还应该遵循波尔兹曼分布，因此其强度还要额外乘以温度 T 下的初始振动态的波尔兹曼布局。对于给定的一个 $\chi' \leftarrow \chi''$ 振动跃迁，总的强度为

$$I \propto \langle \chi'|\chi \rangle''^2 \cdot e^{-E''/kT} \qquad\qquad \text{（式 2-28）}$$

其中，E'' 为初始振动态相对于负离子基振动态的相对能量，k 为波尔兹曼常数，T 为振动温度。因此，热带除了揭示负离子的振动频率，其强度分布可以给我们提供额外的振动温度信息。

Franck-Condon 因子（即振动跃迁强度）主要取决于两个因素：初末态振动波函数的对称性，以及光电子脱附前后初态负离子的平衡几何构型和末态中性分子的相对变化，即图 2-20 中所示的 ΔQ。当 Franck-Condon 重叠积分中包含了分子点群的全对称不可以约表示时，Franck-Condon 因子非零，可以观测到振动分辨的 Franck-Condon 轮廓。如图 2-20 所示，其中，从负离子振动基态到中性电子态的振动基态的跃迁 $\chi'_{v=0} \leftarrow \chi''_{v=0}$ 定义了绝热电子脱附能，而光电子能谱的最强位置，也即是 Franck-Condon 跃迁的最大重叠处，定义了垂直脱附能。光电子能谱中分辨的振动能级数目是由该频率对应的简正模式坐标的初末态的位移量 ΔQ 决定的，ΔQ 越大，振动谱峰越多。换句话说，光电子能谱上电子态的谱峰越宽，表示光脱附后对负离子和中性分子的几何构型变化很大。此外，ΔQ 不同，光脱附产生的电子态的 Franck-Condon 轮廓也不相同。当 ΔQ 改变很小或几乎没有改变时，光电子能谱中的振动谱峰数目相对较少，且 $\chi'_{v=0} \leftarrow \chi''_{v=0}$ 的振动跃迁峰最强，即绝热电子脱附能等于垂直脱附能，如图 2-20 中的 A 电子态所示。当 ΔQ 增大时，光电子能谱中的最强振动峰往高的振动能级移动，形成类高斯分布的振动谱峰，如图 2-20 中的 B 电子态所示。当 ΔQ 继续增大时，Franck-Condon 重叠积分就会变小，相应的谱峰也会减弱，如图 2-20 中的 C 电子态所示。

简谐近似下，振动波函数是由一维谐振子波函数构成。如果电子初态和电子末态的简正坐标假定相同（平行近似），多维的 Franck-Condon 因子就是一维的 Franck-Condon 因子的乘积。

$$\begin{aligned}\langle \chi'(Q)|\chi''(Q)\rangle &= \langle \chi'_1(Q_1) \cdot \chi'_2(Q_2) \cdots | \chi''_1(Q_1) \cdot \chi''_2(Q_2) \cdots \rangle \\ &= \langle \chi'_1(Q_1)|\chi''_1(Q_1)\rangle \cdot \chi'_2(Q_2)\chi''_2(Q_2)\rangle \cdots \end{aligned} \qquad \text{（公式 2-29）}$$

而一维的 Franck-Condon 因子可以通过下式解析求解。

$$\chi'_{v'}|\chi''_{v''} = \sqrt{\frac{2\alpha}{\alpha^2+1}} \cdot \sqrt{\frac{v''v'}{2(v''+v')}} \cdot e^{\frac{-\delta^2}{2(\alpha^2+1)}} \sum_{L=0}^{L<\min(v'',v')} \sum_{i=0}^{i\leq\frac{v'-L}{2}-1} \sum_{j=0}^{j\leq\frac{v'-L}{2}-1}$$

$$\left[\frac{1}{L!}\left(\frac{4\alpha}{1+\alpha^2}\right)^L \frac{1}{i!}\left(\frac{1-\alpha^2}{1+\alpha^2}\right)^i \frac{1}{j!}\left(\frac{1-\alpha^2}{1+\alpha^2}\right)^j \frac{1}{v'-2i-L}\left(\frac{-2\alpha\delta}{1+\alpha^2}\right)^{v'-2i-L} \frac{1}{v''-2j-L}\left(\frac{-2\alpha\delta}{1+\alpha^2}\right)^{v''-2j-L} \right]$$

（式 2-30）

其中

$$\alpha = \sqrt{\frac{\omega''}{\omega'}}, \quad \delta = \Delta Q\sqrt{\omega''}$$

其中，v'' 和 v' 是振动量子数；ω'' 和 ω' 分别是初态和末态的谐振频率。

当初始电子态和目标电子态的简正模明显是非平行时，初末态的振动波函数的核坐标是不同的，全维的 Franck-Condon 因子不能用式 2-29 的一维积分来表示。但两个谐振波函数的多维 Franck-Condon 因子可以解析求解得到。对于一个含有 K 个原子的分子有 N 个振动模（$N=3K-6$ 或 $3K-5$，分别对应于非线性分子和线性分子）。初末态的振动模可以用 Duschinsky 变换来关联。

$$\vec{Q'} = S \cdot \vec{Q''} + \vec{d}$$

（式 2-31）

其中，简正模转动矩阵 $S[N\times N]$ 为

$$S = L'^T L''$$

（式 2-32）

而沿简正坐标的位移矢量 $\vec{d}[N]$ 为

$$\vec{d} = L'^T \sqrt{T}(\vec{x_0''} - \vec{x_0'})$$

（式 2-33）

其中，$L''[N\times 3K]$ 和 $L'[N\times 3K]$ 分别为初末电子态的 N 质量权重简正矢量（笛卡儿坐标）方矩阵，$\vec{x_0''}[3K]$ 和 $\vec{x_0'}[3K]$ 是初末电子态的笛卡儿几何矢量，而矩阵 $T[3K\times 3K]$ 是由原子质量组成的对角矩阵：$T = \text{diag}[m_1, m_1, m_1, m_2, m_2, m_2, \cdots, m_K, m_K, m_K]$。

则初末电子态的振动基态间的重叠积分由下式给出。

$$\langle\chi'_0| \chi''_0\rangle = \frac{2^{N/2}}{\sqrt{\det(S)}} \left[\prod_{\eta=1}^{N}\left(\frac{\omega'_\eta}{\omega''_\eta}\right)\right]^{1/4} \sqrt{\det(Q)} \left[e^{-\frac{1}{2}\vec{\delta}^T(1-P)\vec{\delta}}\right]$$

（式 2-34）

而从初始电子态的基振动态的跃迁的 Franck-Condon 因子则从 $\langle\chi'_0| \chi''_0\rangle$ 积分递归计算得出。

$$\langle\chi'_{v'_1,\cdots,v'_\xi+1,\cdots,v'_N}| \chi''_0\rangle = \sqrt{\frac{2}{v'_\xi+1}}[(1-P)\vec{\delta}]_\xi \langle\chi'_{v'_1,\cdots,v'_\xi,\cdots,v'_N}| \chi''_0\rangle +$$

$$\sum_{\theta=1}^{N}\sqrt{\frac{v'_\theta}{v'_\xi+1}}[2P-1]_{\xi\theta}\langle\chi'_{v'_1,\cdots,v'_\theta-1,\cdots,v'_N}| \chi''_0\rangle$$

（式 2-35）

热带（从初始电子态的振动激发态开始跃迁）则由下式给出。

$$\langle \chi'_{v'_1,\cdots,v'_N} | \chi''_{v''_1,\cdots,v''_\eta+1,\cdots,v''_N} \rangle = -\sqrt{\frac{2}{v''_\eta+1}}[\boldsymbol{R}\vec{\delta}]_\eta \langle \chi'_{v'_1,\cdots v'_N} | \chi''_{v''_1,\cdots,v''_N} \rangle + \sum_{\theta=1}^{N} \sqrt{\frac{v''_\theta}{v''_\eta+1}}[2\boldsymbol{Q}-1]_{\eta\theta}$$

（式 2-36）

$$\langle \chi'_{v'_1,\cdots v'_N} | \chi''_{v''_1,\cdots,v''_\eta-1,\cdots,v''_N} \rangle + \sum_{\xi=1}^{N} \sqrt{\frac{v''_\xi}{v''_\eta+1}} \boldsymbol{R}_{\eta\xi} \langle \chi'_{v'_1-1,\cdots v'_N} | \chi''_{v''_1,\cdots,v''_\eta,\cdots,v''_N} \rangle$$

其中，v_i 为第 i 个简正模的振动量子数，$\boldsymbol{J}$、$\boldsymbol{Q}$、$\boldsymbol{P}$ 和 $\boldsymbol{R}$ 是 $[N\times N]$ 矩阵。

$$J = \lambda' S \lambda''^{-1}$$ （式 2-37（a））

$$Q = (1 - J^{\mathrm{T}} J)^{-1}$$ （式 2-37（b））

$$P = JQJ^{\mathrm{T}}$$ （式 2-37（c））

$$R = QJ^{\mathrm{T}}$$ （式 2-37（d））

其中，$\vec{\delta}$ 是 $[N]$ 矢量。

$$\vec{\delta} = \lambda' \vec{d}$$ （式 2-38）

其中，λ'' 和 λ' 是 $[N\times N]$ 对角矩阵。

$$\lambda'' = \mathrm{diag}\{\sqrt{\omega''_1}, \sqrt{\omega''_2}, \cdots, \sqrt{\omega''_N}\}$$ （式 2-39（a））

$$\lambda' = \mathrm{diag}\{\sqrt{\omega'_1}, \sqrt{\omega'_2}, \cdots, \sqrt{\omega'_N}\}$$ （式 2-39（b））

其中，ω'_i 和 ω''_i 是第 i 个简正模的频率，单位为原子单位。对于一个有 N 个简正模的分子，到 K 个量子数的振动态的总数为

$$\left[1 + \sum_{k=1}^{K} \binom{N+k-1}{N-1}\right]^2 = \left[1 + \sum_{k=1}^{K} \frac{(N+k-1)!}{(N-1)!k!}\right]^2$$ （式 2-40）

　　振动分辨的光电子能谱能够揭示许多的光谱信息。通过理论计算，我们可以获得中性分子及负离子的振动频率、几何结构以及电子亲和能值等参数，结合热力学波尔兹曼分布，依据上述的方程，可以计算相应的 Franck-Condon 因子，从而对实验观测到的振动谱峰进行 Franck-Condon 模拟。模拟有助于指认光电子能谱中的振动谱峰。同时，对光谱中的热带拟合，我们可以确定负离子的振动频率和振动温度。

　　另外一个影响光脱附跃迁强度的因素是 Wigner 阈值定则，它是源自脱附电子和母体分子的长程相互作用。Wigner 发现，这一效应对于出射动能非常低（近阈值脱附）的电子表现得尤为突出，因此被称作 Wigner 阈值定则。Wigner 阈值定则的数学表达式为 $\sigma_\varepsilon \propto \varepsilon^{1+\ell/2}$。其中，$\varepsilon$ 和 ℓ 分别表示脱附电子的动能和角动量。一般脱附光电子的角动量 ℓ 为 0(s-wave)、1(p-wave) 和 2(d-wave)。近阈值光脱附时，即光电子的动能接近 0 时，s-wave 的光脱附响应最强，而其他角动量的电子响应相对弱得多，从而制约了负离子零动能谱的应用。近阈值成像时，一些受 Wigner 阈值定则影响的谱带跃迁强度很弱，很有可能不被观测到。当改变激光波长时，这些谱峰又能显现出来，表明这些谱带的光子能量相关性。

　　光电子成像实验除了能获取光电子能谱之外，还可以同时获得光电子角分布信息。

线偏振光作用下的负离子光电子脱附过程，角分布可以表达为光脱附截面的微分形式为：$I(\theta) = \dfrac{d\sigma}{d\Omega} = \alpha[1 + \beta P_2(\cos\theta)]$。式中，$\theta$ 为光电子速度矢量与激光偏振方向的夹角；α 为归一化常数，正比于总的光脱附截面，等于 $\sigma_{\text{tot}}/4\pi$；$P_2(\cos\theta) = (1/2)(3\cos^2\theta - 1)$ 为二阶勒让德多项式；β 为各向异性参数，取值范围为 $-1 \sim 2$，其中 $\beta = 2$、$\beta = 0$ 和 $\beta = -1$ 分别对应光电子平行跃迁、各向同性和垂直跃迁等情况。对于光电子影像在给定半径处按上述的微分公式拟合光电子强度与角度的关系就可以获得对应的各向异性参数 β。β 值完全表征了光电子角分布，直接揭示了光脱附过程的特征。对于原子体系，s-wave 电子导致 $\beta = 0$，而 p-wave 电子导致 $\beta = 2$，相同振幅和相同相位的 s + d-wave 电子将得到 $\beta = -1$。其他值的 β 可以由不同相位和振幅的分波干涉得到。然而在分子中，分子轨道角动量 ℓ 不是好的量子数，脱附情况变得更复杂，不过可以由原子脱附的特征推广定性理解。

2.3.3　负离子光电子速度成像的装置

基于以上原理，设计并搭建了共线式的负离子光电子速度成像装置，以适用于当前的过渡金属羰基配合物负离子的光脱附研究。感兴趣的负离子引入至速度成像透镜的光脱附区，与垂直射入的固定波长的激光作用，发射出光电子。光电子在成像透镜静电场的作用下飞向由 CCD 和荧光屏组成的成像探测器。在成像静电透镜和到达成像探测器之间，光电子会经过一个无场飞行区。在这个区域内，电子云的牛顿球会不断膨胀，最终投影到探测器平面，形成环形图案，被后面的 CCD 相机采集，得到原始的光电子图像。原始图像经反阿贝尔变换处理后，可以同时得到光电子能谱和光电子角分布信息。光电子速度成像装置主要由速度成像透镜、成像探测器和 CCD 相机等部分组成，结构示意图如图 2-21 所示。下面将对关键的速度成像透镜和成像探测器进行介绍。

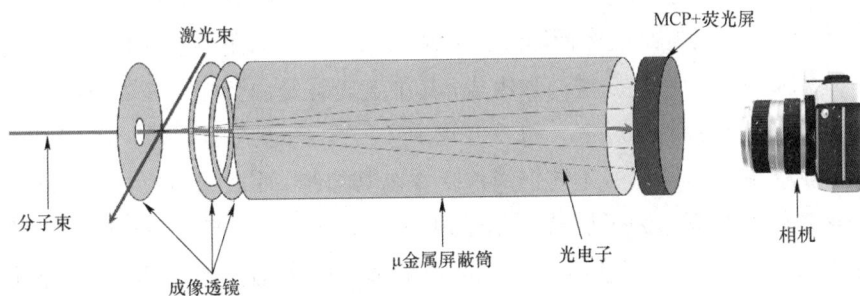

图 2-21　光电子速度成像装置示意图

我们采用的成像静电透镜是三场的四电极结构，如图 2-22 所示。1、2、3、4 代表着光电子速度成像透镜，为 4 片特殊结构的无氧铜电极片。铜电极片前 4 片是厚度为 1 mm 的再参考极片，后 4 片是厚度为 1 mm 的接地极片。为了屏蔽周围接线和接头产生的电场干扰，无氧铜电极片的边缘都加工有延伸至相邻的极片中的凸起，有效改善了极片间的电场质量。为了获得更高质量的电场，每片极片两个表面都做了抛光处理。另外我们还在每片铜极片的表面都镀上了一层金，这样可以有效降低紫外脱附激光产生的噪声。第一片透镜极片的中心孔径做了相应的优化，既保证极片间场的均匀，又防止穿透影响到前端的再参考区。

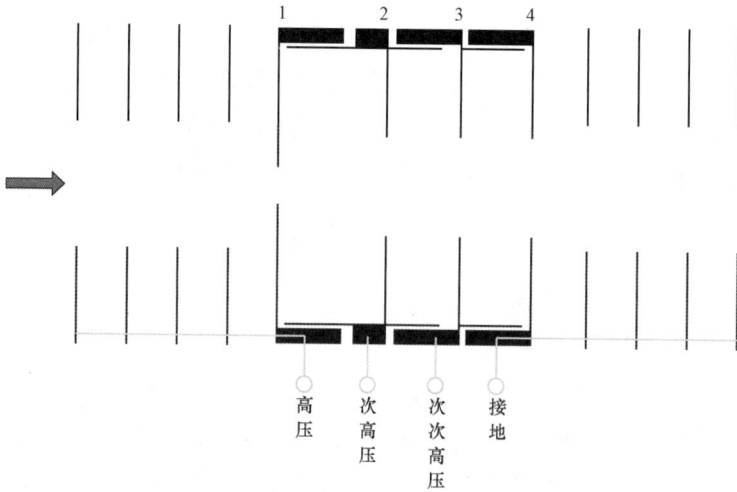

图 2-22　成像静电透镜结构示意图（箭头代表离子束飞行方向）

　　整套成像系统的电压加载方式如图 2-22 所示，成像透镜极片 1 和左侧的 4 片再参考极片加载脉冲高压，成像透镜极片 2 上加载脉冲次高压，成像透镜极片 3 上加载直流次次高压，成像透镜极片 4 和右侧 4 片电极片接地。整套成像透镜系统的轴向与离子飞行方向共线。这样共线式的结构有着明显的优势，可以消除母体负离子在飞行方向上的动能对脱附光电子的影响，保证了成像系统的能量分辨。

　　成像探测器主要包括微通道板、荧光屏，其中微通道板和荧光屏通过法兰固定在光脱附室腔体上。图 2-23 是成像探测装置的结构示意图。从图中可以看出，该成像探测装置由一片的微通道板和荧光屏叠加组成，其中荧光屏是由荧光粉在光窗内表面均匀涂布而成。微通道板直径为 40 mm，每片微通道板的上下面都用环状的不锈钢薄片隔开。荧光屏的上侧也有一片环状的不锈钢薄片支撑在其边缘。而微通道板和荧光屏之间用绝缘的聚四氟乙烯垫隔开。为了屏蔽探测器内部因加载电压而产生的电场，在微通道板的前面安装了一个接地的环状铜薄片，这个铜圆环的中心孔径与微通道板直径相等，而外径刚好能够挡住微通道板和荧光屏的外接引线。如图 2-23 所示，压在荧光屏上的金属圆环上接有外螺纹接头，从而给荧光屏加载上 5 500 V 的直流高压；微通道板顶端的金属圆环压和微通道板底部金属圆环片上接有接头，分别接地和外接直流加脉冲的高压输入。

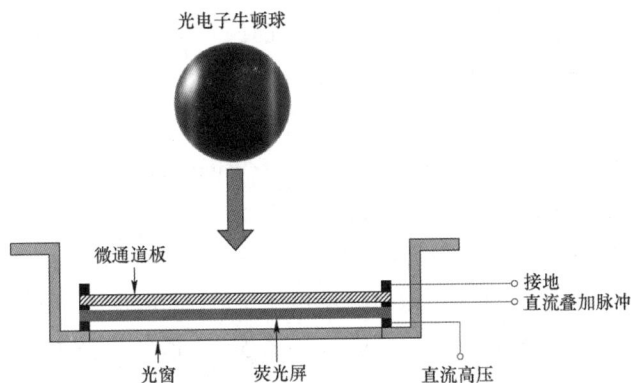

图 2-23　光电子成像探测器结构示意图
（箭头代表光电子飞行方向，上面的球代表光电子云形成的牛顿球）

成像微通道板在脉冲偏压模式下工作，一路 1 000 V 的直流高压和一路 1 000 V 的脉冲高压分别通过电阻和电容耦合叠加。实验时，两片微通道板上加载的电压为 1 000 V，即每片分压 500 V，在这样的电压下微通道板无法响应。当光脱附负离子产生的光电子飞行到达成像微通道板时，在设置好时序间隔的情况下提前打开脉冲开关，这样微通道板上的直流电压叠加了脉冲电压，提高到 2 000 V，即每片分压 1 000 V，微通道板达到响应条件。微通道板是空间分辨非常高的倍增探测器，光电子撞击到微通道板上信号被放大后，产生次级电子在微通道板与荧光屏之间的高压差作用下被加速撞击到荧光屏，荧光屏会在相应的位置上发出荧光，形成光斑，再由光窗后面的 CCD 相机采集。CCD 相机也在脉冲模式下工作，由时序控制器 DG645 控制。为了降低背景信号和消除杂散离子的影响，脉冲的持续时间为 50～200 ns，这个时间范围内采集的光电子信号才是有效的。多次采集的图像叠加在一起就形成了光电子牛顿球的原始投影图像。原始图像经反阿贝尔变换可以得到重构的图像，从中可以获得光电子能谱和光电子角分布信息，用于解析研究体系的电子几何结构、化学键和反应特性。

基于自制的飞行时间质谱－光电子速度成像系统，我们开展了一系列双核过渡金属配合物负离子体系的气相研究工作。后续章节，我们将详细介绍负离子光电子速度成像研究双核过渡金属羰基配合物负离子的代表性案例，其中涵盖了这些配合物的几何结构、电子结构、化学成键和参与一氧化碳氧化反应的反应性质等主题。

2.4　本章主要参考文献

[1] DIETZ T G, DUNCAN M A, POWERS D E, et al. Laser production of supersonic metal cluster beams[J]. J. Chem. Phys., 1981, 74(11): 6511-6512.

[2] DE HEER W A. The physics of simple metal clusters: experimental aspects and simple models[J]. Rev. Mod. Phys., 1993, 65(3): 611-676.

[3] HABERLAND H, MALL M, MOSELER M, et al. Filling of micron-sized contact holes with copper by energetic cluster impact[J]. Journal of Vacuum Science & Technology A, 1994, 12(5): 2925-2930.

[4] FENN J B, MANN M, MENG C K, et al. Electrospray ionization-principles and practice[J]. Mass Spectrom. Rev., 1990, 9(1): 37-70.

[5] (a) BLEAKNEY W. A new method of positive ray analysis and its application to the measurement of ionization potentials in mercury vapor[J]. Phys. Rev., 1929, 34(1): 157-160; (b) NIER A O. A mass spectrometer for isotope and gas analysis[J]. Rev. Sci. Instrum., 1947, 18(6): 398-411.

[6] STEPHENS W E. A pulsed mass spectrometer with time dispersion[J]. Phys. Rev., 1946, 69(11-12): 691.

[7] WOLFF M M, STEPHENS W E. A pulsed mass spectrometer with time dispersion[J]. Rev. Sci. Instrum., 1953, 24(8): 616-617.

[8] CAMERON A E, Jr. D F E. An Ion "Velocitron"[J]. Rev. Sci. Instrum., 1948, 19(9): 605-607.

[9] KATZENSTEIN H S, FRIEDLAND S S. New time-of-flight mass spectrometer[J]. Rev. Sci. Instrum., 1955, 26(4): 324-327.

[10] WILEY W C, MCLAREN I H. Time-of-flight mass spectrometer with improved resolution[J]. Rev. Sci. Instrum., 1955, 26(12): 1150-1157.

[11] ALIKHANOV S G. A new impulse technique for ion mass measurements[J]. Soviet Phys. JETP, 1957, 4(3): 452-453.

[12] MAMYRIN B A, Karataev V I, SHMIKK D V, et al. The mass-reflectron, a new nonmagnetic time-of-flight mass spectrometer with high resolution[J]. Soviet Journal of Experimental and Theoretical Physics, 1973, 37(1): 45-48.

[13] (a) POSCHENRIEDER W P. Multiple-focusing time of flight mass spectrometers part Ⅰ. TOFMS with equal momentum acceleration[j]. int. j.mass spectrom. ion phys., 1971, 6(5): 413-426; (b) POSCHENRIEDER W P. Multiple-focusing time-of-flight mass spectrometers Part Ⅱ. TOFMS with equal energy acceleration[J]. Int. J.Mass Spectrom. Ion phys., 1972, 9(4): 357-373; (c) OETJEN G H, POSCHENRIEDER W P. Focussing errors of a multiple-focussing time-of-flight mass spectrometer with an electrostatic sector field[J]. Int. J.Mass Spectrom. Ion phys., 1975, 16(4): 353-367.

[14] DAWSON J H J, GUILHAUS M. Orthogonal-acceleration time-of-flight mass spectrometer[J]. Rapid Commun. Mass Spectrom., 1989, 3(5): 155-159.

[15] BROWN R S, LENNON J J. Mass resolution improvement by incorporation of pulsed ion extraction in a matrix-assisted laser desorption/ionization linear time-of-flight mass spectrometer[J]. Anal. Chem., 1995, 67 13: 1998-2003.

[16] FENN J B, MANN M, MENG C K, et al. Electrospray ionization for mass spectrometry of large biomolecules[J]. Science, 1989, 246(4926): 64-71.

[17] KARAS M, HILLENKAMP F. Laser desorption ionization of proteins with molecular masses exceeding 10 000 daltons[J]. Anal. Chem., 1988, 60(20): 2299-2301.

[18] KINSEL G R, JOHNSTON M V. Post source pulse focusing: a simple method to achieve improved resolution in a time-of-flight mass spectrometer[J]. Int. J.Mass Spectrom. Ion Processes, 1989, 91(2): 157-176.

[19] BREHM B, GUSINOW M A, HALL J L. Electron affinity of helium via laser photodetachment of its negative ion[J]. Phys. Rev. Lett., 1967, 19(13): 737-741.

[20] (a) SIEGEL M W, CELOTTA R J, HALL J L, et al. Molecular photodetachment spectrometry. I. the electron affinity of nitric oxide and the molecular constants of NO^-[J]. Phys. Rev. A, 1972, 6(2): 607-631; (b) CELOTTA R J, BENNETT R A, HALL J L, et al. Molecular photodetachment spectrometry. II. the electron affinity of O_2 and the structure of O_2^-[J]. Phys. Rev. A, 1972, 6(2): 631-642.

[21] HOTOP H, BENNETT R A, LINEBERGER W C. Electron affinities of cu and ag[J]. J. Chem. Phys., 1973, 58(6): 2373-2378.

[22] POSEY L A, DELUCA M J, JOHNSON M A. Demonstration of a pulsed photoelectron spectrometer on mass-selected negative ions: O^-, O_2^-, and O_4^-[J]. Chem. Phys. Lett., 1986, 131(3): 170-174.

[23] (a) CHESHNOVSKY O, YANG S H, PETTIETTE C L, et al. Ultraviolet photoelectron spectroscopy of semiconductor clusters: silicon and germanium[J]. Chem. Phys. Lett., 1987, 138(2): 119-124; (b) CHESHNOVSKY O, YANG S H, PETTIETTE C L, et al. Magnetic time-of-flight photoelectron spectrometer for mass-selected negative cluster ions[J]. Rev. Sci. Instrum., 1987, 58(11): 2131-2137.

[24] CHANDLER D W, HOUSTON P L. Two-dimensional imaging of state-selected photodissociation products detected by multiphoton ionization[J]. J. Chem. Phys., 1987, 87(2): 1445-1447.

[25] HELM H, BJERRE N, DYER M J, et al. Images of photoelectrons formed in intense laser fields[J]. Phys. Rev. Lett., 1993, 70(21): 3221-3224.

[26] BLONDEL C, DELSART C, DULIEU F. The photodetachment microscope[J]. Phys. Rev. Lett., 1996, 77(18): 3755-3758.

[27] EPPINK A T J B, PARKER D H. Velocity map imaging of ions and electrons using electrostatic lenses: application in photoelectron and photofragment ion imaging of molecular oxygen[J]. Rev. Sci. Instrum., 1997, 68(9): 3477-3484.

[28] MABBS R, SURBER E, SANOV A. Photoelectron imaging of negative ions: atomic anions to molecular clusters[J]. Analyst, 2003, 128(6): 765-772.

[29] CAVANAGH S J, GIBSON S T, GALE M N, et al. High-resolution velocity-map-imaging photoelectron spectroscopy of the O⁻ photodetachment fine-structure transitions[J]. Phys. Rev. A, 2007, 76(5): 052708.

[30] LEÓN I, YANG Z, LIU H T, et al. The design and construction of a high-resolution velocity-map imaging apparatus for photoelectron spectroscopy studies of size-selected clusters[J]. Rev. Sci. Instrum., 2014, 85(8): 083106.

Ni₂(CO)ₙ⁻ 负离子的光电子速度成像研究

3.1 本章引言

过渡金属羰基化合物在有机金属化学、现代配位化学和表面化学中发挥着重要作用，成为当前科学研究的热点之一。特别是双核或多核过渡金属羰基化合物，为研究金属–金属相互作用提供了经典的范例。深入研究两个金属原子之间的化学成键本质，对于理解这些化合物在分子尺寸的导体、磁体和光敏剂，以及多相催化和酶催化等相关领域的特殊应用，有着至关重要的作用。明确的实验表征和理论研究可以相互协作，解析金属–金属化学键的丰富信息。然而，尽管存在广泛的过渡金属羰基化合物合成、光谱、结构和理论等方面的研究报道，解析微妙的金属–金属化学成键，特别是基于 18 电子计数规则和金属–金属键的键长判据而提出的假设[1]，认为含桥式羰基配体的不饱和过渡金属配合物存在直接的金属–金属键的观点，仍然引起了科学家们的广泛讨论。

自从 1890 年首次发现第一个过渡金属羰基化合物——四羰基镍[2]，镍羰基化合物的制备、探测、光谱表征和反应性质研究便得到了持续的关注，目前依旧是现代过渡金属化学的核心内容。镍原子的共价半径为 1.24 Å，2.48 Å 左右的键长数值可以作为辨别是否存在 Ni—Ni 共价键的参考值。然而，金属–金属化学键的成键本质和两个镍原子间的相互作用仍然是极具挑战性和争议性的科学问题之一，尤其对于桥式羰基配位支撑的金属–金属键。实验方面，电子顺磁共振波谱表征的 3 个双核镍羰基配合物 $\text{Ni}_2(\text{CO})_8^+$、$\text{Ni}_2(\text{CO})_7^+$ 和 $\text{Ni}_2(\text{CO})_6^+$，其平衡结构分别存在两个、一个和两个桥式配位羰基配体[3]。后续，气相红外多光子解离谱表征，则确认 $\text{Ni}_2(\text{CO})_7^+$ 和 $\text{Ni}_2(\text{CO})_8^+$ 正离子平衡结构是无桥羰基配位的结构，分别存在形式上的 Ni—Ni 单键和半键[4]。

理论方面，如果把桥式羰基理解为酮基，给桥连配位的两个金属核分别提供一个电子，基于 18 电子计数规则，推断中性的双核镍羰基化合物 $\text{Ni}_2(\text{CO})_x$（$x=5\sim7$）分别存在形式上的 Ni≡Ni 三重键、Ni=Ni 双重键和 Ni—Ni 单键[5]。然而，桥式羰基碳原子与其配位的金属双核间，不能忽视可能存在的三中心两电子成键。三中心两电子离域键的概念已经成功应用于解析三桥式羰基配体配位的 $Fe_2(CO)_9$ 中双核铁原子的电子组态。通过指定一个桥式羰基作为三中心两电子给体，剩余两个桥式羰基作为酮基，三桥式羰基配体配位的 $Fe_2(CO)_9$ 的双核铁原子均满足稳定的 18 电子组态[6]。

在本章，我们通过负离子的光电子速度成像能谱技术结合理论计算，研究均双核镍的不饱和羰基配合物负离子 $Ni_2(CO)_n^-$（$n=4\sim6$）。实验和理论对比，确认这些配合物的平衡结构均为双桥式羰基配位的几何结构。在 $Ni_2(CO)_n^-$（$n=4\sim6$）体系的几何电子结构演变过程中，尽管分子中原子的量子理论分析（QTAIM），认为这些配合物中不存在 Ni—Ni 键径，两个桥式配位的羰基配体可以作为共享电子对的给体，给两个镍原子中心提供了一对共享的电子，最终 $Ni_2(CO)_6^-$ 的两个镍原子均实现稳定的 18 电子组态。

3.2　实验和理论方法

3.2.1　光电子速度成像

负离子的光电子脱附实验是在自制的光电子速度成像能谱仪上完成的，详细的仪器装置可以参考第 2 章。利用脉冲激光蒸发团簇源，在载带了 2% 一氧化碳的氢气氛围中，用蒸发激光束溅射纯的镍靶，可以生成过渡金属羰基配合物。生成的配合物经超声膨胀冷却成簇，扩散至源室中，再进入离子提取区。只有负离子团簇被 −1.2 kV 的脉冲高压所选择和提取，进入 Wiley-McLaren 型的飞行时间质谱中[7]。飞行时间质谱分析可以让我们得到负离子团簇的质量分布，确认所感兴趣的团簇负离子的成功制备。然后，这些负离子物种被引入到改进的速度成像透镜中，但只有感兴趣的双核镍羰基配合物负离子 $Ni_2(CO)_n^-$（$n=4\sim6$）与激光束在光电子脱附区相交作用。Nd：YAG 激光器的 2 倍频和 3 倍频输出，即 532 nm 和 355 nm 两种不同波长的激光，用于负离子的光电子脱附实验。光电子速度成像透镜收集光脱附区产生的光电子，并将其投射至由 70 mm 直径的微通道板和荧光屏组成的二维位置灵敏探测器上。荧光屏上的每帧二维图像由连接在荧光屏后的 CCD 相机采集得到。每张图像以 10 赫兹的重复频率累加 50 000～100 000 帧。基组展开的反阿贝尔变换法[8]用于重构光电子的原始三维分布，从中可以同时获得光电子能谱和光电子角分布。光电子能谱是对光电子束缚能（eBE）作图，束缚能代表了脱附激光光子的能量（$hν$）和光电子的动能（eKE）的差值（$eBE=hν-eKE$）。光电子能谱用已知的 Ag^- 和 Au^- 标准谱来校正[9]。

3.2.2　密度泛函理论计算

理论计算通过高斯 09 软件包完成[10]。最近的理论校准研究表明，各种不同的密度泛函理论方法的表现各有优劣，关键在于对特定的体系选择合适的密度泛函方法[11]。3

种不同的密度泛函理论方法，即 BP86、B3LYP 和 MPW1PW91，选用于研究 $Ni_2(CO)_n^{-/0}$（$n=4\sim6$）体系的几何结构和化学成键。BP86 是由 Becke 在 1988 年提出的交换泛函（B）和 Perdew 在 1986 年提出的梯度校正的相关泛函（P86）组成的一种纯泛函[12]。B3LYP 是由 Becke 的三参量泛函（B3）和 Lee-Yang-Parr 相关泛函（LYP）组成的杂化泛函[13]。MPW1PW91 是更新一代的泛函，由改进的 Perdew-Wang 交换泛函（MPW1）和 Perdew-Wang 于 1991 年提出的梯度相关泛函（PW91）构成[14]。

最低能量结构的理论搜索分两步完成。

第一步，考虑 Ni_2 金属双核上一氧化碳不同配位方式的分子吸附（端式、对称桥式、半桥式）和解离吸附，合理构建 $Ni_2(CO)_n^{-/0}$（$n=4\sim6$）的一系列初始结构。这些候选结构在 B3LYP 密度泛函理论水平下进行优化，C 和 O 原子采用的基组是 6-311＋G*，Ni 原子采用的是 SDD 基组。这一步所有的结构优化没有任何几何限定。此步的几何优化，中性物种同时考察了单重电子态和三重态，而负离子同时考察了二重态和四重态。计算结果表明，中性的三重态比相应的单重态能量更高，负离子的四重态比相应的二重态能量更高。

第二步，用上述的 3 种密度泛函理论方法结合更大的基组，进一步优化第一步得到的基态结构和低能量的异构体。此过程中，对 Ni 原子采用的是 Martin 和 Sundermann 推荐的 Stuttgart 赝势基组（SDD）扩展了两个 f 极化函数 $[\zeta(f)=1.182, 4.685]$ 和 1 个 g 极化函数 $[\zeta(g)=3.212]$（SDD＋2f1g）[15]，对 C 和 O 原子采用的是 Dunning 的扩展相关一致极化三-zeta 基组（aug-cc-pVTZ）。上述的密度泛函理论与基组的组合，已成功应用于预测一系列的过渡金属羰基配合物的电子、几何结构等性质。此步的所有计算都采用了超精细积分网格，来确保密度泛函理论计算的精度，并且通过频率计算以确认获得的结构是势能面上的真实极小值点。中性和负离子基态分子结构间的能量差代表了电子亲和能，而垂直脱附能是保持负离子构型不变下的中性和负离子之间的能量差值。所有采用的不同理论水平计算结果反映了异构体相对稳定性的相同趋势。因此，除非特别说明，下述的结果与讨论主要集中在 B3LYP/Ni/SDD＋2f1g/C、O/aug-cc-pVTZ 理论水平的结果。对于振动分析，B3LYP 理论水平下得到的 C—O 振动频率乘了一个 0.97 的校正因子，该校正因子是自由一氧化碳分子振动频率的实验值（$2\,143\ cm^{-1}$）与 B3LYP 理论值（$2\,207\ cm^{-1}$）的比值，这与文献报道值一致。$Ni_2(CO)_n^-$（$n=4\sim6$）负离子的电子结构分析采用了一系列的量子化学理论方法，包括正则分子轨道分析（CMO）、适应性自然密度划分（AdNDP）[16]、自然键轨道分析（NBO）[17]、相互作用的量子原子分析（IQA）[18]、分子中原子的量子理论（QTAIM）[19]和主相互作用轨道分析（PIO）[20]。AdNDP 分析是通过 Multiwfn 软件完成的[21]，QTAIM 和 IQA 分析是通过 AIMALL 软件完成的。所有的成键分析都是在 B3LYP/Ni/SDD＋2f1g/C、O/aug-cc-pVTZ 理论水平下进行的。VMD 软件用于计算结果的可视化。

3.3　结果与讨论

3.3.1　光电子速度成像能谱

气相中制备均双核镍羰基配合物负离子，通过质量选择的光电子速度成像能谱仪来探测其光电子脱附过程。532 nm 和 355 nm 不同能量的激光用于测量 $Ni_2(CO)_n^-$（$n=4\sim$ 6）负离子的光脱附。355 nm 和 532 nm 的光电子图像和对应的光电子能谱分别展示在图 3-1[22]和图 3-2 中①。实验值列入表 3-1[22]中，并与理论值做对比。当前工作的 $Ni_2(CO)_4^-$ 的光电子能谱与文献报道的一致，但是分辨率优于文献报道。对于 $Ni_2(CO)_4^-$ 和 $Ni_2(CO)_5^-$，最强的电子跃迁标记为 X 峰。这些峰的高束缚能区展示了可分辨的振动序列，这些特征的能量间隔分别测定为（$2\,105\pm80$）cm^{-1} 和（$1\,935\pm80$）cm^{-1}，与 C—O 伸缩振动频率一致。从图 3-1（a）和图 3-1（b）中 X 峰的极大值处分别测定 $Ni_2(CO)_4^-$ 和 $Ni_2(CO)_5^-$

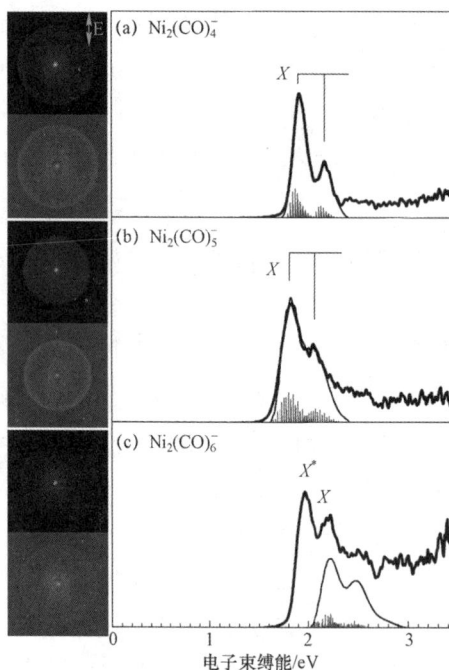

图 3-1　$Ni_2(CO)_n^-$（$n=4\sim6$）负离子体系的 355 nm 光电子能谱和图像

在图 3-1 中，粗线代表实验的光电子能谱，细线代表 Franck-Condon 模拟的光电子能谱，细的垂直竖线代表 Franck-Condon 因子；左边黑色背景的图片代表采集的原始光电子成像图，灰色背景的图片代表经反阿贝尔变换重构的光电子成像图；双箭头代表激光偏振的方向

---

① 本章图表均引自参考文献［22］，经英国皇家化学学会许可。

的垂直脱附能为（1.88±0.02）eV 和（1.81±0.02）eV。因为当前的能量分辨率不足以区分低频率的振动模，通过对 **X** 峰的上升沿做渐近直线，渐近线与横轴的交叉点再加上仪器的分辨率，表示基态跃迁的绝热脱附能。通过这种方式，Ni$_2$(CO)$_4^-$和 Ni$_2$(CO)$_5^-$的绝热脱附能分别确定为（1.77±0.03）eV 和（1.63±0.03）eV，它们也代表了相应中性物种的电子亲和能。除了 **X** 主峰，基态跃迁之间还存在一些无结构特征的谱峰，一直延伸至光子能量阈值。这些谱峰相对更弱，构成了几乎连续的谱带，可能源自热电子发射。

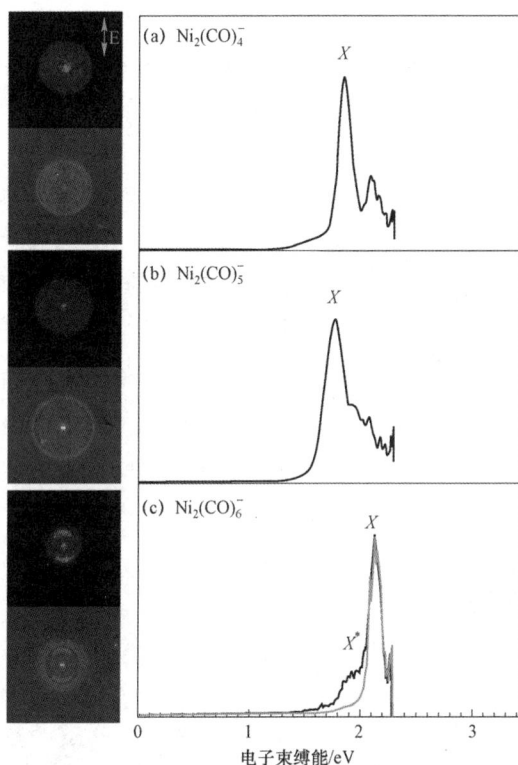

图 3-2　Ni$_2$(CO)$_n^-$（n=4～6）负离子体系的 532 nm 光电子能谱和图像

图 3-2 中，对于 Ni$_2$(CO)$_6^-$，黑色线和灰色线分别代表不同质量选择时间时所记录的光电子能谱；
左边黑色背景的图片代表采集的原始光电子成像图，灰色背景的图片代表
经反阿贝尔变换重构的光电子成像图；双箭头代表激光偏振的方向

表 3-1　Ni$_2$(CO)$_n^-$(n=4～6)负离子体系的电子亲和能、垂直脱附能和 C—O 伸缩振动频率的
实验值以及 B3LYP/Ni/SDD+2f1g/C、O/aug-cc-pVTZ 理论水平下的理论值

物种	异构体	电子亲和能/eV		垂直脱附能/eV		C—O 频率/cm^{-1}	
		实验	理论	实验	理论	实验	理论
Ni$_2$(CO)$_4^-$	I	1.77	1.84	1.88	1.97	2 105	2 083
Ni$_2$(CO)$_5^-$	III	1.63	1.67	1.81	1.94	1 935	2 096
Ni$_2$(CO)$_6^-$	VII	2.10	1.98	2.17	2.16		

$Ni_2(CO)_6^-$的 355 nm 谱相对更复杂，由一系列拥挤并延伸至光子能量阈值的谱带构成。谱图中揭示了在 2.0 eV 存在两个能量间隔为 0.25 eV 的谱带，分别标 X^* 和 X。从图 3-2 的 532 nm 能谱中，谱带 X 的电子亲和能和垂直脱附能分别测定为（2.10±0.02）eV 和（2.17±0.02）eV。从谱带 X^* 的极大值处测定其垂直脱附能为（1.94±0.02）eV。乍看，X^* 和 X 两个谱带似乎构成了一个 C—O 伸缩振动序列，类似于 $Ni_2(CO)_4^-$ 和 $Ni_2(CO)_5^-$。然而，$Ni_2(CO)_6^-$ 的谱峰特征明显不同于 $Ni_2(CO)_4^-$ 和 $Ni_2(CO)_5^-$。首先，$Ni_2(CO)_6^-$ 的 355 nm 谱图中两个峰的相对强度显著不同于 $Ni_2(CO)_4^-$ 和 $Ni_2(CO)_5^-$ 中两个峰的相对强度，第一个 X^* 峰稍微强于第二个 X 峰。其次，当用 532 nm 激光探测 $Ni_2(CO)_6^-$ 负离子时，二者的相对强度发生反转，X 峰变成最强峰。这表明 X^* 峰有很强的光子能量相关性。因此，可以排除 X^* 峰和 X 峰源自同一电子态的不同振动能级。这表明 X^* 峰和 X 峰有不同的起源，例如质量简并的物种。如图 3-2 中 $Ni_2(CO)_6^-$ 的 532 nm 谱图所示，若我们调节质量选择的时间，谱带会发生明显的变化。当选择 $Ni_2(CO)_6^-$ 质量峰的中心位置时，我们可获得由峰 X^* 和 X 组成的能谱。然而，当选择 $Ni_2(CO)_6^-$ 束低质量尾部区时，我们可以获得更干净的能谱。谱峰 X^* 处的相对强度显著地降低至可忽略的水平。值得一提的是，$Ni_2(CO)_6$ 的质量接近于 $Ni_3(CO)_4$ 的质量，谱峰 X^* 最强处的电子束缚能和文献报道的 $Ni_3(CO)_4^-$ 的垂直脱附能值吻合。下述理论计算揭示了候选结构的最低三重态的垂直脱附能比对应的基态跃迁能量至少高出 1.3 eV，表明亦可以排除 X^* 和 X 峰是源自同一几何结构的不同电子态。因此，X 峰可以归属于 $Ni_2(CO)_6^-$，而 X^* 峰源自隐藏在 $Ni_2(CO)_6^-$ 离子束中的质量简并的污染物。

3.3.2　理论计算的几何结构

利用密度泛函理论计算预测 $Ni_2(CO)_n^{-/0}$（$n=4\sim6$）配合物体系的几何结构。异构体的全局最优化结构搜索分两步执行。第一步是在 B3LYP/Ni/SDD/C、O/6-311＋G*理论水平下，对 $Ni_2(CO)_n^{-/0}$（$n=4\sim6$）配合物体系的初始构型进行几何优化。这一步对于中性物种同时计算了单重电子态和三重态，而负离子同时优化了二重态和四重态的几何结构，得到 $Ni_2(CO)_n^{-/0}$（$n=4\sim6$）配合物体系的异构体几何结构，分别汇总在图 3-3、图 3-4 和图 3-5 中。从这些结构图中可以看出，对于 $Ni_2(CO)_n^{-/0}$（$n=4\sim6$）配合物体系，负离子的二重态结构比四重态的能量更低，而中性分子的单重态几何构型要比对应的三重态更稳定。对于 $Ni_2(CO)_4^{-/0}$ 中性和负离子，能量最低的结构均为双桥羰基配位的几何结构，其他的一氧化碳配体侧桥式配位、解离吸附或多配体聚合的异构体能量至少高出 0.5 eV 以上，如图 3-3 所示。而对于 $Ni_2(CO)_5^{-/0}$ 中性和负离子，均存在两个能量接近的结构参与竞争基态结构。中性分子的两个结构分别是双桥羰基配位的结构和单桥羰基配位的结构，而负离子的两个结构是双桥羰基配位和三桥羰基配位的几何，如图 3-4 所示。$Ni_2(CO)_6^-$ 负离子的几何结构搜索确认了两个能量接近的异构体，分别是非桥式的和双桥式的几何结构，其他的异构体在能量上至少高出 0.9 eV，如图 3-5 所示。中性的 $Ni_2(CO)_6$

配合物在 0.2 eV 的能量范围内存在能量接近的 3 个异构体,依次为双桥配位的结构、单桥配位结构和非桥式结构,其他异构能的能量比基态至少高出 1.0 eV 以上。

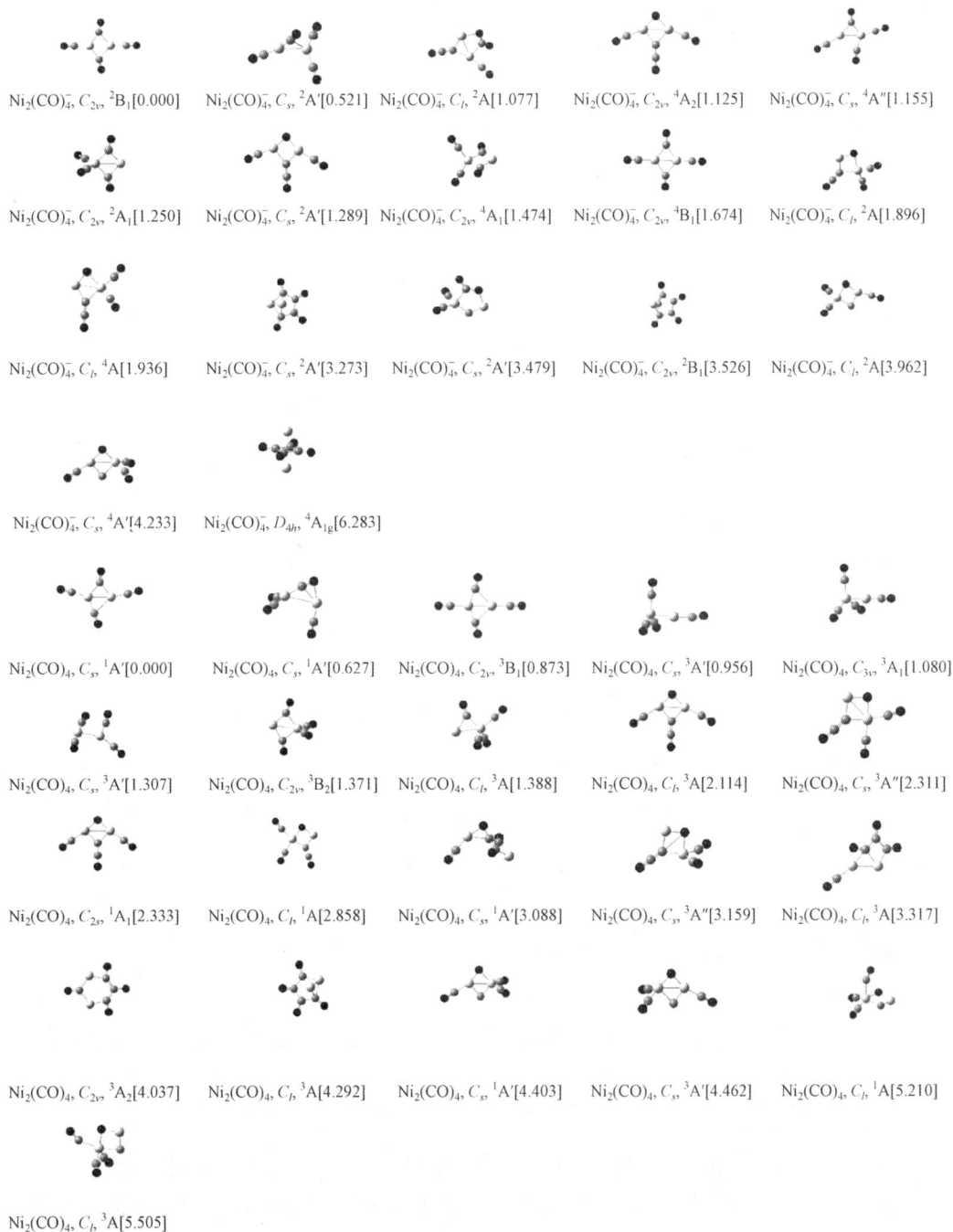

Ni$_2$(CO)$_4^-$, C_{2v}, ^{2}B$_1$[0.000]   Ni$_2$(CO)$_4^-$, C_s, ^{2}A'[0.521]   Ni$_2$(CO)$_4^-$, C_1, ^{2}A[1.077]   Ni$_2$(CO)$_4^-$, C_{2v}, ^{4}A$_2$[1.125]   Ni$_2$(CO)$_4^-$, C_s, ^{4}A''[1.155]

Ni$_2$(CO)$_4^-$, C_{2v}, ^{2}A$_1$[1.250]   Ni$_2$(CO)$_4^-$, C_s, ^{2}A'[1.289]   Ni$_2$(CO)$_4^-$, C_{2v}, ^{4}A$_1$[1.474]   Ni$_2$(CO)$_4^-$, C_{2v}, ^{4}B$_1$[1.674]   Ni$_2$(CO)$_4^-$, C_1, ^{2}A[1.896]

Ni$_2$(CO)$_4^-$, C_1, ^{4}A[1.936]   Ni$_2$(CO)$_4^-$, C_s, ^{2}A'[3.273]   Ni$_2$(CO)$_4^-$, C_s, ^{2}A'[3.479]   Ni$_2$(CO)$_4^-$, C_{2v}, ^{2}B$_1$[3.526]   Ni$_2$(CO)$_4^-$, C_1, ^{2}A[3.962]

Ni$_2$(CO)$_4^-$, C_s, ^{4}A'[4.233]   Ni$_2$(CO)$_4^-$, D_{4h}, ^{4}A$_{1g}$[6.283]

Ni$_2$(CO)$_4$, C_s, ^{1}A'[0.000]   Ni$_2$(CO)$_4$, C_s, ^{1}A'[0.627]   Ni$_2$(CO)$_4$, C_{2v}, ^{3}B$_1$[0.873]   Ni$_2$(CO)$_4$, C_s, ^{3}A'[0.956]   Ni$_2$(CO)$_4$, C_{3v}, ^{3}A$_1$[1.080]

Ni$_2$(CO)$_4$, C_s, ^{3}A'[1.307]   Ni$_2$(CO)$_4$, C_{2v}, ^{3}B$_2$[1.371]   Ni$_2$(CO)$_4$, C_1, ^{3}A[1.388]   Ni$_2$(CO)$_4$, C_1, ^{3}A[2.114]   Ni$_2$(CO)$_4$, C_s, ^{3}A''[2.311]

Ni$_2$(CO)$_4$, C_{2v}, ^{1}A$_1$[2.333]   Ni$_2$(CO)$_4$, C_1, ^{1}A[2.858]   Ni$_2$(CO)$_4$, C_s, ^{1}A'[3.088]   Ni$_2$(CO)$_4$, C_s, ^{3}A''[3.159]   Ni$_2$(CO)$_4$, C_1, ^{3}A[3.317]

Ni$_2$(CO)$_4$, C_{2v}, ^{3}A$_2$[4.037]   Ni$_2$(CO)$_4$, C_1, ^{3}A[4.292]   Ni$_2$(CO)$_4$, C_s, ^{1}A'[4.403]   Ni$_2$(CO)$_4$, C_s, ^{3}A'[4.462]   Ni$_2$(CO)$_4$, C_1, ^{1}A[5.210]

Ni$_2$(CO)$_4$, C_1, ^{3}A[5.505]

图 3-3 B3LYP/Ni/SDD/C、O/6-311 + G*理论水平下优化得到的 Ni$_2$(CO)$_4^{-/0}$ 的基态几何结构和异构体:Ni、C 和 O 原子分别表示为灰白色、灰色和黑色的小球(图中展示了每一个异构体的点群、电子态、相对于各自电荷态基态的能量值,单位为 eV)

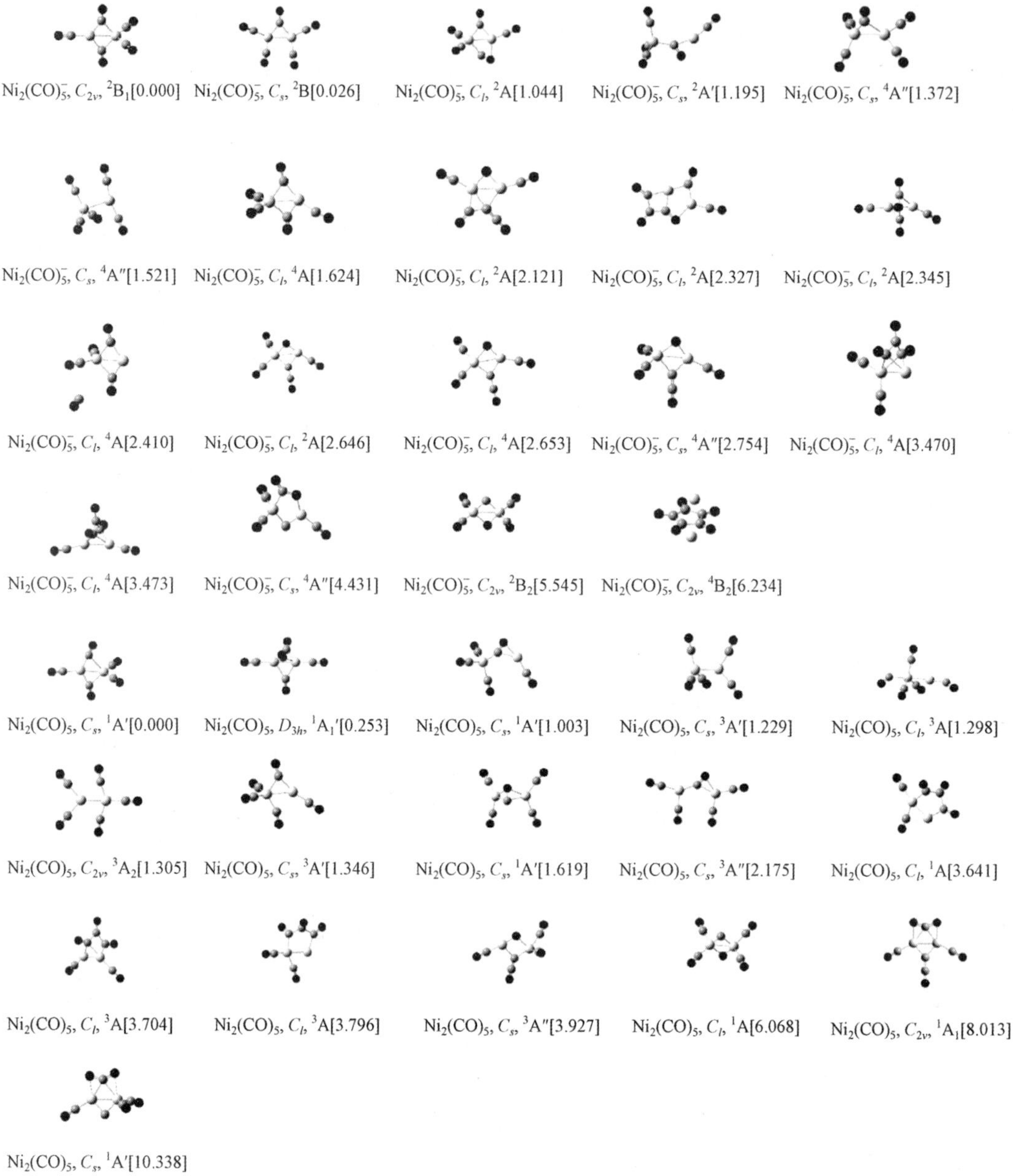

Ni$_2$(CO)$_5^-$, C_{2v}, $^2B_1$[0.000]　Ni$_2$(CO)$_5^-$, C_s, ^2B[0.026]　Ni$_2$(CO)$_5^-$, C_1, ^2A[1.044]　Ni$_2$(CO)$_5^-$, C_s, $^2A'$[1.195]　Ni$_2$(CO)$_5^-$, C_s, $^4A''$[1.372]

Ni$_2$(CO)$_5^-$, C_s, $^4A''$[1.521]　Ni$_2$(CO)$_5^-$, C_1, ^4A[1.624]　Ni$_2$(CO)$_5^-$, C_1, ^2A[2.121]　Ni$_2$(CO)$_5^-$, C_1, ^2A[2.327]　Ni$_2$(CO)$_5^-$, C_1, ^2A[2.345]

Ni$_2$(CO)$_5^-$, C_1, ^4A[2.410]　Ni$_2$(CO)$_5^-$, C_1, ^2A[2.646]　Ni$_2$(CO)$_5^-$, C_1, ^4A[2.653]　Ni$_2$(CO)$_5^-$, C_s, $^4A''$[2.754]　Ni$_2$(CO)$_5^-$, C_1, ^4A[3.470]

Ni$_2$(CO)$_5^-$, C_1, ^4A[3.473]　Ni$_2$(CO)$_5^-$, C_s, $^4A''$[4.431]　Ni$_2$(CO)$_5^-$, C_{2v}, $^2B_2$[5.545]　Ni$_2$(CO)$_5^-$, C_{2v}, $^4B_2$[6.234]

Ni$_2$(CO)$_5$, C_s, $^1A'$[0.000]　Ni$_2$(CO)$_5$, D_{3h}, $^1A_1'$[0.253]　Ni$_2$(CO)$_5$, C_s, $^1A'$[1.003]　Ni$_2$(CO)$_5$, C_s, $^3A'$[1.229]　Ni$_2$(CO)$_5$, C_1, ^3A[1.298]

Ni$_2$(CO)$_5$, C_{2v}, $^3A_2$[1.305]　Ni$_2$(CO)$_5$, C_s, $^3A'$[1.346]　Ni$_2$(CO)$_5$, C_s, $^1A'$[1.619]　Ni$_2$(CO)$_5$, C_s, $^3A''$[2.175]　Ni$_2$(CO)$_5$, C_1, ^1A[3.641]

Ni$_2$(CO)$_5$, C_1, ^3A[3.704]　Ni$_2$(CO)$_5$, C_1, ^3A[3.796]　Ni$_2$(CO)$_5$, C_s, $^3A''$[3.927]　Ni$_2$(CO)$_5$, C_1, ^1A[6.068]　Ni$_2$(CO)$_5$, C_{2v}, $^1A_1$[8.013]

Ni$_2$(CO)$_5$, C_s, $^1A'$[10.338]

图 3-4　B3LYP/Ni/SDD/C、O/6-311＋G*理论水平下优化得到的 Ni$_2$(CO)$_5^{-/0}$ 的基态几何结构和异构体：Ni、C 和 O 原子分别表示为灰白色、灰色和黑色的小球（图中展示了每一个异构体的点群、电子态、相对于各自电荷态基态的能量值，单位为 eV）

构型搜索第一步得到的能量最低的几个几何结构，进一步在放大的基组条件下进行再优化，即 Ni 采用的是 SDD+2$f1g$ 基组，C 和 O 采用的是 aug-cc-pVTZ 基组。为了验证不同密度泛函理论计算的一致性，此步的结构优化采用 3 种不同的密度泛函，分别是 B3LYP、BP86 和 MPW1PW91。图 3-6 展示了 Ni$_2$(CO)$_n^{-/0}$（n=4～6）体系的基态结构和竞争异构体。

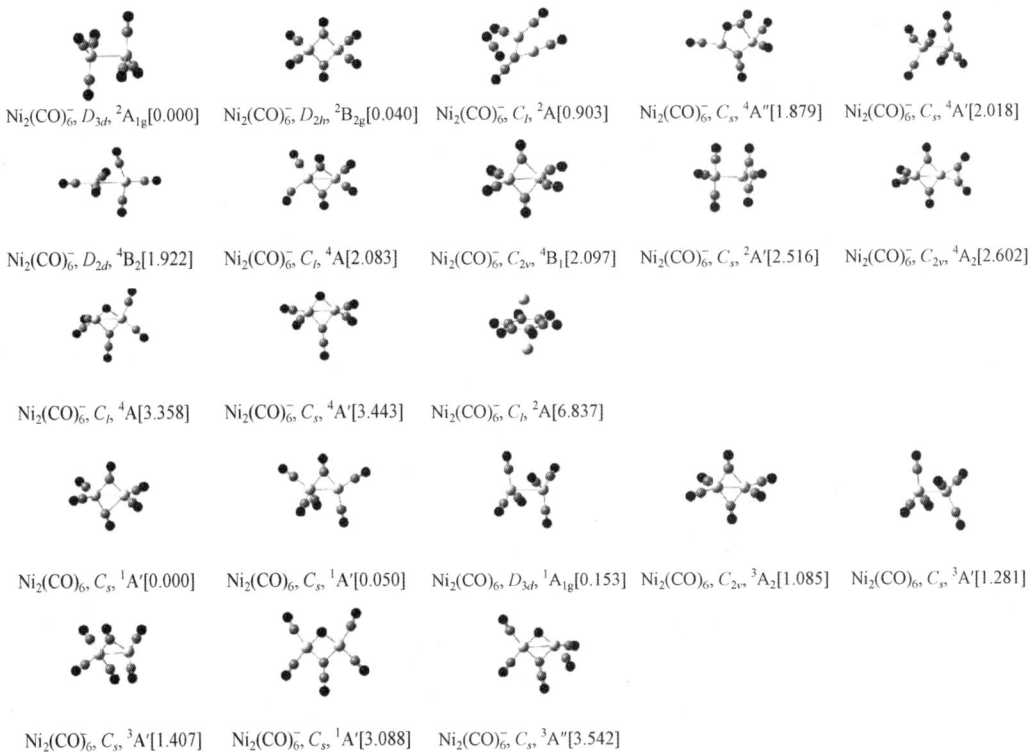

图 3-5　B3LYP/Ni/SDD/C，O/6-311＋G*理论水平下优化得到的 Ni$_2$(CO)$_6^{-/0}$ 的基态几何结构和
异构体：Ni、C 和 O 原子分别表示为灰白色、灰色和黑色的小球（图中展示了每一个
异构体的点群、电子态、相对于各自电荷态基态的能量值，单位为 eV）

　　对于中性和负离子的 Ni$_2$(CO)$_4$，全局结构最优搜索得到了一个含两个桥羰基和两个端羰基的平面双-μ-羰基-二羰基-二镍结构。具有更高对称性的 D_{2h} 点群几何结构不稳定，存在一个虚频。Ni$_2$(CO)$_4^-$ 负离子降低其 D_{2h} 点群，朝向同一个镍原子方向弯曲两个桥羰基，可得到 C_{2V} 对称性的能量最低结构 I。中性的 Ni$_2$(CO)$_4$ 具有与负离子相类似的结构特征，只是两个端羰基稍微偏离了 Ni—Ni 键轴。平衡结构由 C_{2V} 形变得到一个非对称桥式结构 II。

　　对于 Ni$_2$(CO)$_5^-$，几何优化搜索到两个异构体 III 和 IV。双-μ-羰基-三羰基-二镍结构 III，由镍双核配位了两个桥式羰基和 3 个端式羰基形成，这可以由 Ni$_2$(CO)$_4^-$ 的双桥结构 I 端式吸附一个额外的羰基配体至镍双核中心之一来构建。平面单-μ-羰基-四羰基-二镍结构 IV 呈现了 C_2 对称性的单桥式羰基平衡结构，剩余的 4 个羰基端式配位至镍双核上。3 种密度泛函理论计算均预测这两个结构有着几乎相近的能量。中性的 Ni$_2$(CO)$_5$ 基态结构 V 和对应的负离子结构 III 相似。以前文献报道预测中性的 Ni$_2$(CO)$_5$ 为 D_{3h} 对称性的三-μ-羰基-双羰基-二镍结构 IV。同样地，我们的理论计算也得到了中性 Ni$_2$(CO)$_5$ 的一个含三桥式羰基的类似结构 VI。然而，B3LYP/Ni/SDD＋2$f1g$/C、O/aug-cc-pVTZ 理论水平预测这个结构 VI 比结构 V 能量高出 0.29 eV。因此，双桥结构 V 是 Ni$_2$(CO)$_5$ 的能量最低结构。

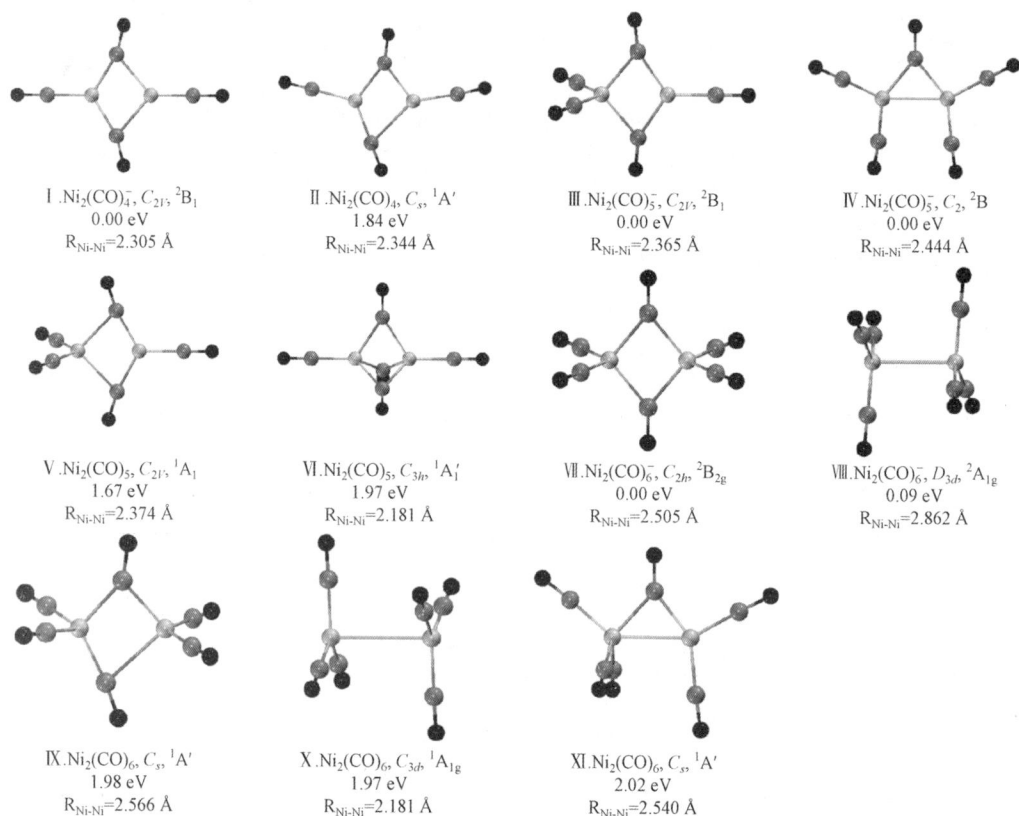

I. $Ni_2(CO)_4^-$, C_{2v}, $^2B_1$
0.00 eV
R_{Ni-Ni}=2.305 Å

II. $Ni_2(CO)_4^-$, C_s, $^1A'$
1.84 eV
R_{Ni-Ni}=2.344 Å

III. $Ni_2(CO)_5^-$, C_{2v}, $^2B_1$
0.00 eV
R_{Ni-Ni}=2.365 Å

IV. $Ni_2(CO)_5^-$, C_2, ^2B
0.00 eV
R_{Ni-Ni}=2.444 Å

V. $Ni_2(CO)_5$, C_{2v}, $^1A_1$
1.67 eV
R_{Ni-Ni}=2.374 Å

VI. $Ni_2(CO)_5$, C_{3h}, $^1A_1'$
1.97 eV
R_{Ni-Ni}=2.181 Å

VII. $Ni_2(CO)_6^-$, C_{2h}, $^2B_{2g}$
0.00 eV
R_{Ni-Ni}=2.505 Å

VIII. $Ni_2(CO)_6^-$, D_{3d}, $^2A_{1g}$
0.09 eV
R_{Ni-Ni}=2.862 Å

IX. $Ni_2(CO)_6$, C_s, $^1A'$
1.98 eV
R_{Ni-Ni}=2.566 Å

X. $Ni_2(CO)_6$, C_{3h}, $^1A_{1g}$
1.97 eV
R_{Ni-Ni}=2.181 Å

XI. $Ni_2(CO)_6$, C_s, $^1A'$
2.02 eV
R_{Ni-Ni}=2.540 Å

图 3-6 B3LYP/Ni/SDD＋2flg/C，O/aug-cc-pVTZ 理论水平下优化得到的 $Ni_2(CO)_n^{-/0}$（$n=4\sim6$）体系的基态几何结构和挑选的低能量异构体：Ni、C 和 O 原子分别表示为灰白色、灰色和黑色的小球（图中展示了每一个异构体的点群、电子态、相对于负离子基态的能量值和 Ni—Ni 键长 R_{Ni-Ni}）

类似地，结构搜索得到了 $Ni_2(CO)_6^-$ 负离子的两个能量简并异构体，其余结构的能量则至少高出 0.9 eV。双-μ-羰基-四羰基-二镍结构VII由两个桥式羰基和 4 个端式羰基配位至镍双核上构成，可以看作由双桥结构III继续吸附一个羰基配体至另一个镍原子上演变而来。交错式融合两个 $Ni(CO)_3$ 单体形成了非桥式结构VIII，其中的所有羰基配体都端式配位至镍双核上。值得一提的是，BP86/Ni/SDD＋2flg/C、O/aug-cc-pVTZ 理论水平下预测结构VIII比VII更不稳定，能量高出 0.26 eV。B3LYP/Ni/SDD＋2flg/C、O/aug-cc-pVTZ 理论水平计算的结构VIII的 Ni—Ni 键长比结构VII长 0.357 Å。结构VIII中异常的 Ni—Ni 键长暗示了其解离成 $Ni(CO)_3$ 的趋势和在高压混合气体中幸存下来的困难。对应中性的 $Ni_2(CO)_6$ 的几何优化亦得到两个相似的几何结构。D_{2h} 对称性结构有一个虚频，降低其对称性至 C_s 得到了双桥结构IX。三种密度泛函理论水平的计算均预测非桥式结构X比结构IX更不稳定。除了结构X和IX，中性的 $Ni_2(CO)_6$ 还有一个能量近简并的单桥式异构体XI，它比最低能量异构体的能量稍稍高一些。值得一提的是，这个单桥式结构XI，在MPW1PW91/Ni/SDD＋2flg/C、O/aug-cc-pVTZ 理论水平下是真实的极小值点，而在B3LYP/Ni/SDD＋2flg/C、O/aug-cc-pVTZ 和 BP86/Ni/SDD＋2flg/C、O/aug-cc-pVTZ 理论水平下则存在一个较大的虚频。沿着该虚频振动模向前和向后几何优化均得到双桥式结构Ⅸ。因此，我们倾向于指认双桥式结构为基态结构。

3.3.3　实验与理论比较

B3LYP/Ni/SDD＋$2f1g$/C、O/aug-cc-pVTZ、BP86/Ni/SDD＋$2f1g$/C、O/aug-cc-pVTZ 和 MPW1PW91/Ni/SDD＋$2f1g$/C、O/aug-cc-pVTZ 理论水平下 Ni₂(CO)ₙ⁻/⁰（$n＝4$～6）的相对能量、绝热脱附能和垂直脱附能汇总在表 3-2 中。

表 3-2　Ni₂(CO)ₙ⁻（$n＝4$～6）异构体的相对能量、绝热脱附能和垂直脱附能的实验值和密度泛函理论水平下计算的理论值：依次为 B3LYP、BP86 和 MPW1PW91 水平结合 Ni/SDD＋$2f1g$/C、O/aug-cc-pVTZ 基组的计算结果

物种	异构体	相对能量/eV	绝热脱附能/eV		直脱附能/eV	
			理论	实验	理论	实验
Ni₂(CO)₄⁻	Ⅰ	0.00/0.00/0.00	1.84/2.20/1.81	1.77	1.97/2.28/1.95	1.88
Ni₂(CO)₄	Ⅱ	0.00/0.00/0.00				
Ni₂(CO)₅⁻	Ⅲ	0.00/0.00/0.00	1.67/2.07/1.65	1.63	1.94/2.23/1.93	1.81
	Ⅳ	0.00/0.12/0.04	1.74/2.04/1.70		1.90/2.23/1.89	
Ni₂(CO)₅	Ⅴ	0.00/0.00/0.00				
	Ⅵ	0.29/0.07/0.25				
Ni₂(CO)₆⁻	Ⅶ	0.00/0.00/0.00	1.98/2.33/1.96	2.10	2.16/2.46/2.17	2.17
	Ⅷ	0.09/0.26/0.06	2.18/2.59/2.21		2.33/2.71/2.36	
Ni₂(CO)₆	Ⅸ	0.00/0.00/0.00				
	Ⅹ	0.11/0.52/0.34				
	Ⅺ	0.04/0.18/0.03				

对于 Ni₂(CO)₄⁻配合物负离子，B3LYP/Ni/SDD＋$2f1g$/C、O/aug-cc-pVTZ 理论水平计算的基态跃迁的绝热脱附能和垂直脱附能分别为 1.84 eV 和 1.97 eV，与光电子速度成像测定的结果一致。利用 B3LYP/Ni/SDD＋$2f1g$/C、O/aug-cc-pVTZ 理论水平计算得到的几何结构和振动频率，Franck-Condon 模拟很好地再现了观测到的谱图特征，包括峰型和峰位置。通常，光脱附过程会激活分子的全对称振动模，其包含了初始负离子和对应中性物质间沿简正坐标的显著运动。Franck-Condon 模拟证明，实验观测的精细结构主要来源于涉及 4 个一氧化碳配体的全对称伸缩振动。这个振动模的频率计算为 2 083 cm⁻¹，

和图谱中测量的峰间距是一致的。

$Ni_2(CO)_5^-$配合物负离子的绝热脱附能和垂直脱附能，在 B3LYP/Ni/SDD＋2f1g/C、O/aug-cc-pVTZ 理论水平下的计算值分别为 1.67 eV 和 1.94 eV，这与光电子成像能谱测量的结果一致。此外，基于双桥结构的 Franck-Condon 模拟很好地再现了整个谱图。类似于 $Ni_2(CO)_4$，观测到的振动特征主要来源于羰基的全对称伸缩振动，其理论计算的频率为 2 096 cm^{-1}，和实验谱图中观测到的谱峰间距一致。

对于 $Ni_2(CO)_6^-$配合物负离子，双桥式结构Ⅶ的基态跃迁的绝热脱附能和垂直脱附能，在 B3LYP/Ni/SDD＋2f1g/C、O/aug-cc-pVTZ 理论水平下分别预测为 1.98 eV 和 2.16 eV，这和实验测量值一致。然而，非桥式结构Ⅷ的绝热脱附能和垂直脱附能预测值比实验值更高。理论和实验很好地吻合，表明谱带 *X* 主要来源于双桥结构Ⅶ的光脱附。

综上，实验结果与理论计算结果吻合较好，可以确认 $Ni_2(CO)_n^-$（n=4～6）的几何结构。这些配合物中羰基配体都同时存在桥式配位和端式配位，与凝聚相镍表面的一氧化碳化学吸附行为一致。

3.3.4　三中心两电子离域键

为了理解双桥羰基配位的 $Ni_2(CO)_n^-$（n=4～6）负离子的化学成键，采用多种量子化学成键分析方法解析了它们的电子结构。化学成键分析揭示了 $Ni_2(CO)_n^-$（n=4～6）负离子体系中存在非寻常的化学成键特征。

$Ni_2(CO)_n^-$（n=4～6）负离子配合物的正则分子轨道分析，理论支持上述的实验光谱特征。图 3-7、图 3-8 和图 3-9 依次展示了 $Ni_2(CO)_4^-$、$Ni_2(CO)_5^-$ 和 $Ni_2(CO)_6^-$ 负离子详细的价电子前线分子轨道。从图中可知，$Ni_2(CO)_n^-$（n=4～6）负离子的单占据轨道主要是由羰基配体的 $p\pi^*$ 反键轨道组成，镍原子轨道的贡献可以忽略不计。这个 $p\pi^*$ 组成的单占据轨道同样也对应于相关中性物种的最低空轨道，从中脱附一个电子，会削弱 C—O 之间的反键特征，从而增强 C—O 键的强度和缩短 C—O 键长，生成相应的单重态中性物种。理论预测的中性物种的羰基 C—O 键长均比对应负离子物种的 C—O 键长要短。光脱附引起的 C—O 键长收缩会激活 C—O 伸缩振动模，在光电子速度成像谱中表现为可观测的振动序列。如图 3-10 所示，模拟红外光谱显示 $Ni_2(CO)_n^-$（n=4～6）负离子的羰基伸缩振动频率（2 143 cm^{-1}）相对于自由的一氧化碳分子均发生了显著的红移。当前光电子速度成像实验测定的羰基红移振动频率与理论计算一致，表明从金属的 d 轨道有效地向羰基配体反馈电子密度。如分子轨道图所示，有效电子密度反馈来源于镍原子的全占据 3d 轨道与羰基配体的 $p\pi^*$ 的轨道重叠。$Ni_2(CO)_n^-$（n=4～6）的前线轨道轮廓揭示了镍原子的 3d 轨道或多或少参与了 π 反馈作用。

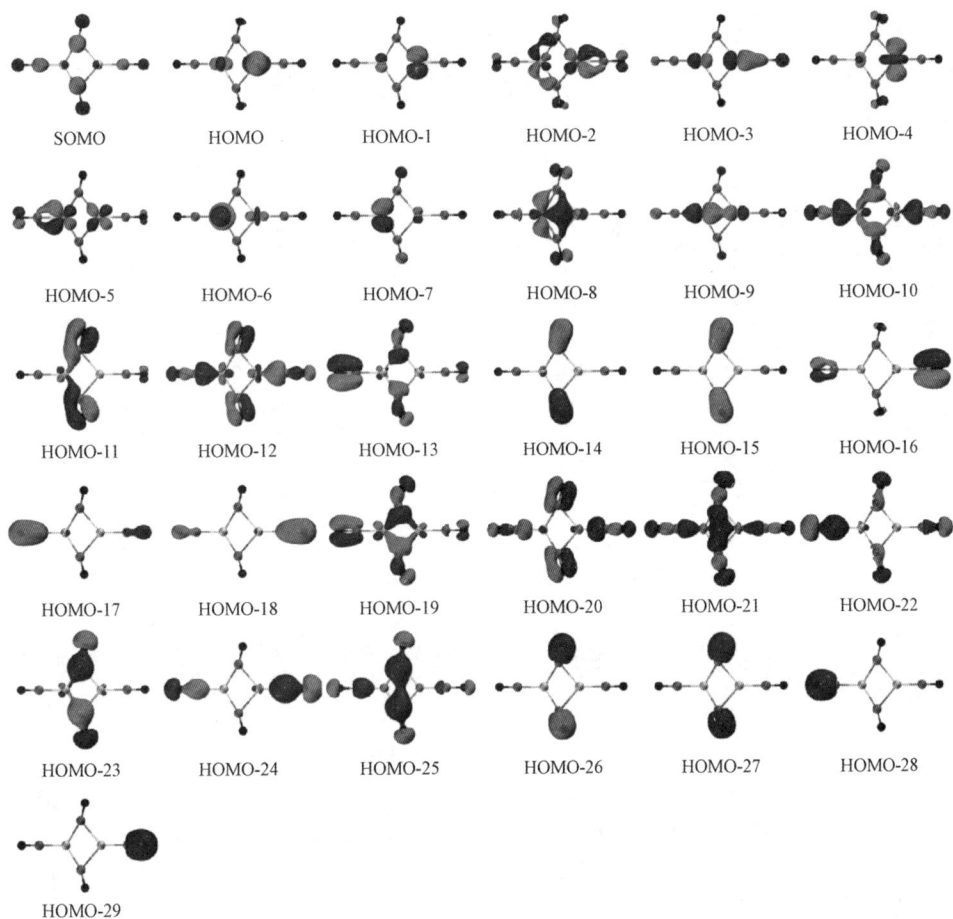

图 3-7　B3LYP/Ni/SDD+2f1g/C、O/aug-cc-pVTZ 理论水平下 Ni$_2$(CO)$_4^-$基态负离子的价电子正则分子轨道

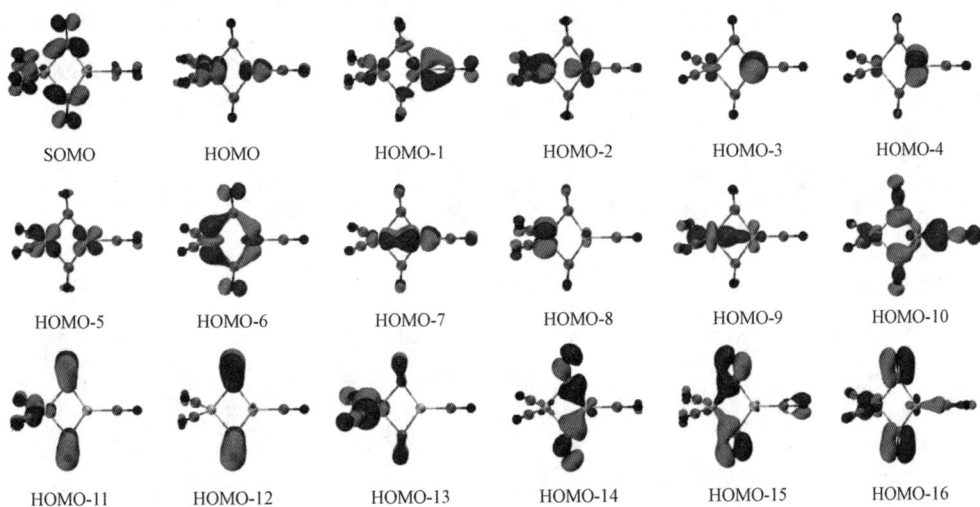

图 3-8　B3LYP/Ni/SDD+2f1g/C、O/aug-cc-pVTZ 理论水平下 Ni$_2$(CO)$_5^-$基态负离子的价电子正则分子轨道

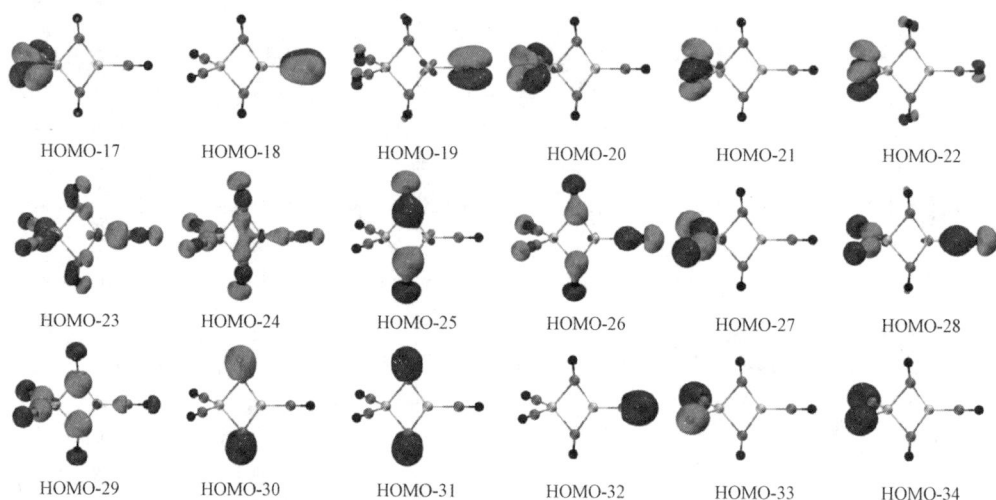

图 3-8　B3LYP/Ni/SDD＋2*f*1*g*/C、O/aug-cc-pVTZ 理论水平下 $Ni_2(CO)_5^-$ 基态
负离子的价电子正则分子轨道（续）

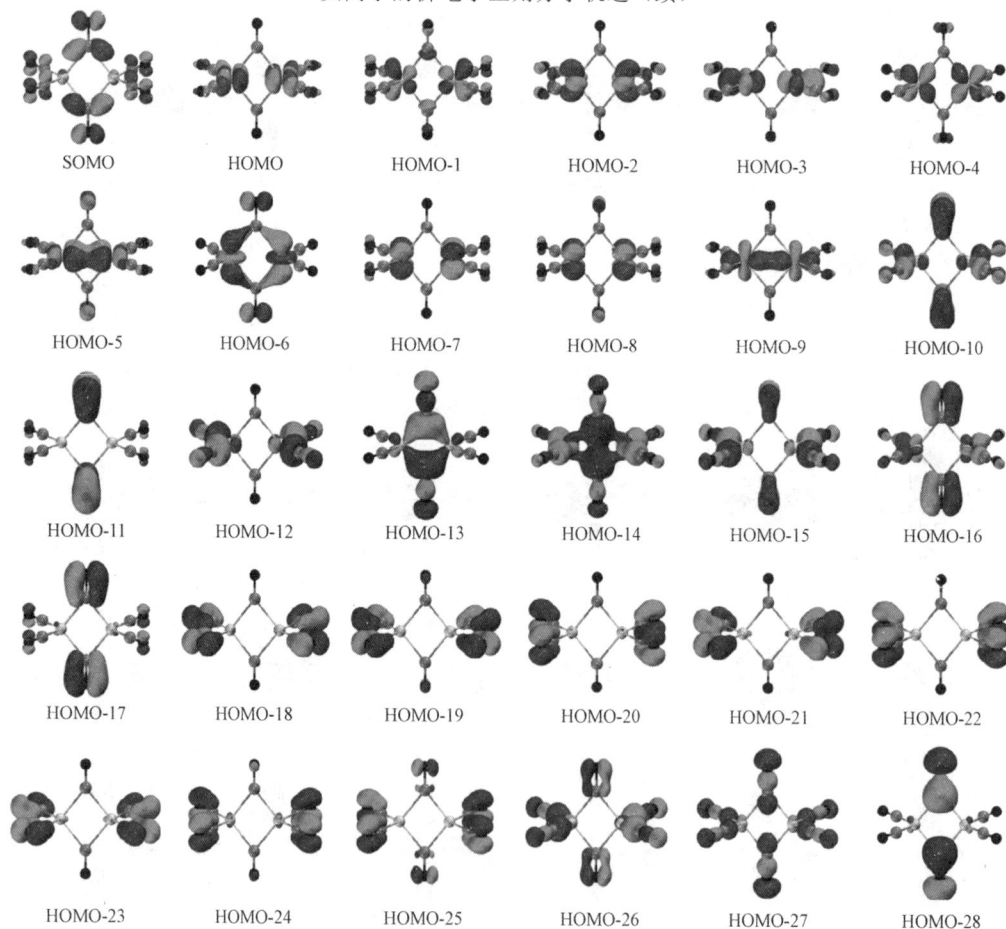

图 3-9　B3LYP/Ni/SDD＋2*f*1*g*/C、O/aug-cc-pVTZ 理论水平下 $Ni_2(CO)_6^-$ 基态
负离子的价电子正则分子轨道

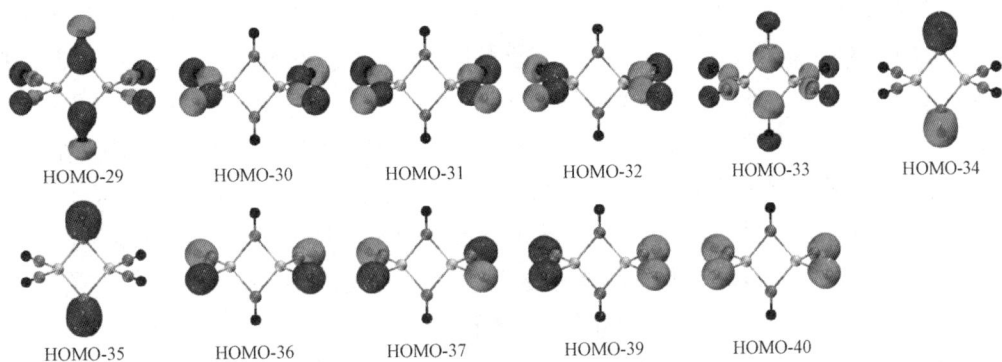

图 3-9　B3LYP/Ni/SDD+2f1g/C、O/aug-cc-pVTZ 理论水平下 Ni$_2$(CO)$_6^-$基态
负离子的价电子正则分子轨道（续）

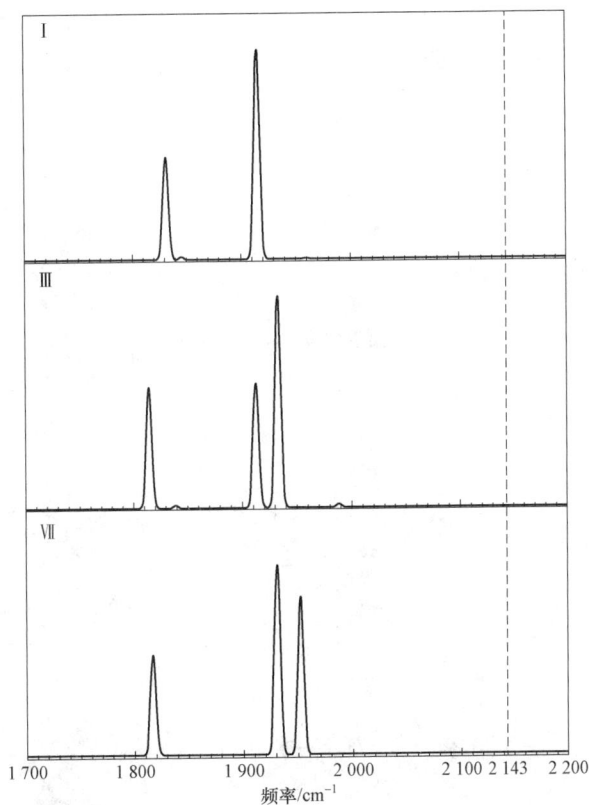

图 3-10　B3LYP/Ni/SDD+2f1g/C、O/aug-cc-pVTZ 理论水平下，Ni$_2$(CO)$_n^-$（n=4～6）
配合物负离子基态在 1 700～2 200 cm^{-1} 区间的模拟红外光谱

在讨论金属－金属成键之前，首先看一看过渡金属－羰基相互作用。通常而言，金属－羰基成键相互作用包括协同的从羰基的 σ 占据轨道至金属的 d 空轨道的 σ 给予作用和从金属的 d 占据轨道到羰基的 pπ*轨道的 π 反馈作用。对于端式羰基，只有它的邻近

金属原子参与 σ 给予和 π 反馈作用,而金属双核和桥式羰基之间存在不寻常的与 σ 给予和 π 反馈作用。例如,$Ni_2(CO)_4^-$(Ⅰ)的 HOMO-8、$Ni_2(CO)_5^-$(Ⅲ)的 HOMO-6、$Ni_2(CO)_6^-$(Ⅶ)的 HOMO-6 揭示了金属双核和桥式羰基间的 π 反馈成键,而 $Ni_2(CO)_4^-$(Ⅰ)的 HOMO-19 和 HOMO-21、$Ni_2(CO)_5^-$(Ⅲ)的 HOMO-10 和 HOMO-24、$Ni_2(CO)_6^-$(Ⅶ)的 HOMO-13 和 HOMO-14 揭示了从桥式羰基至两个镍原子核中心的 σ 给予作用。Ni_2 双核和桥式羰基成键的离域分子轨道特征表明,这些配合物中存在三中心两电子(3c-2e)成键作用。因此,端式羰基和桥式羰基呈现不一样的键长,桥式羰基的键长更长。不同配位模式下金属原子和羰基之间的特殊成键方式可以揭示诸如一氧化碳小分子等在金属表面和催化剂上不同的成键形式,同时有助于分子层次理解一氧化碳的活化机理。

上述的成键模式可以通过 QTAIM、IQA、PIO 和 AdNDP 分析直观地理解。图 3-11 展示了 $Ni_2(CO)_n^-$($n=4\sim6$)在含镍双核和两个桥式羰基的平面的电子密度拉普拉斯分布图。为了方便讨论,图 3-11 也展示了每个原子的元素符号和原子编号。$Ni_2(CO)_n^-$($n=4\sim6$)配合物中每个端式配位的羰基配体都存在一个 Ni—C 键径和相应的键临界点,

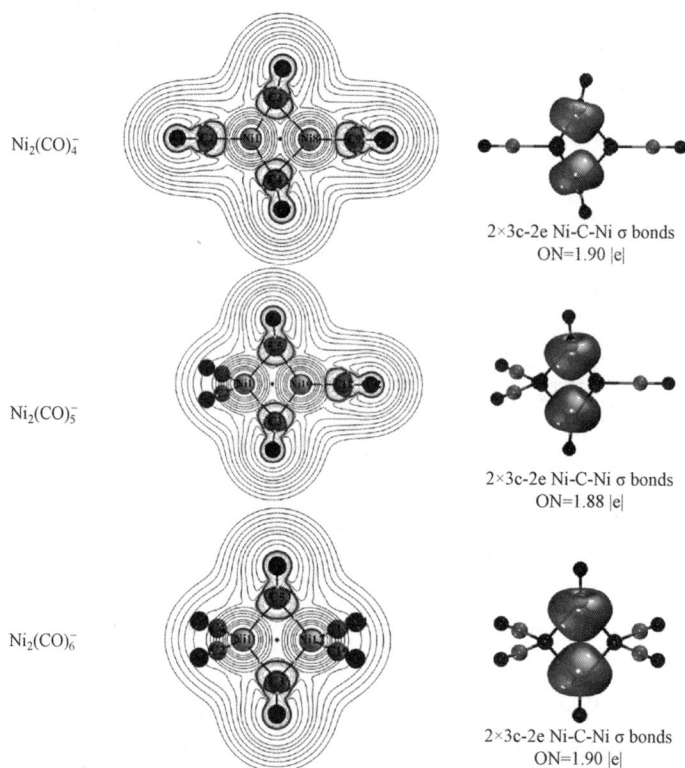

图 3-11 B3LYP/Ni/SDD+2f1g/C、O/aug-cc-pVTZ 理论水平下 $Ni_2(CO)_n^-$($n=4\sim6$)的电子密度拉普拉斯分布[$\nabla^2\rho(r)$]和 Ni—C—Ni 3c-2e AdNDP 轨道:电子密度聚集区[$\nabla^2\rho(r)<0$]用细曲线表示,而电子密度发散区[$\nabla^2\rho(r)>0$]用稍粗一点的曲线表示;键临界点和环临界点分别用白色和黑色小球表示;元素符号和它的原子编号也展示在图中

而每个桥式配位的羰基有两个 Ni—C 键径和相应的键临界点。这两个 Ni—C 键径穿过
了桥式配位羰基的碳原子和镍双核之间的一个很大的电子密度聚集区。IQA 分析揭示，
每一个 Ni—CO 的电子离域化指数都是相当大的（$\delta^{Ni-CO} = 0.74 \sim 1.61$），具体如表 3-3、
表 3-4 和表 3-5 所示。单个 E_{int}^{Ni-CO} 贡献的 IQA 分析揭示了强的稳定化作用（$E_{int}^{Ni-CO} = -0.18 \sim -0.35$ au）来源于两个 Ni—C 相互作用，其中电子共享组分占主导，部分被静
电排斥作用所削弱，Ni—O 相互作用由正电荷的镍和负电荷的氧之间的静电作用控
制。另外，表 3-6 的 QTAIM 分析结果表明，端式 Ni—C 键临界点比桥式 Ni—C 键临
界点有更大的电子密度 $\rho(r)$ 和更负的能量密度 $E(r)$。这表明桥式 Ni—CO 相互作用比
端式 Ni—CO 相互作用更弱，考虑到是桥羰基碳和镍双核之间的电子共享和更长的桥
式 Ni—C 键长。

表 3-3　B3LYP/Ni/SDD + 2*f*1*g*/C、O/aug-cc-pVTZ 理论水平下 Ni₂(CO)₄⁻基态负离子的
键长、键级、电子离域化指数 δ 和 IQA 能量分解

键	键长	键级				δ	E_{int}	V_{cl}	V_{xc}
		Wiberg	Mayer	G—J	N—M(3)				
Ni¹—Ni⁸	2.305	0.106	0.367	0.151	0.155	0.390	−0.008	0.058	−0.066
Ni¹—C⁴	1.829	0.501	0.906	0.533	0.544	0.960	−0.159	0.066	−0.225
Ni¹—O⁷	2.960	0.096	0.091	0.134	0.151	0.161	−0.121	−0.106	−0.015
Ni¹—C⁴O⁷		0.597	0.997	0.667	0.695	1.121	−0.280	−0.040	−0.240
Ni⁸—C⁴	2.049	0.349	0.599	0.394	0.426	0.597	−0.080	0.049	−0.129
Ni⁸—O⁷	2.886	0.068	0.099	0.102	0.121	0.159	−0.103	−0.086	−0.017
Ni⁸—C⁴O⁷		0.417	0.698	0.496	0.547	0.756	−0.183	−0.037	−0.146
Ni¹—C²	1.737	0.762	1.128	0.858	0.863	1.313	−0.208	0.096	−0.304
Ni¹—O⁵	2.895	0.132	0.138	0.206	0.233	0.228	−0.133	−0.111	−0.022
Ni¹—C²O⁵		0.894	1.266	1.064	1.096	1.541	−0.341	−0.015	−0.326
Ni⁸—C⁹	1.728	0.898	1.327	0.967	1.026	1.391	−0.228	0.087	−0.315
Ni⁸—O¹⁰	2.887	0.148	0.154	0.220	0.261	0.251	−0.121	−0.097	−0.024
Ni⁸—C⁹O¹⁰		1.046	1.481	1.187	1.287	1.642	−0.349	−0.010	−0.339
C⁴—O⁷	1.166	1.948	1.880	2.048	2.426	1.519	−1.324	−0.883	−0.441
C²—O⁵	1.159	1.974	1.979	2.106	2.475	1.531	−1.420	−0.979	−0.441
C⁹—O¹⁰	1.159	1.990	1.972	2.137	2.492	1.537	−1.413	−0.971	−0.442

表 3-4 　B3LYP/Ni/SDD+2f1g/C、O/aug-cc-pVTZ 理论水平下 $Ni_2(CO)_5^-$ 基态负离子的键长、键级、电子离域化指数 δ 和 IQA 能量分解

键	键长	键级				δ	E_{int}	V_{cl}	V_{xc}
		Wiberg	Mayer	G—J	Wiberg				
Ni^1—Ni^{10}	2.365	0.070	0.372	0.111	0.103	0.327	0.016	0.070	−0.054
Ni^1—C^3	2.309	0.307	0.612	0.362	0.668	0.622	−0.076	0.065	−0.141
Ni^1—O^9	2.983	0.064	0.075	0.103	0.111	0.131	−0.125	−0.111	−0.014
Ni^1—C^3O^9		0.371	0.687	0.465	0.779	0.743	−0.201	−0.046	−0.155
Ni^{10}—C^3	1.889	0.419	0.832	0.475	0.492	0.811	−0.123	0.068	−0.191
Ni^{10}—O^9	2.965	0.071	0.082	0.116	0.132	0.135	−0.128	−0.115	−0.013
Ni^{10}—C^3O^9		0.490	0.914	0.591	0.624	0.946	−0.251	−0.047	−0.204
Ni^1—C^2	1.774	0.611	1.178	0.697	0.668	1.142	−0.163	0.106	−0.269
Ni^1—O^6	2.928	0.107	0.114	0.172	0.185	0.191	−0.144	−0.126	−0.018
Ni^1—C^2O^6		0.718	1.292	0.869	0.853	1.333	−0.307	−0.020	−0.287
Ni^{10}—C^{11}	1.723	0.836	1.334	0.930	0.944	1.360	−0.208	0.107	−0.315
Ni^{10}—O^{12}	2.881	0.142	0.162	0.226	0.258	0.253	−0.143	−0.120	−0.023
Ni^{10}—$C^{11}O^{12}$		0.978	1.496	1.156	1.202	1.613	−0.351	−0.013	−0.338
C^3—O^9	1.168	1.974	1.921	2.068	2.455	1.540	−1.326	−0.881	−0.445
C^2—O^6	1.155	2.008	2.006	2.141	2.510	1.549	−1.449	−1.004	−0.445
C^{11}—O^{12}	1.157	1.999	1.983	2.131	2.487	1.531	−1.428	−0.986	−0.442

表 3-5 　B3LYP/Ni/SDD+2f1g/C、O/aug-cc-pVTZ 理论水平下 $Ni_2(CO)_6^-$ 基态负离子的键长、键级、电子离域化指数 δ 和 IQA 能量分解

键	键长	键级				δ	E_{int}	V_{cl}	V_{xc}
		Wiberg	Mayer	G—J	Wiberg				
Ni^1—Ni^{12}	2.505	0.045	0.287	0.078	0.066	0.224	0.041	0.075	−0.034
Ni^1—C^3	1.982	0.311	0.683	0.365	0.351	0.655	−0.074	0.078	−0.153
Ni^1—O^9	2.977	0.061	0.072	0.099	0.105	0.124	−0.136	−0.124	−0.013
Ni^1—C^3O^9		0.372	0.755	0.464	0.456	0.779	−0.210	−0.046	−0.166
Ni^1—C^2	1.779	0.617	1.188	0.709	0.675	1.138	−0.154	0.113	−0.267
Ni^1—O^6	2.930	0.112	0.122	0.181	0.193	0.197	−0.151	−0.132	−0.019
Ni^1—C^2O^6		0.729	1.310	0.890	0.869	1.335	−0.305	−0.019	−0.286
C^3—O^9	1.164	1.981	1.937	2.089	2.462	1.543	−1.359	−0.912	−0.447
C^2—O^6	1.152	2.026	2.023	2.163	2.526	1.553	−1.466	−1.020	−0.446

表 3-6　B3LYP/Ni/SDD＋2f1g/C、O/aug-cc-pVTZ 理论水平下 Ni$_2$(CO)$_n^-$（$n=4\sim6$）中 Ni—C 键的 QTAIM 分析

物种	配位方式	X—Y	ρ(r)	$\Delta^2\rho$(r)	G(r)	V(r)	E(r)
Ni$_2$(CO)$_4^-$	端式	Ni^1—C^2	0.160	0.623	0.229	−0.303	−0.074
		Ni^8—C^9	0.165	0.619	0.234	−0.313	−0.079
	桥式	Ni^1—C^3	0.130	0.494	0.166	−0.209	−0.043
		Ni^8—C^3	0.081	0.256	0.079	−0.093	−0.015
Ni$_2$(CO)$_5^-$	端式	Ni^1—C^2	0.147	0.587	0.206	−0.265	−0.059
		Ni^{10}—C^{11}	0.165	0.634	0.238	−0.318	−0.080
	桥式	Ni^1—C^3	0.085	0.276	0.084	−0.099	−0.015
		Ni^{10}—C^3	0.117	0.407	0.134	−0.166	−0.032
Ni$_2$(CO)$_6^-$	端式	Ni^1—C^2	0.145	0.594	0.205	−0.262	−0.057
	桥式	Ni^1—C^3	0.095	0.318	0.098	−0.117	−0.019

图 3-12 中的 PIO 分析以一个羰基为一个片断，以分子剩下部分为另一个片断，证实这些双桥式羰基配合物中的金属－羰基相互作用，主要可以分解成 3 个不同的轨道相互作用，即包括一个 M←CO 的 σ 给予和两个 M→CO 的 π 反馈作用。很明显，σ 给予作用是金属－羰基间总相互作用中最强的一个贡献。而且，从图 3-12 中可以看出，离域的 σ 给予作用涉及从羰基的 σ 占据轨道到 Ni—Ni 成键区域的给予，而面内的 π 反馈作用，通过羰基的 $p\pi$*轨道和镍双核的反键轨道之间的混合重叠，降低了镍双核的反键排斥。这两种相互作用合理地解释了桥式羰基配体在稳定这些配合物的 Ni—Ni 相互作用中发挥的重要作用。Ni$_2$-μ^2-CO 成键的多中心离域键特征也得到了 AdNDP 分析的支持。如图 3-13 所示，对于每个羰基配体，除了 C—O 自身的一个 σ 键和两个 π 键，AdNDP 分析还揭示了每个端式羰基与金属核间形成的 Ni—C 两中心两电子 σ 键，而每个桥式羰基与双核镍中心则形成了 Ni—C—Ni 三中心两电子的离域键。另外，对于每一个负离子，AdNDP 分析揭示了一个单占据多中心键，该轨道主要由羰基的 $p\pi$*轨道贡献，而镍核中心的贡献低至忽略不计。

文献报道的理论计算，推测中性双核镍羰基配合物 Ni$_2$(CO)$_x$（$x=5\sim7$）的平衡几何结构为三桥羰基、双桥羰基和单桥羰基结构，可以视为由两个 Ni(CO)$_4$ 四面体单元分别以面共享、边共享和顶点共享的方式融合而成。如果把桥式羰基看作酮基给每个金属核提供一个电子，依据 18 电子规则的电子计数，Ni$_2$(CO)$_x$（$x=5\sim7$）被认为依次形成了 Ni—Ni 三重键、二重键和单重键。对于当前的负离子配合物体系，上述的 CMO 和 AdNDP 分析揭示了一个额外的电子占据一个仅由羰基配体轨道组成的价电子轨道，该轨道正好对应于中性物种的最低空轨道。根据 18 电子规则，剩余的价电子轨道应该具有和中性物种相似的成键特征。

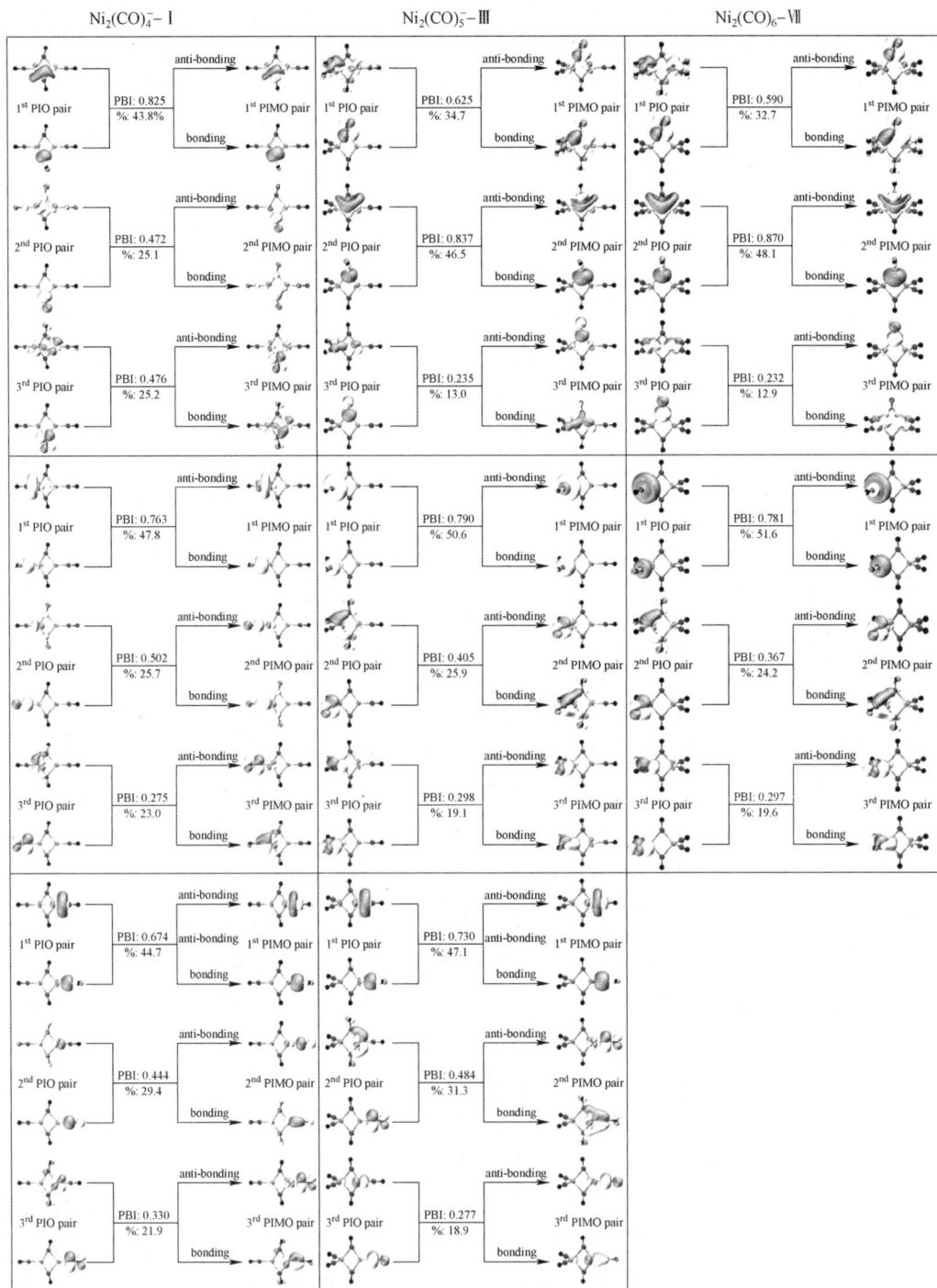

图 3-12　B3LYP/Ni/SDD+2*f*1*g*/C、O/aug-cc-pVTZ 理论水平下 Ni$_2$(CO)$_n^-$（$n=4\sim6$）负离子体系中端式/桥式配位羰基与金属核之间化学成键的 PIO 分析

Ni$_2$(CO)$_4^-$-Ⅰ

10×1c-2e lone pairs on Ni
ON=1.69-1.99 |e|

4×1c-2e lone pairs on O
ON=1.98 |e|

4×2c-2e C-O σ bonds
ON=2.00 |e|

8×2c-2e C-O π bonds
ON=2.00 |e|

2×2c-2e
Ni-C σ bonds
ON=1.98-1.99 |e|

2×3c-2e
Ni-C-Ni σ bonds
ON=1.90 |e|

1×10c-1e
delocalized π bonds
ON=1.00 |e|

Ni$_2$(CO)$_5^-$-Ⅲ

10×1c-2e lone pairs on Ni
ON=1.73-1.98 |e|

5×1c-2e lone pairs on O
ON=1.98 |e|

5×2c-2e C-O σ bonds
ON=2.00 |e|

10×2c-2e C-O π bonds
ON=2.00 |e|

3×2c-2e
Ni-C σ bonds
ON=1.91-1.93 |e|

2×3c-2e
Ni-C-Ni σ bonds
ON=1.88 |e|

1×12c-1e
delocalized π bonds
ON=1.00 |e|

Ni$_2$(CO)$_6^-$-Ⅶ

10×1c-2e lone pairs on Ni
ON=1.69-1.99 |e|

4×1c-2e lone pairs on O
ON=1.98 |e|

6×2c-2e C-O σ bonds
ON=2.00 |e|

12×2c-2e C-O π bonds
ON=2.00 |e|

4×2c-2e
Ni-C σ bonds
ON=1.98-1.99 |e|

2×3c-2e
Ni-C-Ni σ bonds
ON=1.90 |e|

1×14c-1e
delocalized π bonds
ON=1.00 |e|

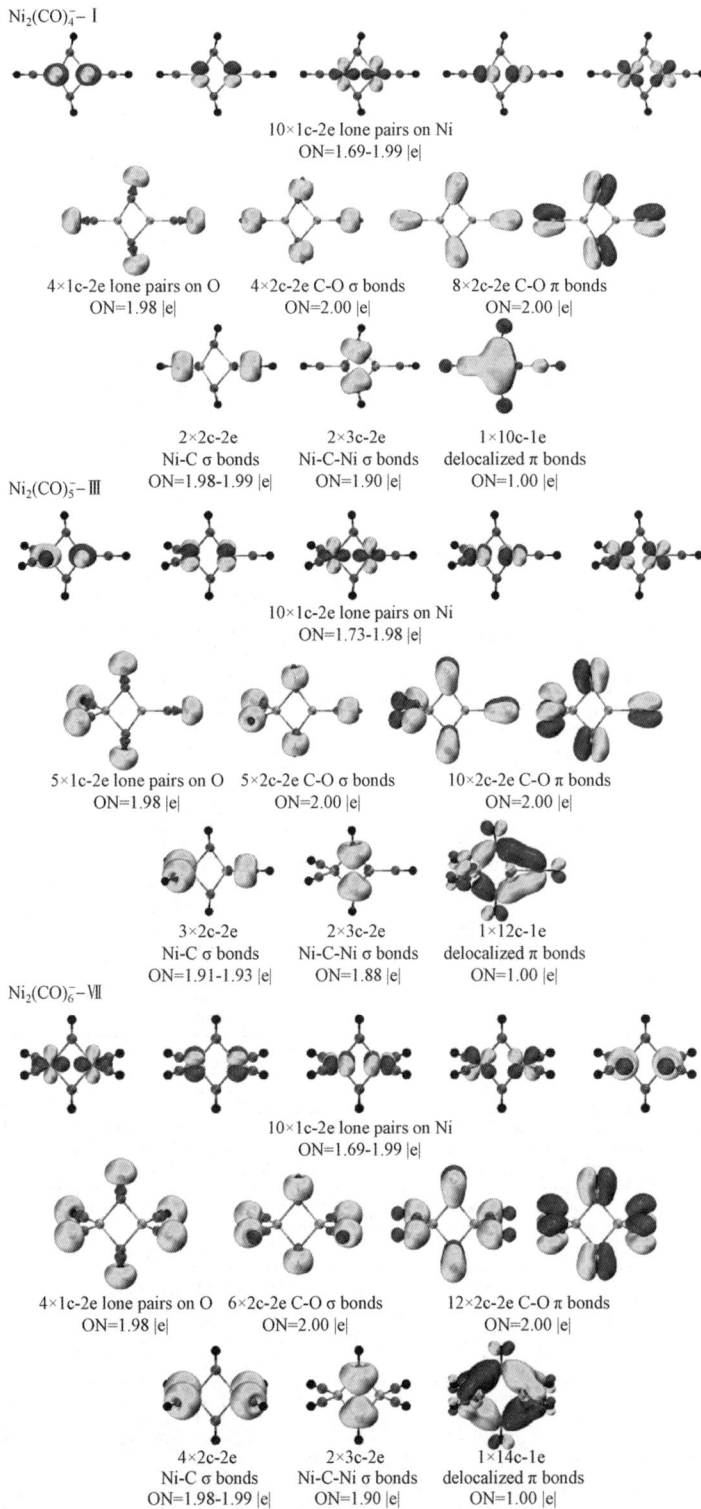

图 3-13　B3LYP/Ni/SDD＋2f1g/C、O/aug-cc-pVTZ 理论水平下
Ni$_2$(CO)$_n^-$（n＝4～6）体系价电子的 AdNDP 分析

　　然而，关于将桥式配位的羰基当作酮基的假设，一直存在争议。为此，我们详细地综合分析了 $Ni_2(CO)_n^-$（$n=4\sim6$）配合物中 Ni—Ni 成键作用的本质。理论计算的 Ni—Ni 键长在 $2.305\sim2.505$ Å 范围内，这比两个 Ni 原子的 van der Waals 半径之和（3.30 Å）更短，但接近于两个 Ni 原子的共价半径之和（2.48 Å），暗示着可能不存在 Ni—Ni 多重键。图 3-7 至图 3-9 中涉及 Ni 原子 $3d$ 价轨道的分子前线轨道图，以及列在表 3-7 中的 CMO 原子－原子成键特征分析，表明 $Ni_2(CO)_n^-$（$n=4\sim6$）配合物中的 Ni—Ni 作用主要是非成键特征。

表 3-7　B3LYP/Ni/SDD + 2f1g/C、O/aug-cc-pVTZ 理论水平下
$Ni_2(CO)_n^-$（$n=4\sim6$）中分子轨道原子－原子成键特征

物种	分子轨道	成键贡献	非键贡献	反键贡献
$Ni_2(CO)_4^-$	HOMO	0.056	0.913（0.094 Ni^1/0.781 Ni^8）	0.031
	HOMO-1	0.002	0.994（0.069 Ni^1/0.917 Ni^8）	0.004
	HOMO-2	0.026	0.778（0.108 Ni^1/0.457 Ni^8）	0.196
	HOMO-3	0.019	0.850（0.190 Ni^1/0.654 Ni^8）	0.130
	HOMO-4	0.059	0.892（0.845 Ni^8）	0.049
	HOMO-5	0.024	0.887（0.548 Ni^1/0.283 Ni^8）	0.089
	HOMO-6	0.048	0.937（0.813 Ni^1/0.055 Ni^8）	0.015
	HOMO-7	0.015	0.948（0.846 Ni^1）	0.037
	HOMO-8	0.158	0.664（0.576 Ni^1）	0.178
	HOMO-9	0.027	0.908（0.688 Ni^1/0.187 Ni^8）	0.064
$Ni_2(CO)_5^-$	HOMO	0.016	0.840（0.434 Ni^1/0.244 Ni^{10}）	0.144
	HOMO-1	0.020	0.796（0.174 Ni^1/0.359 Ni^{10}）	0.184
	HOMO-2	0.309	0.482（0.270 Ni^1/0.051 Ni^{10}）	0.209
	HOMO-3	0.026	0.955（0.062 Ni^1/0.840 Ni^{10}）	0.019
	HOMO-4	0.014	0.952（0.094 Ni^{10}）	0.034
	HOMO-5	0.016	0.934（0.585 Ni^1/0.314 Ni^{10}）	0.050
	HOMO-6	0.185	0.800（0.517 Ni^1）	0.015
	HOMO-7	0.040	0.886 3（0.167 Ni^1/0.644 Ni^{10}）	0.097
	HOMO-8	0.049	0.874（0.837 Ni^1）	0.077
	HOMO-9	0.163	0.756（0.720 Ni^1）	0.081
$Ni_2(CO)_6^-$	HOMO	0.125	0.792（0.320 Ni^1/0.320 Ni^{12}）	0.084
	HOMO-1	0.011	0.823（0.274 Ni^1/0.274 Ni^{12}）	0.166
	HOMO-2	0.071	0.806（0.316 Ni^1/0.316 Ni^{12}）	0.125
	HOMO-3	0.103	0.763（0.348 Ni^1/0.348 Ni^{12}）	0.133
	HOMO-4	0.062	0.854（0.395 Ni^1/0.395 Ni^{12}）	0.084
	HOMO-5	0.122	0.706（0.301 Ni^1/0.301 Ni^{12}）	0.172
	HOMO-6′	0.027	0.923（0.461 Ni^1/0.461 Ni^{12}）	0.049
	HOMO-7	0.027	0.927（0.462 Ni^1/0.462 Ni^{12}）	0.045
	HOMO-8	0.064	0.869（0.432 Ni^1/0.432 Ni^{12}）	0.067
	HOMO-9	0.022	0.943（0.463 Ni^1/0.463 Ni^{12}）	0.036

Ni—Ni 成键作用的特征进一步通过 QTAIM、AdNDP 和 PIO 来分析。如图 3-11 所示，QTAIM 分析表明这 3 个负离子配合物中均不存在 Ni—Ni 键径和对应的键临界点。图 3-13 的 AdNDP 分析揭示了这些配合物中双核镍原子的 10 个单中心双电子的 3d 轨道孤对，而不是 Ni—Ni 多重键。尝试直接以两个 Ni 原子为片断的 PIO 分析，只得到了非真实 PIO 对，其 PBI 值均为小于 0.1 的无意义值。表 3-8 的 5 种不同电荷布局分析均表明，两个 Ni 原子带正电荷，Ni—Ni 键的不稳定静电作用 V_{cl}^{Ni-Ni} 削弱了共价作用 V_{xc}，最终 Ni$_2$(CO)$_4^-$ 的 E_{int}^{Ni-Ni} 稳定化作用非常弱（-0.008 au），而 Ni$_2$(CO)$_5^-$ 和 Ni$_2$(CO)$_6^-$ 的 E_{int}^{Ni-Ni} 为正（分别为 0.016 au 和 0.041 au）。

表 3-8　Ni$_2$(CO)$_n^-$（$n=4\sim6$）理论计算的原子净电荷

物质	片断	NPA	Hirshfeld	Voronoi	MDC-q	AIM
Ni$_2$CO$_4^-$	Ni^1/Ni^8	0.249/0.132	0.045/0.033	0.105/0.063	0.277/0.169	0.392/0.320
	C^{2}O^5/C^{9}O^{10}	-0.273/-0.237	-0.268/-0.255	-0.293/-0.283	-0.235/-0.222	-0.384/-0.391
	C^{4}O^7	-0.435	-0.278	-0.297	-0.048	-0.469
Ni$_2$CO$_5^-$	Ni^1/Ni^{10}	0.317/0.271	0.110/0.091	0.152/0.142	0.315/0.138	0.481/0.448
	C^{2}O^6/C^{11}O^{12}	-0.259/-0.211	-0.259/-0.217	-0.238/-0.272	-0.282/-0.314	-0.339/-0.360
	C^{5}O^7	-0.430	-0.248	-0.273	-0.288	-0.445
Ni$_2$CO$_6^-$	Ni^1/Ni^{12}	0.216/0.216	0.125/0.125	0.168/0.168	0.195/0.195	0.521/0.521
	C^{2}O^6	-0.176	-0.198	-0.216	-0.250	-0.314
	C^{3}O^9	-0.364	-0.228	-0.235	-0.196	-0.393

为了判断两个 Ni 原子的电子组态，以一个 Ni 原子为一个片断，以剩余部分为另一个片断进行 PIO 分析。Ni$_2$(CO)$_n^-$（$n=4\sim6$）配合物的两个 Ni 原子通过两个三中心两电子的 Ni—C—Ni 离域键连接，可以近似地看作是两个 Ni(CO)$_3$ 平面三角形和/或 Ni(CO)$_4$ 四面体结构单元通过边共享的方式构成。Ni$_2$(CO)$_4^-$ 是两个 Ni(CO)$_3$ 单元通过边共享融合形成的一个双-μ-羰基-双羰基-双镍平衡结构 I；Ni$_2$(CO)$_5^-$ 是一个 Ni(CO)$_3$ 单元和一个 Ni(CO)$_4$ 单元通过边共享融合形成的一个双-μ-羰基-三羰基-双镍平衡结构 III；而 Ni$_2$(CO)$_6^-$ 是两个 Ni(CO)$_4$ 单元通过边共享融合形成的一个双-μ-羰基-四羰基-双镍平衡结构 VII。Ni$_2$(CO)$_5^-$ 可以看作是从 Ni$_2$(CO)$_4^-$ 到 Ni$_2$(CO)$_6^-$ 的结构演变的中间体。Ni$_2$(CO)$_n^-$（$n=4\sim6$）配合物的 PIO 分析结果如图 3-14 至图 3-18 所示。成对 PIO 分子轨道的同相和反相线性组合成了主相互用分子轨道，其提供了局域成键和反键作用的直接描绘。四面体单体结构对镍核中心满足稳定的 18 价电子结构至关重要。如图 3-16 所示，Ni$_2$(CO)$_5^-$ 中 Ni(CO)$_4$ 四面体亚单元中的 Ni 原子有 9 对主要的 PIO 对，前 4 个轨道作用对应于从羰基配体至 Ni 原子的一个 4s 和三个 4p 原子轨道的 σ 给予作用，剩下 5 对 PIO 归属于

从 Ni 原子的 5 个 3d 原子轨道至羰基的 π 反馈作用。这表明该 Ni 原子核满足稳定的 18 电子规则。类似的成键性质也存在于 $Ni_2(CO)_6^-$ 的两个 $Ni(CO)_4$ 四面体，如图 3-18 所示。$Ni_2(CO)_6^-$ 的两个 Ni 原子是等价的，PIO 分析揭示了 9 对主要的 PIO 对，两个 Ni 原子核均满足稳定的 18 电子规则。而 $Ni_2(CO)_5^-$ 中 $Ni(CO)_3$ 平面三角形亚单元中的 Ni 原子则只有 8 对主要的 PIO 对，如图 3-17 所示。由于 $Ni(CO)_3$ 平面三角形亚单元中的 Ni 原子与周围羰基共平面，从羰基配体至 Ni 原子的 p_z 原子轨道的 σ 给予作用不可行。同样的原因，从 Ni 原子的 $3dz^2$ 原子轨道至羰基配体的 π 反馈作用可以忽略不计（PBI = 0.037）。因此，该 Ni 原子核的价电子数应该是 16，未满足稳定的 18 电子规则。同样的成键性质也存在于 $Ni_2(CO)_4^-$ 的两个 $Ni(CO)_3$ 三角形。如图 3-14 和图 3-15 所示，$Ni_2(CO)_4^-$ 的两个 Ni 原子，从其 p_z 原子轨道的 σ 给予作用都不可行，两个 Ni 原子核的价电子数均是 16，未满足稳定的 18 电子规则。

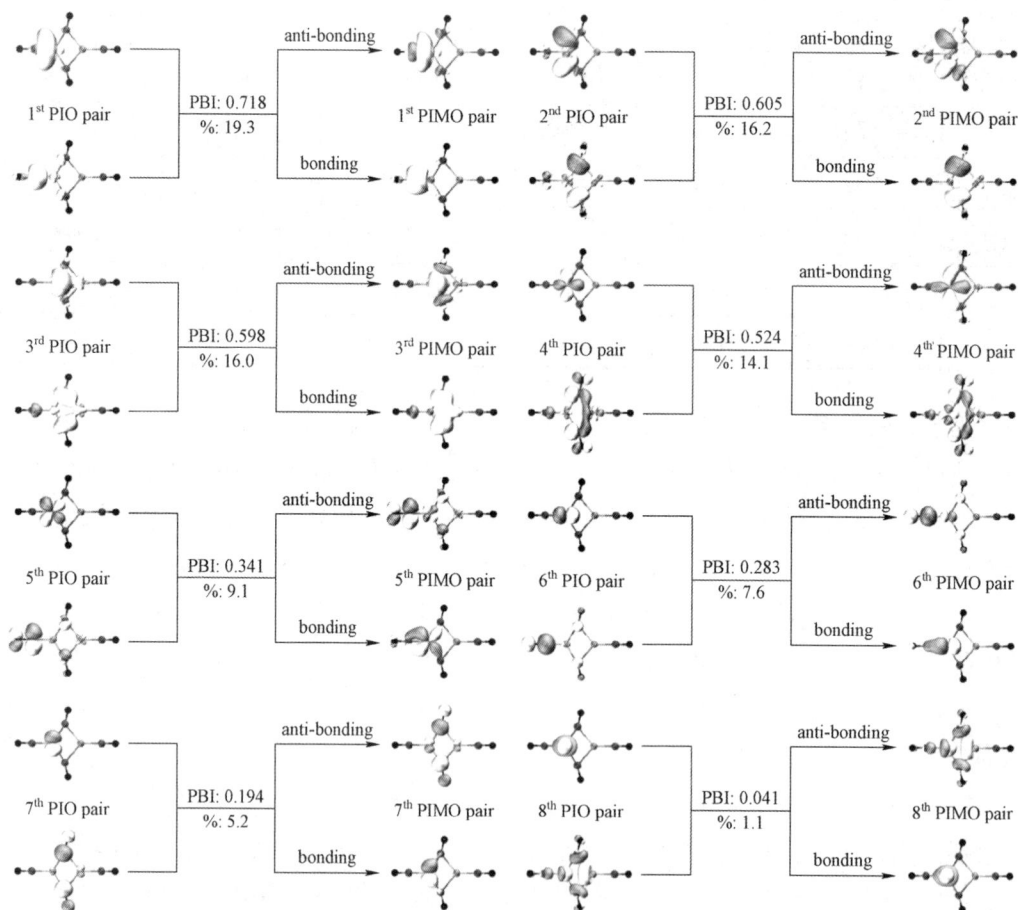

图 3-14　B3LYP/Ni/SDD + 2flg/C、O/aug-cc-pVTZ 理论水平下，$Ni_2(CO)_4^-$ 的以 Ni^1 为一个片断，剩余部分作为另一分子片断的 PIO 分析结果

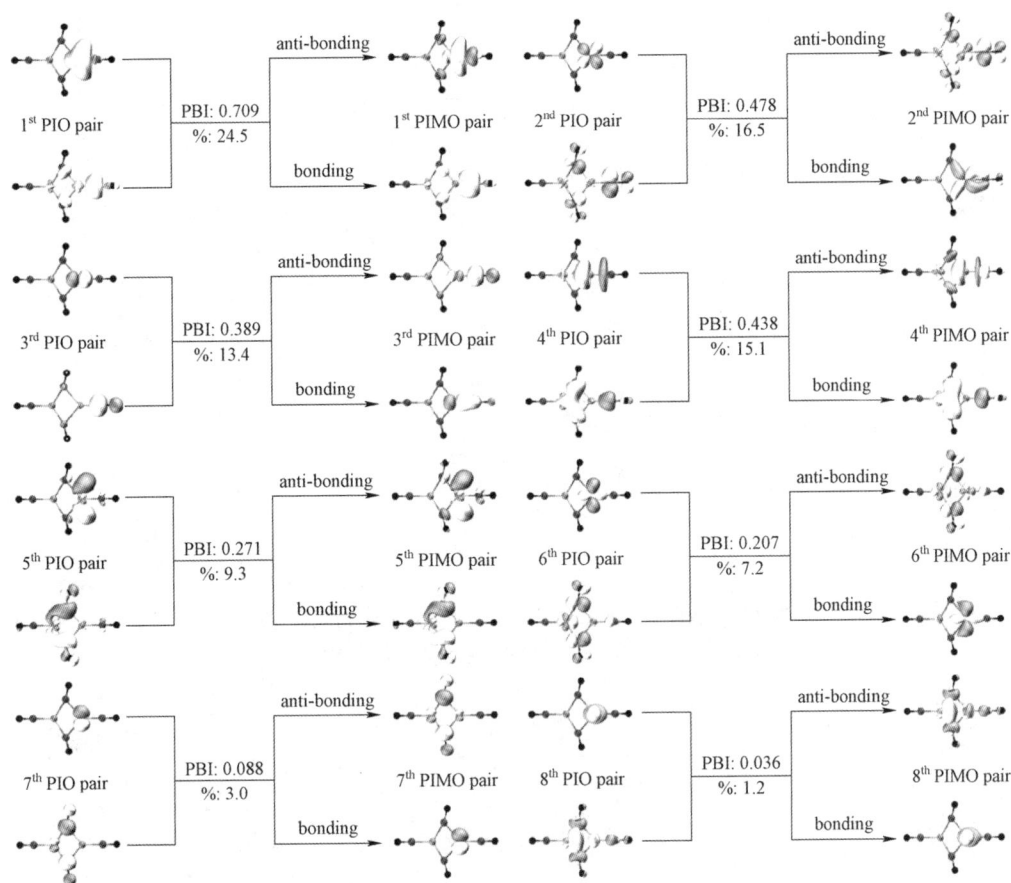

图 3-15　B3LYP/Ni/SDD＋2f1g/C、O/aug-cc-pVTZ 理论水平下，Ni$_2$(CO)$_4^-$的以 Ni^8 为一个片断，剩余部分作为另一分子片断的 PIO 分析结果

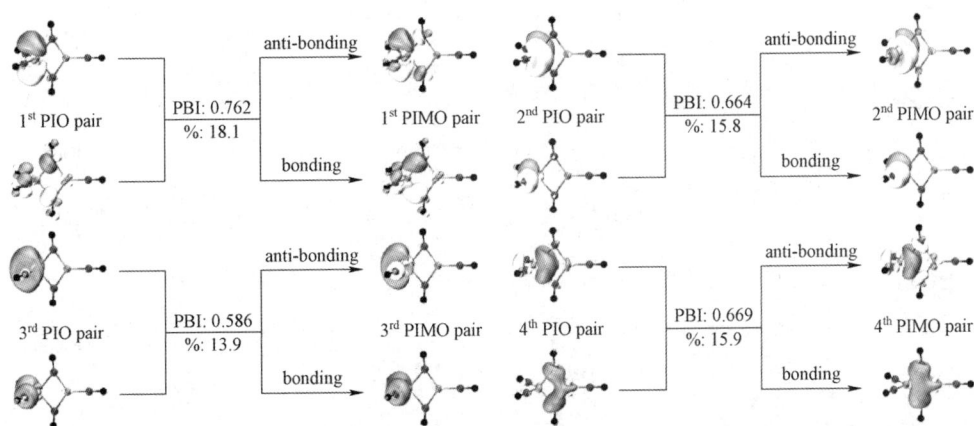

图 3-16　B3LYP/Ni/SDD＋2f1g/C、O/aug-cc-pVTZ 理论水平下，Ni$_2$(CO)$_5^-$的以 Ni^1 为一个片断，剩余部分作为另一分子片断的 PIO 分析结构

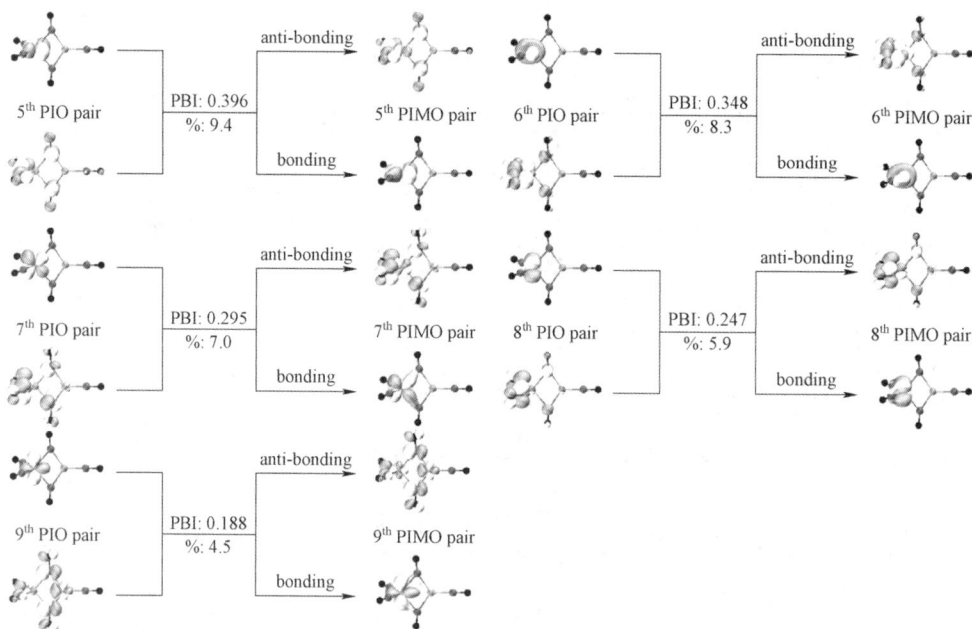

图 3-16　B3LYP/Ni/SDD+2f1g/C、O/aug-cc-pVTZ 理论水平下，Ni$_2$(CO)$_5^-$的以 Ni^1 为一个片断，剩余部分作为另一分子片断的 PIO 分析结构（续）

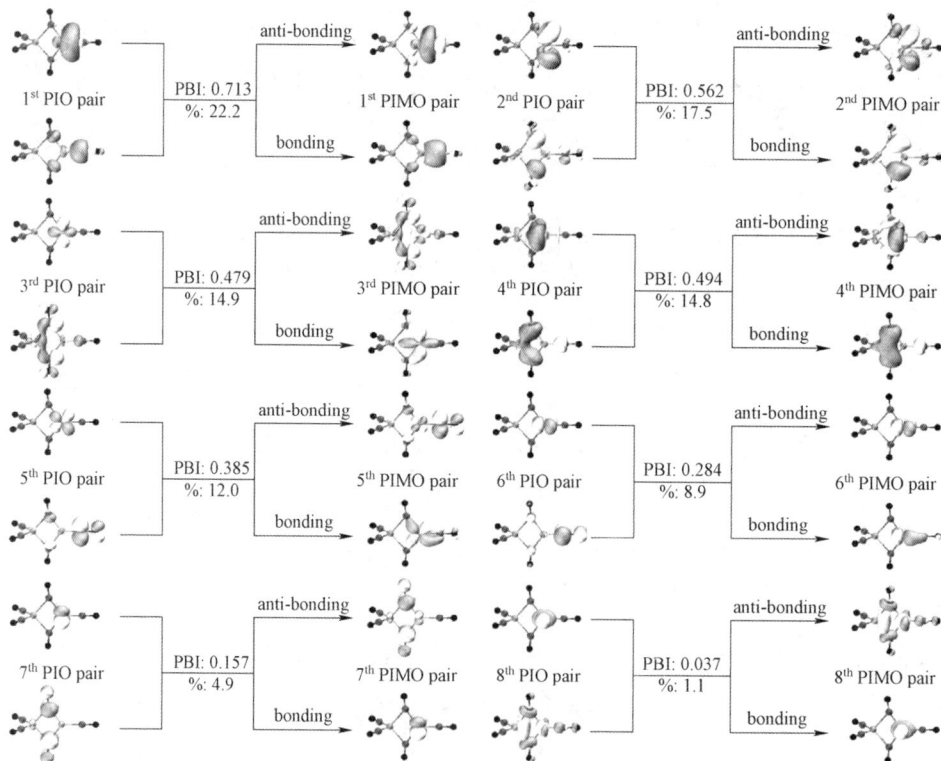

图 3-17　B3LYP/Ni/SDD+2f1g/C、O/aug-cc-pVTZ 理论水平下，Ni$_2$(CO)$_5^-$的以 Ni^{10} 为一个片断，剩余部分作为另一分子片断的 PIO 分析结果

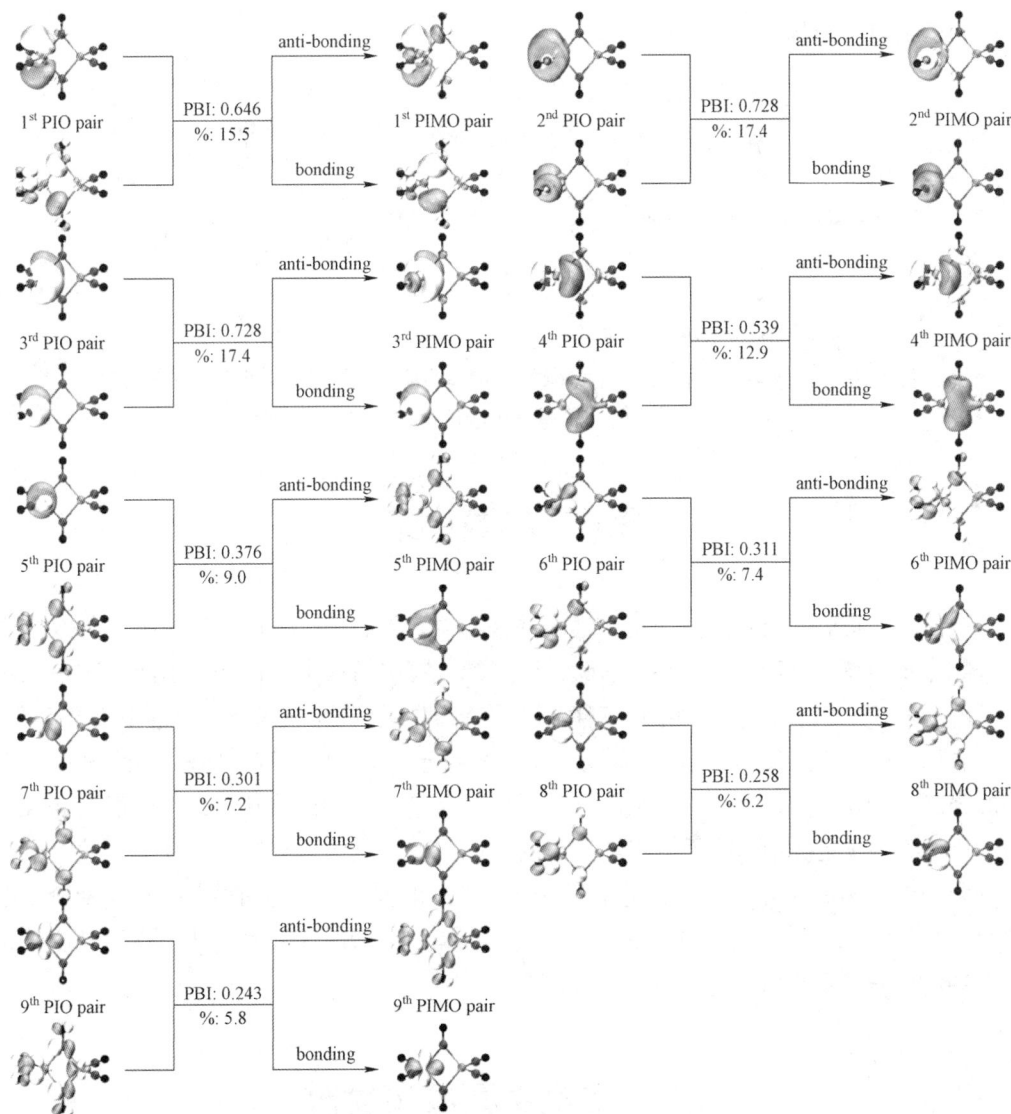

图 3-18　B3LYP/Ni/SDD＋2f1g/C、O/aug-cc-pVTZ 理论水平下，Ni$_2$(CO)$_6^-$的以 Ni^1 为一个片断，
剩余部分作为另一分子片断的 PIO 分析结果

　　总之，两个镍原子都获得了桥式配位羰基给予的共享电子对，而端式配位羰基只能贡献一对电子给它邻近的金属原子。这表明，桥式配位羰基配体可以不必强制指定为酮基，它也可以作为一个共享电子对给体，贡献一对电子给两个桥连的金属中心共享。18电子规则是现代无机和有机金属化学中重要的指导原则。对于当前的 Ni$_2$(CO)$_n^-$（n＝4～6）配合物，CMO 和 AdNDP 分析共同揭示了它们有一个特殊的单占据分子轨道，本质是纯粹的羰基配体分子轨道组合而来，而镍核中心的贡献忽略不计。因为，这个配体中心的单电子可以排除在中心金属原子的电子计数之外。如图 3-19 所示，如果只考虑填充 Ni-CO 成键轨道的价电子，在连续的 CO 吸附过程中，两个镍原子的电子组态从 Ni$_2$(CO)$_4^-$的(16,16)电子结构，变成 Ni$_2$(CO)$_5^-$的(16,18)电子结构，最终演变成 Ni$_2$(CO)$_6^-$的

(18,18)稳定电子结构。

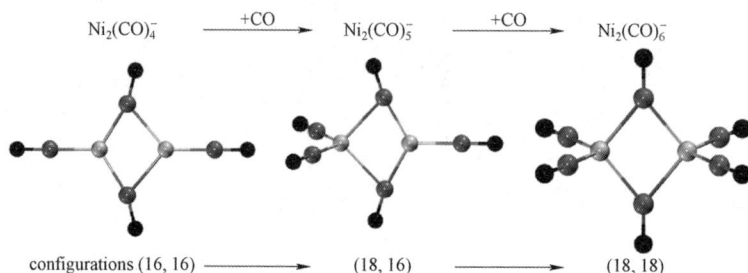

图 3-19　连续羰基吸附过程中 $Ni_2(CO)_n^-$（$n=4\sim6$）负离子配合物的几何结构和镍双核电子组态的演变

3.4　本章小结

在本章，我们通过负离子光电子速度成像结合理论计算，表征了气相制备的双核镍羰基配合物负离子 $Ni_2(CO)_n^-$（$n=4\sim6$）。这些配合物中的两个镍核中心由两个三中心两电子的 Ni—C—Ni 离域 σ 键连接。双桥结构在镍双核的连续羰基吸附过程中维持不变。结果表明，由 18 电子规则建议的金属–金属多重键，并非是过渡金属核满足 18 电子组态的强制性指南。相反，桥式羰基配体可以作为共享电子对的给体，最终实现 $Ni_2(CO)_6^-$ 中 Ni_2 双核的稳定(18,18)电子组态。当前的研究工作提供了理解桥式羰基配位的金属配合物中金属—金属相互作用的典型案例。当前工作提出的三中心两电子离域键概念，而非直接的两中心金属—金属键，给出了不同的视角，合理理解桥式羰基配位的过渡金属配合物中过渡金属双核的稳定(18,18)电子组态。

3.5　本章主要参考文献

[1] (a) WU X, ZHAO L L, JIN J Y, et al. Observation of alkaline earth complexes $M(CO)_8$(M＝Ca, Sr, or Ba) that mimic transition metals[J]. Science, 2018, 361(6405): 912-916; (b) CHI C X, WANG J Q, QU H, et al. Preparation and characterization of uranium-iron triple-bonded $UFe(CO)_3^-$ and $OUFe(CO)_3^-$ complexes[J]. Angew. Chem. Int. Ed., 2017, 56(24): 6932-6936; (c) WANG J Q, CHI C X, HU H S, et al. Triple bonds between iron and heavier group 15 elements in $AFe(CO)_3^-$(A＝As, Sb, Bi) complexes[J]. Angew. Chem. Int. Ed., 2018, 57(2): 542-546; (d) CHI C X, PAN S, MENG L Y, et al. Alkali metal covalent bonding in nickel carbonyl complexes $ENi(CO)_3^-$[J]. Angew. Chem. Int. Ed., 2019, 58(6): 1732-1738; (e) CHI C X, WANG J Q, HU H S, et al.

Quadruple bonding between iron and boron in the $BFe(CO)_3^-$ complex[J]. Nat. Commun., 2019, 10(1): 4713; (f) WANG J Q, CHI C X, LU J B, et al. Triple bonds between iron and heavier group-14 elements in the $AFe(CO)_3^-$ complexes(A = Ge, Sn, and Pb)[J]. Chem. Commun., 2019, 55(40): 5685-5688; (g) WANG J Q, CHI C X, HU H S, et al. Multiple bonding between group 3 metals and $Fe(CO)_3^-$[J]. Angew. Chem. Int. Ed., 2020, 59(6): 2344-2348.

[2] MOND L, LANGER C, QUINCKE F. L.-Action of carbon monoxide on nickel[J]. J. Chem. Soc. Trans., 1890, 57(0): 749-753.

[3] MORTON J R, PRESTON K F. EPR spectra and structures of three binuclear nickel carbonyls trapped in a krypton matrix: $Ni_2(CO)_8^+$, $Ni_2(CO)_7^-$, and $Ni_2(CO)_6^+$[J]. Inorg. Chem., 1985, 24(21): 3317-3319.

[4] CUI J M, WANG G J, ZHOU X J, et al. Infrared photodissociation spectra of mass selected homoleptic nickel carbonyl cluster cations in the gas phase[J]. Phys. Chem. Chem. Phys., 2013, 15(25): 10224-10232.

[5] (a) IGNATYEV I S, SCHAEFER III H F, KING R B, et al. Binuclear homoleptic nickel carbonyls: incorporation of ni—ni single, double, and triple bonds, $Ni_2(CO)_x$(x = 5, 6, 7)[J]. J. Am. Chem. Soc., 2000, 122(9): 1989-1994; (b) SCHAEFER III H F, KING R B. Unsaturated binuclear homoleptic metal carbonyls $M_2(CO)_x$(M = Fe, Co, Ni; x = 5, 6, 7, 8).Are multiple bonds between transition metals possible for these molecules?[J]. Pure Appl. Chem., 2001, 73(7): 1059-1073.

[6] GREEN J C, GREEN M L H, PARKIN G. The occurrence and representation of three-centre two-electron bonds in covalent inorganic compounds[J]. Chem. Commun., 2012, 48(94): 11481-11503.

[7] WILEY W C, MCLAREN I H. Time-of-flight mass spectrometer with improved resolution[J]. Rev. Sci. Instrum., 1955, 26(12): 1150-1157.

[8] DRIBINSKI V, OSSADTCHI A, MANDELSHTAM V A, et al. Reconstruction of abel-transformable images: the gaussian basis-set expansion abel transform method[J]. Rev. Sci. Instrum., 2002, 73(7): 2634-2642.

[9] HO J, ERVIN K M, LINEBERGER W C. Photoelectron spectroscopy of metal cluster anions: Cu_n^-, Ag_n^-, and Au_n^-[J]. J. Chem. Phys., 1990, 93(10): 6987-7002.

[10] FRISCH M J, TRUCKS G W, SCHLEGEL H B, et al. Gaussian 09[M]. Wallingford, CT: Gaussian, Inc., 2013.

[11] (a) FENG X J, GU J D, XIE Y M, et al. Homoleptic carbonyls of the second-row transition metals: evaluation of hartree-fock and density functional theory methods[J]. J. Chem. Theory Comput., 2007, 3(4): 1580-1587; (b) NARENDRAPURAPU B S, RICHARDSON N A, COPAN A V, et al. Investigating the effects of basis set on

83

metal-metal and metal-ligand bond distances in stable transition metal carbonyls: performance of correlation consistent basis sets with 35 density functionals[J]. J. Chem. Theory Comput., 2013, 9(7): 2930-2938.

[12] (a) PERDEW J P. Density-functional approximation for the correlation energy of the inhomogeneous electron gas[J]. Phys. Rev. B, 1986, 33(12): 8822-8824; (b) BECKE A D. Density-functional exchange-energy approximation with correct asymptotic behavior [J]. Phys. Rev. A, 1988, 38(6): 3098-3100.

[13] (a) LEE C, YANG W, PARR R G. Development of the colle-salvetti correlation-energy formula into a functional of the electron density[J]. Phys. Rev. B, 1988, 37(2): 785-789; (b) BECKE A D. Density-functional thermochemistry. III. The role of exact exchange[J]. J. Chem. Phys., 1993, 98(7): 5648-5652; (c) STEPHENS P J, DEVLIN F J, CHABALOWSKI C F, et al. Ab initio calculation of vibrational absorption and circular dichroism spectra using density functional force fields[J]. J. Phys. Chem., 1994, 98(45): 11623-11627.

[14] ADAMO C, BARONE V. Exchange functionals with improved long-range behavior and adiabatic connection methods without adjustable parameters: the mPW and mPW1PW Models[J]. J. Chem. Phys., 1998, 108(2): 664-675.

[15] MARTIN J M L, SUNDERMANN A. Correlation consistent valence basis sets for use with the stuttgart-dresden-bonn relativistic effective core potentials: the atoms Ga-Kr and In-Xe[J]. J. Chem. Phys., 2001, 114(8): 3408-3420.

[16] ZUBAREV D Y, BOLDYREV A I. Developing paradigms of chemical bonding: adaptive natural density partitioning[J]. Phys. Chem. Chem. Phys., 2008, 10(34): 5207-5217.

[17] GLENDENING E D, LANDIS C R, Weinhold F. Natural bond orbital methods[J]. WIREs Comput. Mol. Sci., 2012, 2(1): 1-42.

[18] BADRI Z, FOROUTAN-NEJAD C, KOZELKA J, et al. On the non-classical contribution in lone-pair-π interaction: IQA Perspective[J]. Phys. Chem. Chem. Phys., 2015, 17(39): 26183-26190.

[19] BADER R F W. Atoms in molecules[J]. Acc. Chem. Res., 1985, 18(1): 9-15.

[20] ZHANG J X, SHEONG F K, LIN Z Y. Unravelling chemical interactions with principal interacting orbital analysis[J]. Chem. Eur. J., 2018, 24(38): 9639-9650.

[21] LU T, CHEN F W. Multiwfn: a multifunctional wavefunction analyzer[J]. J. Comput. Chem., 2012, 33(5): 580-592.

[22] LIU Z L, BAI Y, LI Y, et al. Unsaturated binuclear homoleptic nickel carbonyl anions $Ni_2(CO)_n^-$ ($n=4-6$) featuring double three-center two-electron Ni-C-Ni Bonds[J]. Phys. Chem. Chem. Phys., 2020, 22(41): 23773-23784.

第 4 章

AgNi(CO)$_n^-$负离子的光电子速度成像研究

4.1　本章引言

过渡金属羰基配合物是现代金属化学中普遍存在的一类化合物，在多相和均相催化、有机金属合成和分解等方面有着重要的应用。研究过渡金属羰基化合物为理解金属表面的一氧化碳化学吸附、催化剂活性位点的成键和无机及有机金属化学中的金属-配体成键提供了理想的理论模型。一氧化碳与过渡金属间的相互作用可以引起化学键的断裂和形成，触发重要的催化反应。因此，文献报道了大量的关于过渡金属羰基配合物的理论和实验研究，尤其是这些配合物的光谱和结构性质。通常认为，过渡金属与一氧化碳间强的化学成键，得益于协同的化学成键作用，即从金属的 $d\pi$ 轨道到羰基的 $p\pi^*$ 轨道的 π 反馈作用和从羰基的占据 σ 轨道到金属空轨道的 σ 给予作用。

自从 1890 年报道了第一个过渡金属羰基配合物——四羰基镍以来[1]，这些二元过渡金属羰基配合物的结构、性质和应用已经得到广泛研究，并仍然是现代配位化学的主要研究内容。惰性气体固体基质中或气相制备同核的镍和银羰基配合物中性物种和离子，得到不同光谱技术结合理论计算的表征，包括紫外可见光谱、基质隔离红外吸收光谱、红外多光子解离光谱、电子自旋共振和光电子能谱等。例如，傅里叶变换微波谱确认了单羰基镍配合物的平衡几何和振动频率[2]。基质隔离红外吸收光谱和红外多光子解离光谱结合理论计算，成功用于探测同核的镍羰基配合物和同核的银羰基配合物的振动频率和基态结构。红外光谱确认了双羰基镍配合物是弯曲结构，而三羰基镍配合物是 D_{3h} 对称的平面正三角形[3]。单核、多核的羰基镍配合物负离子 Ni$_n$(CO)$_m^-$的光电子能谱揭示了相应中性羰基配合物的电子亲和能和振动频率[4]，其中双羰基镍配合物和三羰基镍配合物的对称 C—O 伸缩振动频率均为 2 100 cm^{-1}。碰撞诱导解离结合质谱技术应用于研究 Ni(CO)$_n^{+/-}$负、正离子和 Ag(CO)$_n^+$正离子的连续羰基结合能[5]。Ni(CO)$_n^-$负离子的羰基结合能和电子亲和能值可用于估算相关中性配合物 Ni(CO)$_n$ 的羰基结合能[6]。

除了同核过渡金属的羰基同配合物，越来越多的研究集中于气相的过渡金属异核羰基配合物。异核的过渡金属羰基配合物受到广泛关注，源自这类双金属化合物在各种重要过程的特殊化学反应性，例如双金属纳米颗粒优异的催化性能、可控的物理化学性质。Zhou 的课题组利用红外多光子解离光谱表征了一系列的异核过渡金属羰基配合物，包括 $CuFe(CO)_n^-$（$n=4\sim7$）[7]、$FeM(CO)_8^+$（$M=Co$, Ni, Cu）、$MCu(CO)_7^+$（$M=Co$，Ni）[8]、$FeZn(CO)_5^+$、$CoZn(CO)_7^+$[9]等。而 Tang 的课题组利用光电子速度成像能谱探测了许多的异核过渡金属羰基配合物负离子，如 $CuNi(CO)_n^-$（$n=2\sim4$）[10]、$MNi(CO)_3^-$（$M=Mg$, Ca，Al）[11]、$PbFe(CO)_4^-$[12]等。结合理论计算，这些光谱技术成功地解析了这些异核过渡金属羰基配合物的几何结构。

在上一章，我们介绍了同双核的镍羰基配合物，通过光电子速度成像结合理论计算研究了 $Ni_2(CO)_n^-$ 的几何结构、电子结构和化学成键性质。掺杂引入其他过渡金属，或其中的一个 Ni 原子替换成其他过渡金属原子，可以形成含镍的异核过渡金属羰基配合物，实现电子几何结构的调控。本章，我们利用质量选择的光电子速度成像能谱结合密度泛函理论计算，研究气相中异双核的银-镍羰基配合物。负离子的光电子速度成像是一种强大的实验技术，用于研究气相负离子的电子结构性质和动力学性质，可以同时获得光电子能谱和光电子角分布，测量中性羰基配合物的电子亲和能。此外，振动频率、谱项能、中性和负离子的键长都可以从负离子的光电子能谱获得。

本章我们将利用光电子速度成像探测 $AgNi(CO)_n^-$（$n=2$，3）的 355 nm 光电子脱附过程，结合密度泛函理论计算和 Franck-Condon 模拟，解析实验观测的结果。实验结果和理论值很好地吻合，有助于我们指认基态结构和振动频率。相对于二元不饱和镍羰基配合物，实验观测到 $AgNi(CO)_n^-$（$n=2$，3）的 C—O 振动频率发生了明显的红移，对于这一实验现象我们进行了分子轨道分析、自然电荷布局分析和能量分解分析-化学价自然轨道分析。

4.2 实验和理论方法

4.2.1 光电子速度成像

所有的实验操作是在自制的光电子速度成像装置上完成的，详细的仪器装置可以参考第 2 章。在载带了 2%一氧化碳的氦气氛围中，Nd：YAG 激光器发射的二倍频的 532 nm 激光溅射银-镍粉末混合物（摩尔比 Ni：Ag=1：1），在激光溅射团簇源中生成 $AgNi(CO)_n^-$（$n=2,3$）配合物负离子。脉冲阀用于调节进入真空的混合气体的流量，其滞止压力设置为 1～3 个大气压。生成的团簇冷却、膨胀进入源室，然后进入离子提取区。-1.2 kV 的脉冲高压用于垂直提取团簇负离子，并将其引入至 Wiley-McLaren 型的飞行时间质谱[13]。当前实验条件下利于生成 120～300 质核比（m/z）区间的团簇，此质量范围可以覆盖 AgNi(CO)$_n^-$（$n=2$，3）配合物负离子。

　　然后，质量选择感兴趣的 AgNi(CO)$_n^-$（$n=2$，3）配合物负离子，引入至激光脱附区，与 Nd：YAG 激光器发出的 355 nm 激光作用。光脱附区发射的光电子被改进的速度成像透镜[14]收集后，穿过 36 cm 的飞行管，投影到由 40 mm 直径的微通道板和荧光屏组成的探测器上。荧光屏后的 CCD 相机采集荧光屏的二维影像。每一张图像是以 10 Hz 的重复频率累加 50 000～100 000 次。所有的原始图像都经过基组展开反阿贝尔变换方法[15]进行重构，从中可以同时得到光电子能谱和光电子角分布信息。能谱绘制成光电子束缚能（eBE），其代表了脱附光子的能量（$h\nu$）和光电子动能（eKE）的差值（$eBE = h\nu - eKE$）。光电子能谱用已知的 Ag$^-$和 Au$^-$标准谱来校正[16]。仪器的能量分辨优于 5%，即在 1 eV 电子动能处优于 50 meV。

4.2.2　密度泛函理论计算

　　所有的理论计算都是高斯 09 软件包[17]执行的。其中包含了电子相关效应的密度泛函理论，是一种研究过渡金属羰基配合物的实用有效的计算方法。最近的理论校准研究表明，各种不同的密度泛函方法优势互补，关键在于对特定的体系选择合适的方法。由 Becke 的三参量泛函（B3）和 Lee-Yang-Parr 相关泛函（LYP）组成的 B3LYP 杂化泛函，在研究异核羰基团簇中表现突出[10, 12]，被选用于理论研究 AgNi(CO)$_n^{-/0}$（$n=1\sim3$）体系的几何和电子结构性质。AgNi(CO)$_n^{-/0}$（$n=1\sim3$）的基态结构搜索考虑了众多的同分异构体。合理设计的初始结构在 B3LYP 水平下优化，C 和 O 采用的是极化劈裂价键基组 $6-311+G*$，Ni 和 Ag 采用的是相对论 Stuttgart 小核有效核势和相应基组（SDD）。中性的 AgNi(CO)$_n$（$n=1\sim3$）同时优化了单重态和三重态的异构体，AgNi(CO)$_n^-$（$n=1\sim3$）负离子同时考虑了二重态和四重态异构体。通过频率计算来确认获得的结构是势能面上的真实极小值点。

　　上一步得到的基态结构进一步用放大的基组进行几何优化。Ni 和 Ag 原子采用的是 Martin 和 Sundermann 推荐的 Stuttgart 赝势基组，扩展了两个 f 极化函数和 1 个 g 极化函数[Ni：$\zeta(f)=1.182$，4.685，$\zeta(g)=3.212$；Ag：$\zeta(f)=0.732$，2.537，$\zeta(g)=1.587$]（缩写成 SDD+$2f1g$）[18]，对 C 和 O 原子采用的是扩展的相关一致极化三重 zeta 基组（aug-cc-pVTZ）。AgNi(CO)$_n$（$n=1\sim3$）中性配合物和对应负离子 AgNi(CO)$_n^-$ 基态平衡结构间的能量差代表了电子亲和能，而垂直脱附能则计算为保持负离子构型不变下的中性和负离子之间的能量差值。而且，通过分子轨道分析、自然布居分析和能量分解分析 – 化学价自然轨道分析[19]，讨论了不饱和二元镍羰基配合物的银原子掺杂促进的 C—O 键活化的原因。除了能量分解分析，其他的电子结构分析都是在 B3LYP/Ni、Ag/SDD+$2f1g$/C、O/aug-cc-pVTZ 理论水平下完成的。计算结果的可视化用 MOLEKEL 5.4 软件实现。

ADF 软件用于[20]执行能量分解分析 – 化学价自然轨道分析，在 B3LYP 理论水平下采用核电子考虑了冻芯近似的 TZ2P 基组，通过零级规则展开近似（ZORA）方法考量了标量相对论效应[21]。在能量分解分析方法中，两个片断间的相互作用能（ΔE_{int}）分解成 4 项，包括静电相互作用能（ΔE_{elstat}）、Pauli 排斥（ΔE_{Pauli}）、轨道相互作用能（ΔE_{orb}）和色散相互作用能（ΔE_{disp}）。因此，两个片断间的相互作用能（ΔE_{int}）可以定义为：

$$\Delta E_{int} = \Delta E_{elstat} + \Delta E_{Pauli} + \Delta E_{orb} + \Delta E_{disp}。$$

4.3 结果与讨论

4.3.1 光电子速度成像能谱

利用激光蒸发团簇源、激光溅射银 – 镍混合粉末压制而成的样品靶，产生的等离子体在团簇源的生长通道中，与氦载气所携带的一氧化碳气体反应，生成过渡金属团簇。其中的负离子团簇经飞行时间质谱探测，确认生成了银镍羰基配合物负离子 $AgNi(CO)_n^-$ 体系，如图 4-1[22]①所示。飞行时间质谱显示，当前的团簇源条件下溅射混合样品靶，除了生成感兴趣的 $AgNi(CO)_n^-$ 体系，还有上一章介绍的 $Ni_2(CO)_n^-$ 体系，也生成部分含铁的配合物，如 $Fe(CO)_4^-$ 和 $AgFe(CO)_4^-$ 等含铁配合物负离子，其中的 Fe 元素可能来自激光溅射点的不锈钢密封片。

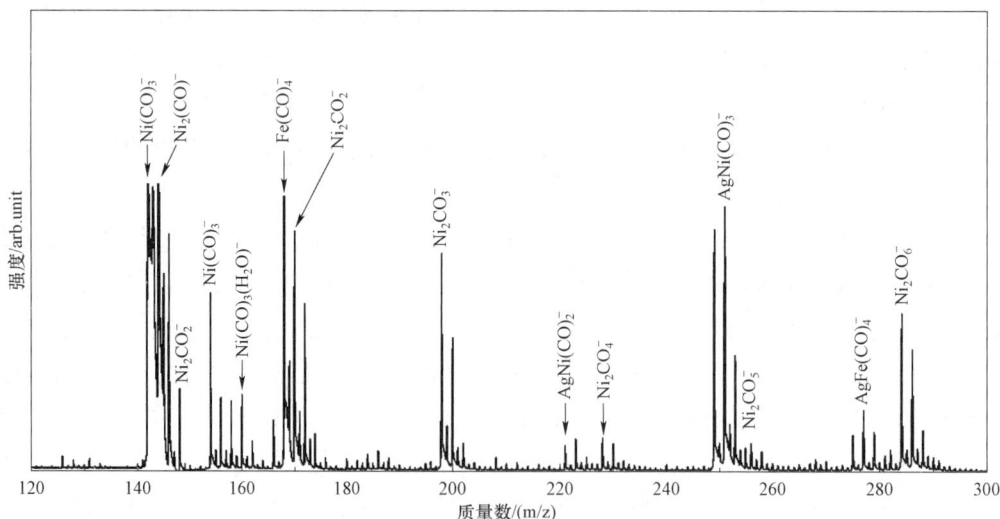

图 4-1　实验条件下脉冲激光蒸发 – 银粉末混合物制备的质核比区间为 120～300 的负离子的飞行时间质谱图

---

① 本章图表均引自参考文献[22]，经美国物理联合会出版社许可。

质量选择其中的 AgNi(CO)$_2^-$ 和 AgNi(CO)$_3^-$ 负离子，并利用负离子光电子速度成像能谱仪记录它们在 355 nm 激光作用下的光电子脱附过程，得到的光电子图像和对应的光电子能谱展示在图 4-2 中。实验采集的原始图像（黑色背底）展示了三维的光电子概率密度至成像探测平面的投影，而重构的图像（灰色背底）代表了从二维投影还原的三维分布的中心切片。激光的偏振方向用图中的双箭头表示。实验测量的绝热脱附能、垂直脱附能、羰基伸缩振动频率和光电子的各向异性参数 β 总结在表 4-1 中，并与 B3LYP/Ni、Ag/SDD$+2f1g$/C、O/aug-cc-pVTZ 理论水平下的计算值对比。

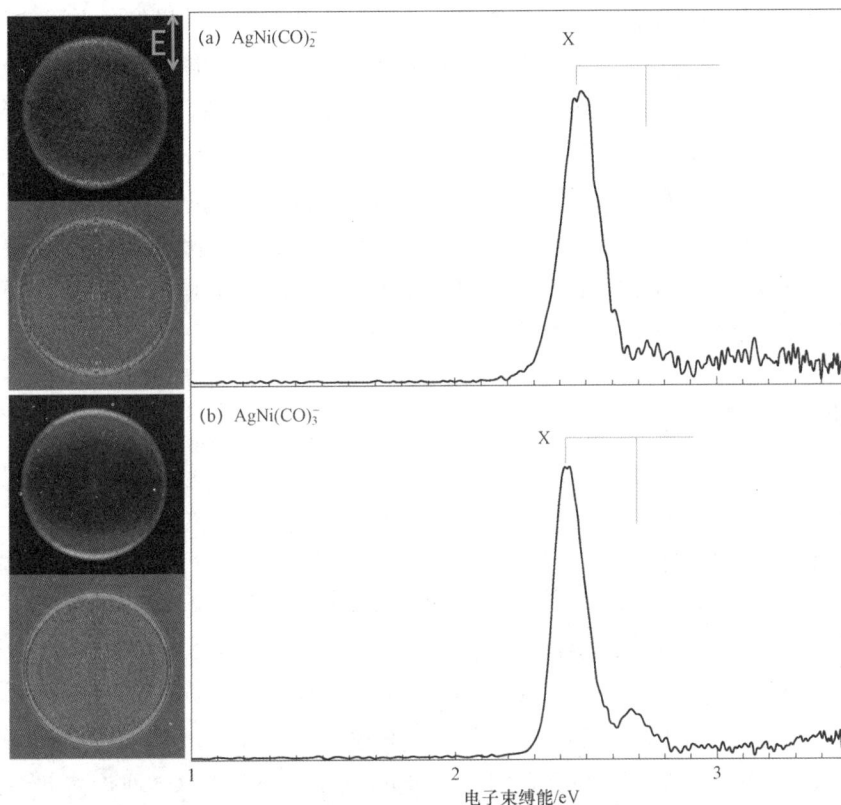

图 4-2　AgNi(CO)$_2^-$ 和 AgNi(CO)$_3^-$ 负离子的 355 nm 光电子图像和能谱：
左边黑色背景的图片代表采集的原始光电子成像图，
灰色背景的图片代表经反阿贝尔变换重构的光电子成像图；双箭头代表激光偏振的方向

表 4-1　AgNi(CO)$_n^-$（$n=2\sim3$）体系电子亲和能、垂直脱附能、羰基伸缩振动频率的实验值和 B3LYP/Ni、Ag/SDD$+2f1g$/C、O/aug-cc-pVTZ 水平下的理论值以及各向异性参数 β

物种	电子亲和能/eV		垂直脱附能/eV		CO 频率/cm^{-1}		β
	实验	理论	实验	理论	实验	理论	
AgNi(CO)$_2^-$	2.29	2.13	2.48	2.39	2 024	2 056	0.69
AgNi(CO)$_3^-$	2.32	2.39	2.42	2.51	2 028	2 065	0.79

AgNi(CO)$_n^-$（$n=2\sim3$）的 355 nm 光电子能谱只揭示了基态跃迁，标记为 **X**。在这些谱图中，每个物质都只观测到一个强的主谱带，高电子束缚区有一些相对更弱的亚谱带。这些谱带的能量间隔分别测定为（$2\,024\pm120$）cm^{-1} 和（$2\,028\pm120$）cm^{-1}，与 C—O 伸缩振动的频率一致，暗示着这些团簇存在端式配位的羰基。由于低的信噪比，更高电子束缚区的弱信号缺乏可分辨的特征。值得一提的是，当前光电子速度成像能谱中获得的异双核银–镍羰基配合物 C—O 伸缩振动频率，远小于以前文献报道的不饱和二元镍羰基配合物的频率[3]。从它 AgNi(CO)$_n^-$（$n=2\sim3$）基态跃迁峰的最强处，测得垂直脱附能分别为（2.48 ± 0.02）eV 和（2.42 ± 0.02）eV。因为主谱带缺少更精细的振动分辨，这些基态跃迁的绝热脱附能只能间接测量。通过对主谱带的上升沿作渐近线，其与横轴交叉点处的电子束缚能加上仪器的分辨率代表实验的绝热脱附能。AgNi(CO)$_n^-$（$n=2\sim3$）的绝热脱附能分别测定为（2.30 ± 0.03）eV 和（2.36 ± 0.03）eV，也代表了对应中性物种的电子亲和能。可以看出，银镍双核吸附羰基配体后，AgNi(CO)$_n^-$（$n=2\sim3$）的绝热脱附能比裸的 AgNi$^-$ 负离子的要大。光电子角分布测量得到 AgNi(CO)$_2^-$ 和 AgNi(CO)$_3^-$ 负离子主谱带的 β 值分别为 0.69 和 0.79，说明其基态跃迁是平行跃迁。此外，AgNi(CO)$_n^-$ 体系的光电子速度成像揭示的光谱特征与以前报道的 CuNi(CO)$_n^-$ 体系的类似[10]，表明二者体系有着相似的几何结构，如下述理论计算所证实的。

4.3.2 理论计算的几何结构

为了解析 AgNi(CO)$_n^{-/0}$（$n=1\sim3$）的几何和电子结构和指认实验光谱的归属，在密度泛函理论水平下对 AgNi(CO)$_n^{-/0}$（$n=1\sim3$）体系进行几何结构优化和化学成键分析。对于振动分析，B3LYP 理论水平下的 C—O 伸缩振动频率乘以一个 0.971 的校正因子，其对应于自由一氧化碳分子频率的实验值（$2\,143$ cm^{-1}）和 B3LYP 理论值（$2\,207$ cm^{-1}）的比值。

AgNi(CO)$_n^{-/0}$（$n=1\sim3$）几何结构的全局最优化搜索分两步进行。第一步是基于羰基配体在过渡金属核上的物理吸附、化学吸附和解离吸附等不同形式，合理构建了大量可能的候选结构，然后在 B3LYP/Ni，Ag/SDD/C，O/6-311＋G* 理论水平下，优化 AgNi(CO)$_n^{-/0}$（$n=1\sim3$）体系的初始结构，在优化过程中所有的原子完全弛豫。AgNi(CO)$_n^{-/0}$（$n=1\sim3$）体系优化得到的所有几何结构进行能量排序，分别汇总展示在图 4-3、图 4-4 和图 4-5 中。每一个结构的分子点群、电子态和 B3LYP/Ni、Ag/SDD/C、O/6-311＋G* 理论水平下的相对能量（相对于最稳定结构）等信息都展示在图中。从图中可以看出，对于银镍异双核，羰基配体的优先吸附方式是化学吸附，优先吸附位点是镍原子。AgNi(CO)$_n^{-/0}$（$n=1\sim3$）配合物体系的基态结构，无论是中性分子还是负离子，均是由羰基配体以碳原子端优先配位至镍原子形成的。其他类型的异构体，包括羰基端式配位至银原子，或桥式配位至银镍双核上，或是一氧化碳发生解离吸附（变成碳原子和氧原子），在热力学能量上要比基态结构至少高出 $0.375\sim1.157$ eV，暗示着这些基态结构具有很好的热力学稳定性。

(1)AgNiCO, $C_{\infty v}$, $^2\Sigma[0.000]$　　(2)AgNiCO, C_s, ^{2}A′[0.611]　　(3)AgNiCO, C_s, ^{2}A′[0.760]　　(4)AgNiCO, $C_{\infty v}$, $^2\Sigma[0.932]$

(5)AgNiCO, $C_{\infty v}$, $^2\Sigma[0.985]$　　(6)AgNiCO, C_1, ^{2}A[1.553]　　(7)AgNiCO, C_s, ^{4}A′[1.902]　　(8)AgNiCO, C_s, ^{2}A′[5.338]

(9)AgNiCO, C_s, ^{4}A′[6.051]

(10)AgNiCO$^-$, $C_{\infty v}$, $^1\Sigma[0.000]$　　(11)AgNiCO$^-$, C_s, ^{3}A′[0.908]　　(12)AgNiCO$^-$, C_s, ^{3}A′[1.413]　　(13)AgNiCO$^-$, C_s, $^1\Sigma[2.057]$

(14)AgNiCO$^-$, C_s, ^{1}A′[2.811]　　(15)AgNiCO$^-$, C_s, ^{1}A′[4.749]

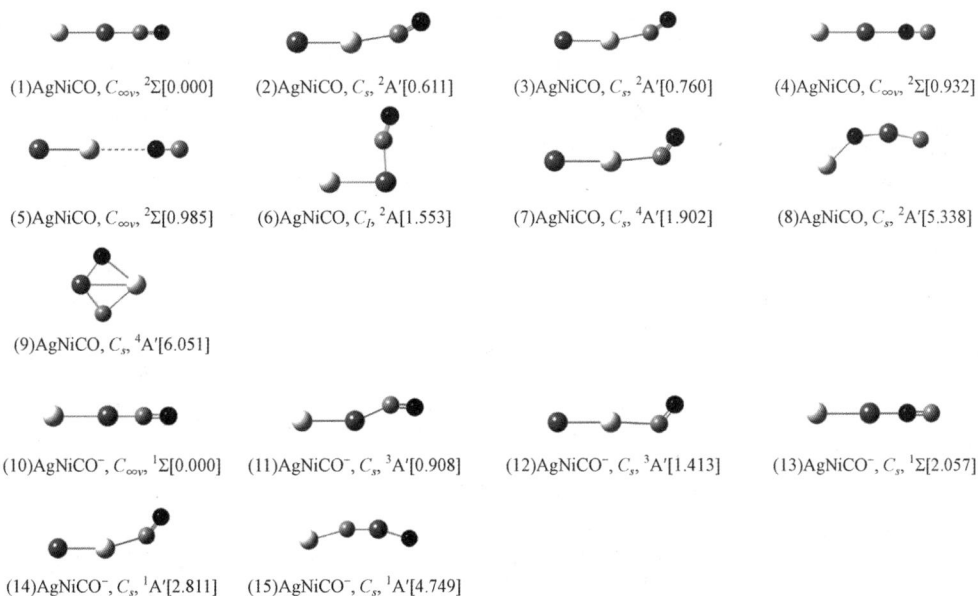

图 4-3　B3LYP/Ni、Ag/SDD/C、O/6-311＋G*理论水平优化的 AgNiCO$^{-/0}$结构：
展示了每一个结构的点群、电子态、相对于负离子基态的能量值（eV）；
Ag、Ni、C 和 O 原子分别用白色、深灰色、浅灰色和黑色小球表示

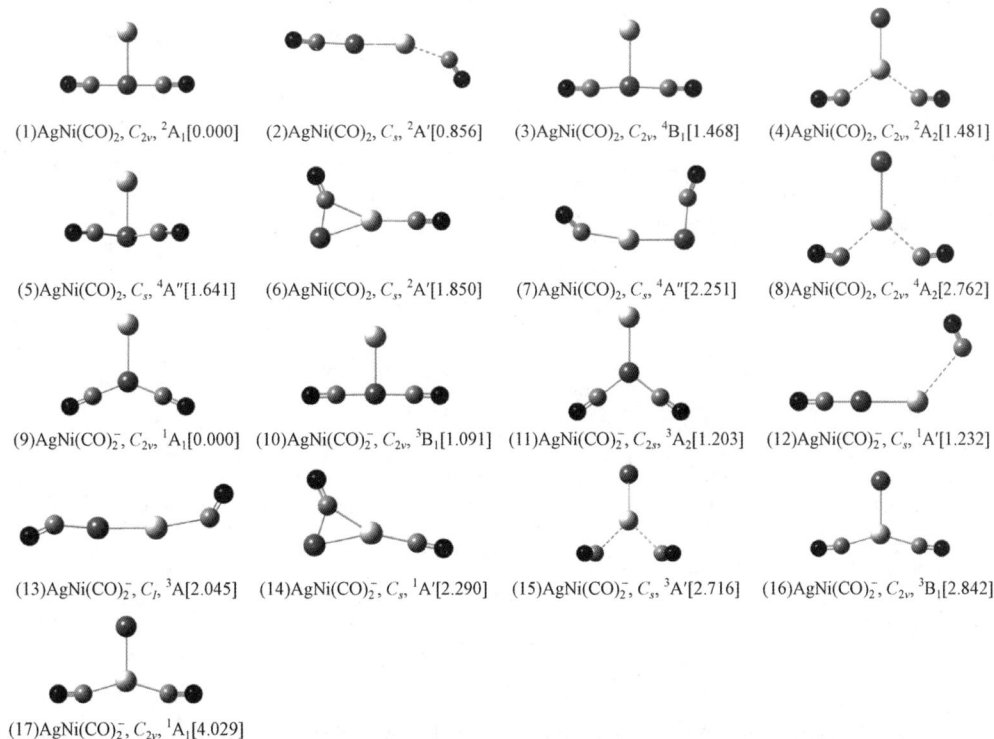

(1)AgNi(CO)$_2$, C_{2v}, ^{2}A$_1$[0.000]　　(2)AgNi(CO)$_2$, C_s, ^{2}A′[0.856]　　(3)AgNi(CO)$_2$, C_{2v}, ^{4}B$_1$[1.468]　　(4)AgNi(CO)$_2$, C_{2v}, ^{2}A$_2$[1.481]

(5)AgNi(CO)$_2$, C_s, ^{4}A″[1.641]　　(6)AgNi(CO)$_2$, C_s, ^{2}A′[1.850]　　(7)AgNi(CO)$_2$, C_s, ^{4}A″[2.251]　　(8)AgNi(CO)$_2$, C_{2v}, ^{4}A$_2$[2.762]

(9)AgNi(CO)$_2^-$, C_{2v}, ^{1}A$_1$[0.000]　　(10)AgNi(CO)$_2^-$, C_{2v}, ^{3}B$_1$[1.091]　　(11)AgNi(CO)$_2^-$, C_{2v}, ^{3}A$_2$[1.203]　　(12)AgNi(CO)$_2^-$, C_s, ^{1}A′[1.232]

(13)AgNi(CO)$_2^-$, C_1, ^{3}A[2.045]　　(14)AgNi(CO)$_2^-$, C_s, ^{1}A′[2.290]　　(15)AgNi(CO)$_2^-$, C_s, ^{3}A′[2.716]　　(16)AgNi(CO)$_2^-$, C_{2v}, ^{3}B$_1$[2.842]

(17)AgNi(CO)$_2^-$, C_{2v}, ^{1}A$_1$[4.029]

图 4-4　B3LYP/Ni、Ag/SDD/C、O/6-311＋G*理论水平优化的 AgNi(CO)$_2^{-/0}$结构：
展示了每一个结构的点群、电子态、相对于负离子基态的能量值（eV）；
Ag、Ni、C 和 O 原子分别用白色、深灰色、浅灰色和黑色小球表示

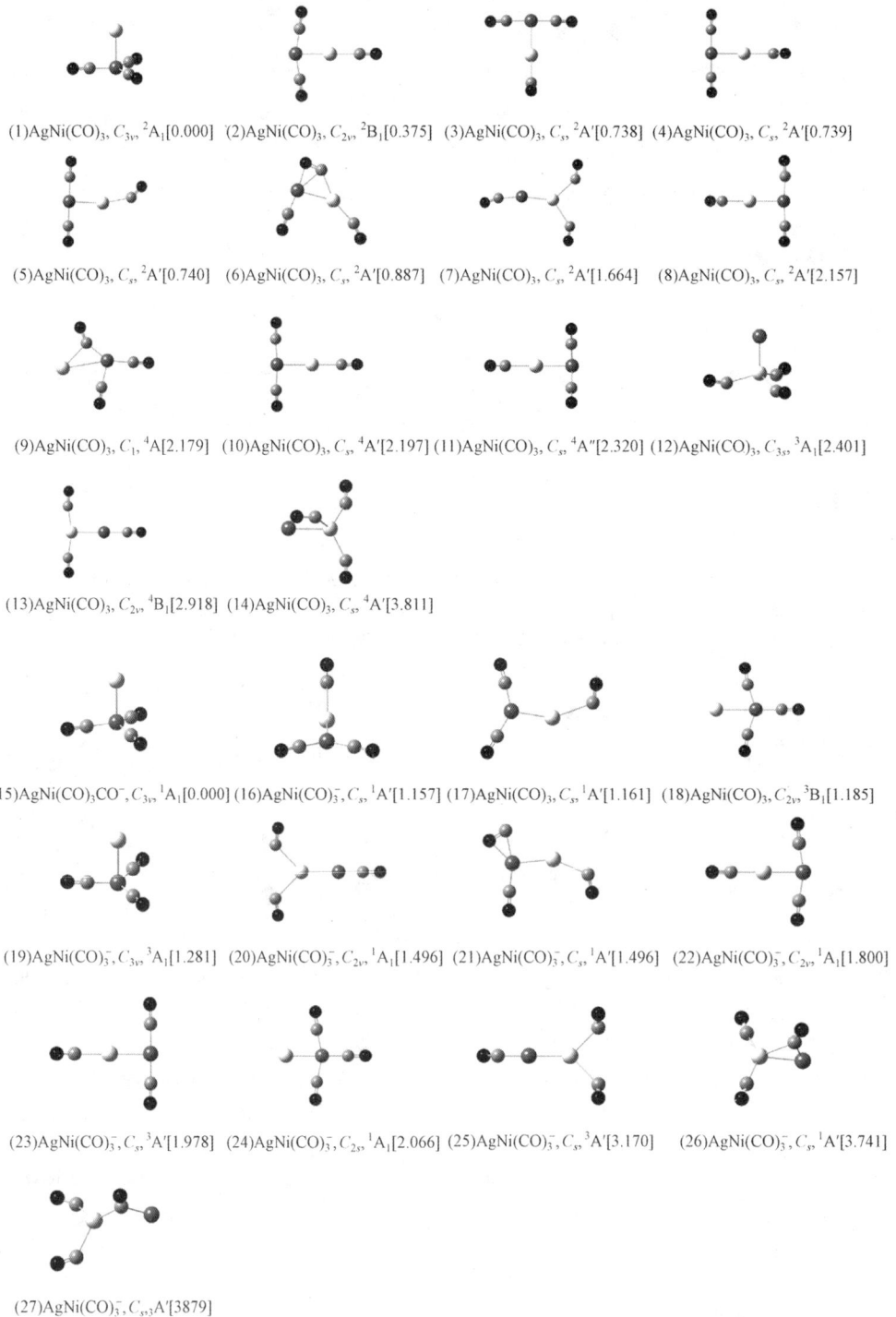

(1)AgNi(CO)₃, C_{3v}, $^2A_1$[0.000]　(2)AgNi(CO)₃, C_{2v}, $^2B_1$[0.375]　(3)AgNi(CO)₃, C_s, $^2A'$[0.738]　(4)AgNi(CO)₃, C_s, $^2A'$[0.739]

(5)AgNi(CO)₃, C_s, $^2A'$[0.740]　(6)AgNi(CO)₃, C_s, $^2A'$[0.887]　(7)AgNi(CO)₃, C_s, $^2A'$[1.664]　(8)AgNi(CO)₃, C_s, $^2A'$[2.157]

(9)AgNi(CO)₃, C_1, ^4A[2.179]　(10)AgNi(CO)₃, C_s, $^4A'$[2.197]　(11)AgNi(CO)₃, C_s, $^4A''$[2.320]　(12)AgNi(CO)₃, C_{3v}, $^3A_1$[2.401]

(13)AgNi(CO)₃, C_{2v}, $^4B_1$[2.918]　(14)AgNi(CO)₃, C_s, $^4A'$[3.811]

(15)AgNi(CO)₃CO⁻, C_{3v}, $^1A_1$[0.000]　(16)AgNi(CO)₃⁻, C_s, $^1A'$[1.157]　(17)AgNi(CO)₃, C_s, $^1A'$[1.161]　(18)AgNi(CO)₃, C_{2v}, $^3B_1$[1.185]

(19)AgNi(CO)₃⁻, C_{3v}, $^3A_1$[1.281]　(20)AgNi(CO)₃⁻, C_{2v}, $^1A_1$[1.496]　(21)AgNi(CO)₃⁻, C_s, $^1A'$[1.496]　(22)AgNi(CO)₃⁻, C_{2v}, $^1A_1$[1.800]

(23)AgNi(CO)₃⁻, C_s, $^3A'$[1.978]　(24)AgNi(CO)₃⁻, C_{2s}, $^1A_1$[2.066]　(25)AgNi(CO)₃⁻, C_s, $^3A'$[3.170]　(26)AgNi(CO)₃⁻, C_s, $^1A'$[3.741]

(27)AgNi(CO)₃⁻, C_s,3A'[3879]

图 4-5　B3LYP/Ni、Ag/SDD/C、O/6-311＋G*理论水平优化的 AgNi(CO)₃⁻/⁰ 结构：
展示了每一个结构的点群、电子态、相对于负离子基态的能量值（eV）；
Ag、Ni、C 和 O 原子分别用白色、深灰色、浅灰色和黑色小球表示

为了获得与实验数据较好的一致性，在 B3LYP/Ni、Ag/SDD＋2*f*1*g*/C、O/aug-cc-pVTZ

理论水平下对上一步优化得到基态结构重新优化，得到的几何结构描绘如图 4-6 所示，详细的键长、键角等结构参数也展示在该图中。AgNi(CO)$_n^{-/0}$（$n=1\sim3$）体系结构类似以前报道的 CuNi(CO)$_n^{-/0}$（$n=1\sim3$）体系[10]。中性和负离子的 AgNiCO 的几何优化均得到一个线性结构，其中羰基端式配位至镍原子。类似地，AgNi(CO)$_2$ 和 AgNi(CO)$_2^-$ 基态结构中的两个羰基配体均端式配位至镍原子。中性 AgNi(CO)$_2$ 的基态是 C_{2v} 对称的 $^2A_1$ 电子态，可以看作准线性的二羰基镍的镍原子结合一个银原子，形成 T 形结构。AgNi(CO)$_2^-$ 负离子的基态是 Y 形结构的 $^1A_1$ 单重态，结构类似于对应的中性物种，只是 Ni(CO)$_2$ 变成弯曲的。AgNi(CO)$_3$ 和 AgNi(CO)$_3^-$ 均为 C_{3v} 对称，所有的羰基配体都端式配位至镍原子上。因此，AgNi(CO)$_3$ 和 AgNi(CO)$_3^-$ 的基态结构可以看作是一个银原子结合于三羰基镍片断的镍中心而形成的伞形结构。

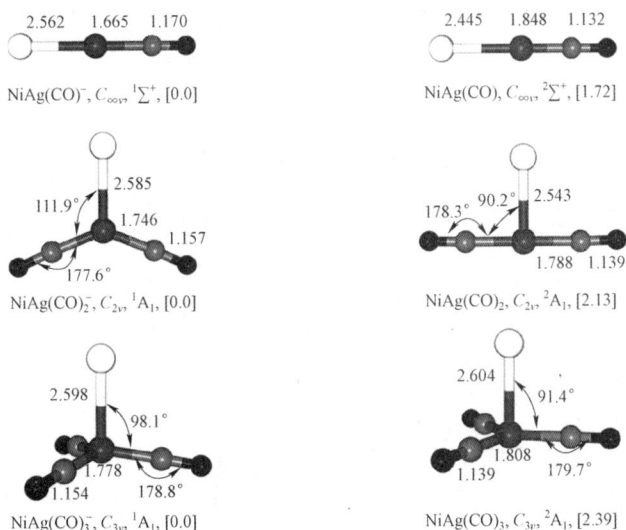

图 4-6　B3LYP/Ni、Ag/SDD+2f1g/C、O/aug-cc-pVTZ 理论水平下优化得到的 AgNi(CO)$_n^{-/0}$（$n=1\sim3$）的基态结构：

Ag、Ni、C 和 O 原子分别表示为白色、浅黑色、灰色和深黑色小球。键长和键角标注在对应位置；图中展示了每一个结构的点群、电子态、相对于负离子基态的能量值（eV）

4.3.3　实验与理论对比

光电子成像速度成像实验中测量得到了 AgNi(CO)$_n^-$（$n=2\sim3$）体系的绝热脱附能、垂直脱附能和振动频率等光谱参数，这为理论解析光电子能谱提供了重要的实验参考数据。B3LYP/Ni、Ag/SDD+2f1g/C、O/aug-cc-pVTZ 理论水平下计算了 AgNi(CO)$_2^-$ 基态跃迁的绝热脱附能和垂直脱附能，分别预测为 2.13 eV 和 2.39 eV，与实验值合理一致。通常，光脱附过程中全对称振动模可能被激活。AgNi(CO)$_2$ 的 C—O 对称伸缩振动频率理论预测为 2 056 cm^{-1}，与实验观测到的振动能量间隔一致。在相同的密度泛函理论水平下，AgNi(CO)$_3^-$ 的绝热脱附能和垂直脱附能计算值分别为 2.39 eV 和 2.51 eV，与实验数值符合。

AgNi(CO)₃ 的 C—O 对称伸缩振动频率预测为 2 065 cm⁻¹，与谱图中的振动序列很好地对应。

为了进一步确认几何结构、光谱归属和获得更可靠的电子亲和能，基于密度泛函理论计算的结果，我们利用 PESCAL 软件展开了 Franck-Condon 模拟。模拟的光电子谱图描绘在图 4-7 中，并与实验能谱做对比。模拟的谱图用黑色散点图表示，而竖线则代表模拟揭示的单个振动跃迁的相对强度。值得一提的是，模拟的谱带起点一开始设置为上述的绝热脱附能，然后不断优化调整以实现实验谱图和模拟谱的最佳匹配。通过这种方式，AgNi(CO)₂⁻ 和 AgNi(CO)₃⁻ 的绝热脱附能重新测定为（2.29±0.03）eV 和（2.32±0.03）eV。从图中可以看出，基于理论计算几何结构的 Franck-Condon 模拟很好地再现了整个实验谱图。Franck-Condon 模拟证实观测到的精细结构来源于对称的 C—O 伸缩振动，这也提供了指认配合物几何结构的可靠证据。

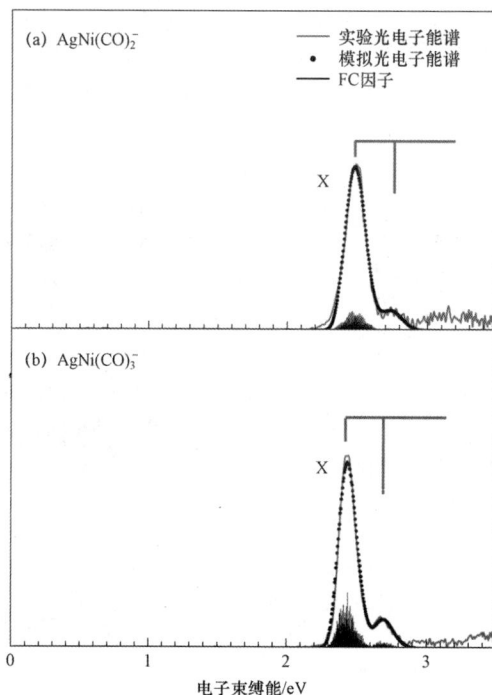

图 4-7　AgNi(CO)₂⁻ 和 AgNi(CO)₃⁻ 负离子的 Franck-Condon 模拟能谱：
黑色的散点构成的曲线代表 Franck-Condon 模拟能谱曲线，
黑色的短竖线代表 Franck-Condon 因子；作为参考，实验光电子能谱用灰色曲线表示

通过对比光电子能谱实验测量和密度泛函理论水平下计算的电子亲和能、垂直脱附能和羰基振动频率等光谱参数，结合 Franck-Condon 模拟，确定 AgNi(CO)₂⁻ 和 AgNi(CO)₃⁻ 的几何结构分别为平面三角形和四面体。其空间结构可以近似为，一个 Ag⁻ 负离子分别取代了平面三角形的 Ni(CO)₃ 和四面体型的 Ni(CO)₄ 镍羰基配合物中的一个羰基配体，保留了原来的空间结构；或者，一个 Ag⁻ 负离子作为一个金属配体，掺杂至不饱和的 Ni(CO)₂ 和 Ni(CO)₃ 镍羰基配合物中的镍原子上，原来的准线性和平面三角形结构分别演变成平面三角形和立体的四面体。

当前研究的 AgNi(CO)$_n$（$n=2\sim3$）体系显示羰基配体优先吸附至镍原子上。银原子作为一个特殊的金属配体，配位至二元不饱和的羰基镍上。AgNi(CO)$_2$ 和 AgNi(CO)$_3$ 可以看作是由两个结构单元构成，即银原子和 Ni(CO)$_2$ 构成 AgNi(CO)$_2$，AgNi(CO)$_3$ 由 Ag 和 Ni(CO)$_3$ 两部分组成，其中银原子可以近似为一个类卤素配体。如果再贴附一个电子形成负离子团簇，银原子负离子和羰基配体间的排斥作用增强，诱导准线性的 Ni(CO)$_2$ 和准平面的 Ni(CO)$_3$ 部分发生形变，其中的羰基配体朝银原子的反方向弯曲。类似的结构特征同样也存在于以前报道的 CuNi(CO)$_n^-$（$n=2\sim4$）[10] 和 MNi(CO)$_3^-$（$M=$Mg，Ca，Al）配合物[11]中。

4.3.4 羰基频率红移的理论分析

实验和理论的合理一致性，确认了异核银–镍羰基配合物的几何结构。AgNi(CO)$_2^-$ 和 AgNi(CO)$_3^-$ 的振动分辨光电子能谱，揭示了 AgNi(CO)$_2$ 和 AgNi(CO)$_3$ 中性分子中归属于羰基伸缩的振动频率，分别为 $2\,024\pm120\ \text{cm}^{-1}$ 和 $2\,028\pm120\ \text{cm}^{-1}$。有趣的是，该数值均小于不饱和的二元镍羰基配合物 Ni(CO)$_2$ 和 Ni(CO)$_3$，即羰基振动频率相对发生了红移。这一实验现象暗示着，过渡金属取代或掺杂可能诱导羰基配位分子化学键的削弱，表现出相对红移的羰基振动频率。

为了解析实验观测到的羰基频率相对红移的实验现象，采用多种量子化学成键分析方法解析了 AgNi(CO)$_n^-$（$n=2\sim3$）负离子的化学成键。AgNi(CO)$_2^-$ 基态预测为$\cdots(5b_1)^2$ $(14a_1)^2(10b_2)^2(15a_1)^2$ 价电子组态的 $C_{2v}(^1A_1)$，而 AgNi(CO)$_3^-$ 基态的价电子组态为$\cdots(12e)^4(12a_1)^2(13e)^4(13a_1)^2$。AgNi(CO)$_2^-$ 和 AgNi(CO)$_3^-$ 的 Kohn-Sham 前线分子轨道轮廓分别展示在图 4-8 和图 4-9 中。分子轨道的轮廓图形揭示了它们的成键本质。

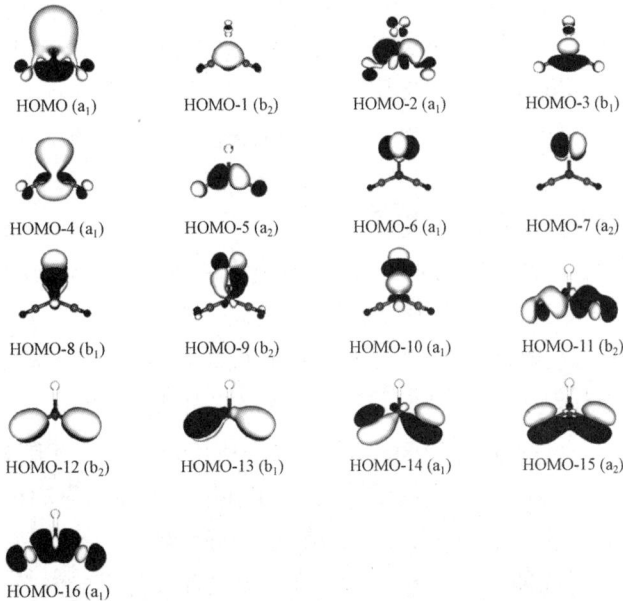

图 4-8　B3LYP/Ni、Ag/SDD+2f1g/C、O/aug-cc-pVTZ 理论水平计算的 AgNi(CO)$_2^-$基态的价电子分子轨道

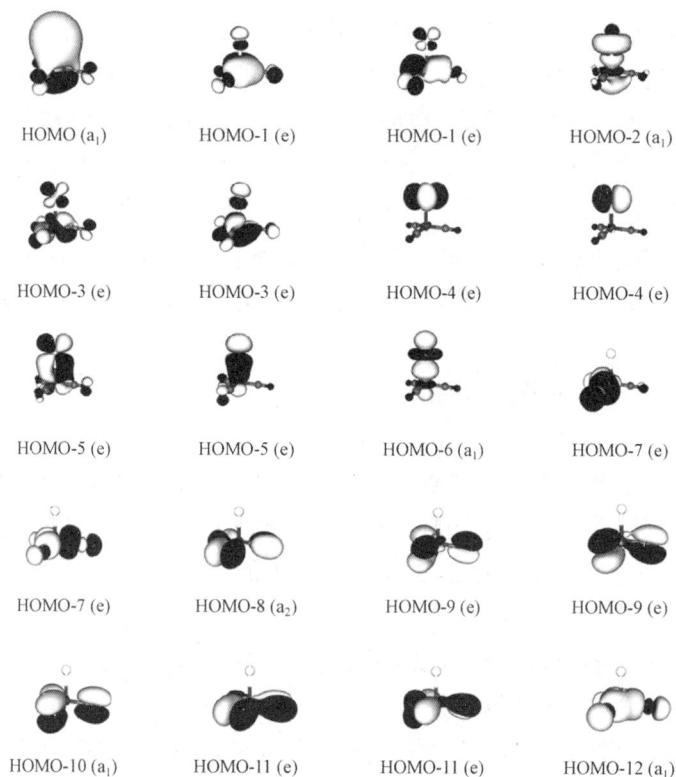

图 4-9　B3LYP/Ni、Ag/SDD＋2flg/C、O/aug-cc-pVTZ 理论水平计算的 AgNi(CO)$_3^-$ 基态的价电子分子轨道

对于两个配合物负离子，最高占据分子轨道对应于相关中性物种的单占据轨道。从最高占据轨道脱附一个电子会生成电子二重态的中性物种。如图 4-8 和图 4-9 所示，AgNi(CO)$_2^-$ 和 AgNi(CO)$_3^-$ 的最高占据轨道主要由 Ag 的 5s 原子轨道组成，以及 CO 配体的 $p\pi^*$ 贡献。最高占据轨道的本质与基态跃迁的光电子角分布特征是一致的。从这样的分子轨道中光脱附一个电子，会激活 C—O 伸缩振动，它们的振动频率揭示在 355 nm 能谱中。

通常，过渡金属羰基配合物的成键可用 Dewar、Chatt 和 Duncanson 等人提出的 DCD 化学键模型[23]来衡量。该模型认为 C—O 伸缩振动频率受到协同的电荷转移作用影响，即 σ 给予和 π 反馈。σ 给予作用中，羰基沿着金属—CO 键轴贡献其最高占据轨道的电子密度给金属原子的空轨道。早期认为羰基的最高占据轨道有部分的反键特征，因此，σ 给予作用会增强 C—O 键，从而导致 C—O 伸缩振动频率的蓝移（大于 2 143 cm^{-1}）。然而，最近 Krogh-Jespersen、Frenking 等研究则给出蓝移的不同解释，强调静电效应比 σ 给予作用更重要，即认为蓝移是由正电荷靠近羰基配体产生的极化作用引起的。π 反馈作用中，电子密度从金属部分充满的 d 轨道转移至羰基的反键空轨道。金属 d 轨道和羰基的 $p\pi^*$ 反键轨道间的空间重叠、组合可以实现有效的反馈作用。额外的电子进入羰基的 $p\pi^*$ 反键轨道，会引起 C—O 键强度的弱化，呈现经典的红移（频率小于

2 143 cm^{-1}）。这些研究表明，金属—CO 成键涉及 σ 给予、π 反馈和静电效应间复杂的协同作用。

从图 4-8 和图 4-9 中展示的 AgNi(CO)$_n^-$（$n=2\sim3$）分子轨道，可定性地理解 DCD 模型。AgNi(CO)$_2^-$的 HOMO-16 和 AgNi(CO)$_3^-$的 HOMO-12 代表了二元不饱和镍羰基部分的 Ni-CO 的 σ 给予作用，而 AgNi(CO)$_2^-$的 HOMO-2、HOMO-3、HOMO-4、HOMO-5 和 AgNi(CO)$_3^-$的简并的 HOMO-1、HOMO-3 和 HOMO-5 呈现了 Ni—CO 的 π 反馈作用。因此，以前的基质隔离红外吸收光谱和光电子能谱中观测到的镍羰基配合物的羰基振动频率，相对于自由 CO 分子发生了红移。然而，必须指出的是，当前光电子速度成像实验测量的银 – 镍羰基配合物 AgNi(CO)$_n$（$n=2\sim3$）的 C—O 伸缩振动频率，相对于对应不饱和的二元镍羰基配合物 Ni(CO)$_n$（$n=2\sim3$），发生了显著的红移，暗示着引入一个银原子至羰基镍部分，实现了对羰基反键轨道的更有效的电子反馈作用。

能量分解分析 – 化学价自然轨道分析可以给出 AgNi(CO)$_n$（$n=2\sim3$）的电子供体和受体相互作用的深刻理解。AgNi(CO)$_2$ 以 Ni(CO)$_2$($^1A_1$)和 Ag(^{2}S)为片断，AgNi(CO)$_3$ 以 Ni(CO)$_3$($^1A_1$)和 Ag(^{2}S)为片断，B3LYP/TZ2P 理论水平下能量分解分析 – 化学价自然轨道分析的数值结果列在表 4-2 中。对于 AgNi(CO)$_n$（$n=2\sim3$）体系，静电相互作用对总的吸引作用的贡献大，但静电相互作用能无法完全抵消不稳定的 Pauli 排斥作用能，而轨道相互作用的贡献虽小些，但不可忽略。显然，轨道相互作用主要来源于两个片断之间的 σ 键相互作用。能量分解分析 – 化学价自然轨道方法同时通过图形化展示来直观地呈现有关成对轨道相互作用的电子结构变化。图 4-10 展示了两个片断之间最重要的一对分子轨道和相应的形变密度 Δρ，电子的流向是从黑色流向白色的。Δρ(σ)的形状表明，电子密度是从银原子的 5s 轨道转移至 Ni(CO)$_n$（$n=2\sim3$）的羰基配体 pπ* 反键轨道。

表 4-2　B3LYP/TZ2P 理论水平下 AgNi(CO)$_n$（$n=2\sim3$）两个金属间相互作用的 EDA-NOCV 分析

配合物	Ag-Ni(CO)$_2$	Ag-Ni(CO)$_3$
ΔE_{int}	−16.3	−11.8
ΔE_{Pauli}	59.4	49.1
ΔE_{elstat}	−47.3	−37.3
ΔE_{orb}	−28.4	−23.6
$\Delta E_{orb(\sigma)}$	−26.2	−22.6

银原子掺杂至二元羰基镍分子上会增加镍原子的负电荷，从而有利于电子反馈作用，具体见表 4-3 中的自然布局。AgNi(CO)$_n$（$n=2\sim3$）中银原子的净电荷为正，意味着 Ni(CO)$_n$ 从银原子中获得了电子密度。这促进了更有效地向羰基配体反键轨道的电子反馈，从而导致 C—O 键减弱和相应的更低的 C—O 伸缩振动频率。从图 4-8 和图 4-9 可以看出，掺杂的银原子可以通过两种方式参与 π 反馈键作用。一方面，银原子的 5s 轨道垂直作用于由 CO 的 pπ* 反键轨道组成的大 π 键，直接参与了 π 反馈键作用（见图 4-8 和图 4-9 中的最高占据轨道）。另一方面，银原子间接参与了 π 反馈键作用，通

过 $4d$ 轨道与镍原子的 $3d$ 轨道重叠形成 $d\pi$ 键，而镍原子的 $3d$ 轨道同时直接与羰基的 $p\pi*$ 反键轨道重叠，形成了 d-$p\pi$ 键（例如，图 4-9 中的 HOMO-5）。这些有趣的发现表明，过渡金属掺杂可以促进对金属团簇吸附羰基配体的化学键削弱。研究结果有助于形象地理解过渡金属合金表面上的羰基吸附和更高的催化活性。

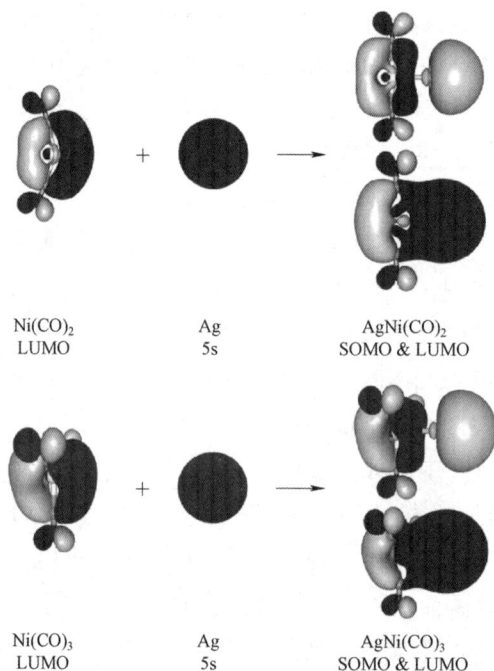

图 4-10 $AgNi(CO)_n$（$n=2\sim3$）中性配合物的成对轨道相互作用的形变密度 $\Delta\rho$、成对的分子片断前线分子轨道图和二者组合的成键分子轨道和反键分子轨道

表 4-3 $AgNi(CO)_n^{-/0}$（$n=2\sim3$）和 $Ni(CO)_n$（$n=2\sim3$）配合物的自然原子电荷和自然价电子组态

物种	原子	净电荷	自然电子组态	物种	原子	净电荷	自然电子组态
$Ni(CO)_2$	Ni	-0.116	$[core]4s^{0.65}3d^{9.28}4p^{0.18}$	$Ni(CO)_3$	Ni	-0.492	$[core]4s^{0.53}3d^{9.20}4p^{0.76}$
	C	0.496	$[core]2s^{1.34}2p^{2.11}3s^{0.04}5p^{0.01}$		C	0.602	$[core]2s^{1.28}2p^{2.05}4s^{0.04}5p^{0.01}$
	O	-0.438	$[core]2s^{1.70}2p^{4.70}3d^{0.03}$		O	-0.438	$[core]2s^{1.70}2p^{4.70}3d^{0.03}$
$AgNi(CO)_2$	Ni	-0.288	$[core]4s^{0.65}3d^{9.19}4p^{0.45}4d^{0.01}$	$AgNi(CO)_2^{-}$	Ni	-0.500	$[core]4s^{059}3d^{9.21}4p^{0.70}4d^{0.01}$
	C	0.528	$[core]2s^{1.29}2p^{2.13}3s^{0.03}3p^{0.02}$		C	0.517	$[core]2s^{1.30}2p^{2.13}3s^{0.03}5p^{0.01}$
	O	-0.431	$[core]2s^{1.70}2p^{4.69}3d^{0.03}$		O	-0.544	$[core]2s^{1.70}2p^{4.80}3p^{0.013}3d^{0.03}$
	Ag	0.094	$[core]5s^{0.91}4d^{9.97}5p^{0.02}$		Ag	-0.446	$[core]5s^{1.46}4d^{9.97}5p^{0.02}$
$AgNi(CO)_3$	Ni	-0.835	$[core]4s^{0.53}3d^{9.18}4p^{1.13}$	$AgNi(CO)_3^{-}$	Ni	-1.093	$[core]4s^{0.50}3d^{9.15}4p^{1.45}$
	C	0.634	$[core]2s^{1.24}2p^{2.06}4s^{0.04}5p^{0.02}$		C	0.650	$[core]2s^{1.22}2p^{2.06}4s^{0.04}4p^{0.02}$
	O	-0.446	$[core]2s^{1.70}2p^{4.71}3d^{0.03}$		O	-0.545	$[core]2s^{1.70}2p^{4.81}3p^{0.013}3d^{0.03}$
	Ag	0.271	$[core]5s^{0.72}4d^{9.98}5p^{0.04}$		Ag	-0.222	$[core]5s^{1.22}4d^{9.97}5p^{0.04}$

4.4　本章小结

　　本章，我们通过负离子光电子速度成像光谱结合理论计算，研究了 AgNi(CO)$_n^{-/0}$（$n=2\sim3$）体系的几何结构和化学成键。实验测量的绝热脱附能和 C—O 伸缩振动频率是银–镍羰基配合物的重要光谱性质。通过光电子速度成像的实验结果和理论的预测值、Franck-Condon 模拟的能谱进行对比，确认了 AgNi(CO)$_n^{-/0}$（$n=2\sim3$）体系的几何结构。AgNi(CO)$_2^-$是 Y 形的基态结构（C_{2v}, $^1A_1$），AgNi(CO)$_2$ 则是 T 形的基态结构（C_{2v}, $^2A_1$）。AgNi(CO)$_3^-$ 和 AgNi(CO)$_3$ 基态结构均为 C_{3v} 对称的三角锥形。当前研究的 AgNi(CO)$_n$ 体系提供了定性地理解银–镍合金表面连续吸附羰基初期的分子模型。更为重要的是，相对于不饱和的二元镍羰基 Ni(CO)$_n$（$n=2\sim3$），AgNi(CO)$_n^{-/0}$（$n=2\sim3$）光电子速度成像能谱探测到明显的 C—O 振动频率红移。这表明金属掺杂诱导的电子密度转移，有望促进合金团簇上吸附的羰基配体分子化学键削弱，从而实现对 C—O 键的还原活化。

4.5　本章主要参考文献

[1] MOND L, LANGER C, QUINCKE F. L. -action of carbon monoxide on nickel[J]. J. Chem. Soc. Trans., 1890, 57(0): 749-753.

[2] (a) YAMAZAKI E, OKABAYASHI T, TANIMOTO M. Detection of free nickel monocarbonyl, NiCO: Rotational Spectrum and Structure[J]. J. Am. Chem. Soc., 2004, 126(4): 1028-1029; (b) OKABAYASHI T, YAMAMOTO T, OKABAYASHI E Y, et al. Low-energy vibrations of the group 10 metal monocarbonyl MCO(M = Ni, Pd, and Pt): rotational spectroscopy and force field analysis[J]. J. Phys. Chem. A, 2011, 115(10): 1869-1877.

[3] (a) MANCERON L, ALIKHANI M E. Infrared spectrum and structure of Ni(CO)$_2$: a matrix isolation and DFT study[J]. Chem. Phys., 1999, 244(2-3): 215-226; (b) LIANG B Y, ZHOU M F, ANDREWS L. Reactions of laser-ablated Ni, Pd, and Pt atoms with carbon monoxide: matrix infrared spectra and density functional calculations on M(CO)$_n$($n=1-4$), M(CO)$_n^-$($n=1-3$), and M(CO)$_n^+$($n=1-2$), (M = Ni, Pd, Pt)[J]. J. Phys. Chem. A, 2000, 104(17): 3905-3914.

[4] (a) STEVENS A E, FEIGERLE C S, LINEBERGER W C. Laser photoelectron spectrometry of Ni(CO)$_n^-$, $n=1-3$[J]. J. Am. Chem. Soc., 1982, 104(19): 5026-5031; (b) GANTEFÖR G, SCHULZE ICKING-KONERT G, HANDSCHUH H, et al. CO chemisorption on Ni$_n$, Pd$_n$ and Pt$_n$ clusters[J]. Int. J. Mass Spectrom. Ion Processes, 1996, 159(1-3): 81-109; (c) SCHULZE ICKING-KONERT G, HANDSCHUH H,

GANTEFÖR G, et al. Bonding of CO to metal particles: photoelectron spectra of $Ni_n(CO)_m^-$ and $Pt_n(CO)_m^-$ clusters[J]. Phys. Rev. Lett., 1996, 76(7): 1047-1050.

[5] (a) SUNDERLIN L S, WANG D N, SQUIRES R R. Metal carbonyl bond strengths in $Fe(CO)_n^-$ and $Ni(CO)_n^-$[J]. J. Am. Chem. Soc., 1992, 114(8): 2788-2796; (b) KHAN F A, STEELE D L, ARMENTROUT P B. Ligand effects in organometallic thermochemistry: the sequential bond energies of $Ni(CO)_x^+$ and $Ni(N_2)_x^+$($x = 1$-4) and $Ni(NO)_x^+$($x = 1$-3)[J]. J. Phys. Chem., 1995, 99(19): 7819-7828; (c) MEYER F, CHEN Y M, ARMENTROUT P B. Sequential bond energies of $Cu(CO)_x^+$ and $Ag(CO)_x^+$($x = 1$-4)[J]. J. Am. Chem. Soc., 1995, 117(14): 4071-4081.

[6] (a) CUI J M, WANG G J, ZHOU X J, et al. Infrared photodissociation spectra of mass selected homoleptic nickel carbonyl cluster cations in the gas phase[J]. Phys. Chem. Chem. Phys., 2013, 15(25): 10224-10232; (b) MORTON J R, PRESTON K F. EPR spectra and structures of three binuclear nickel carbonyls trapped in a krypton matrix: $Ni_2(CO)_8^+$, $Ni_2(CO)_7^-$, and $Ni_2(CO)_6^+$[J]. Inorg. Chem., 1985, 24(21): 3317-3319.

[7] ZHANG N, LUO M B, CHI C X, et al. Infrared photodissociation spectroscopy of mass-selected heteronuclear iron-copper carbonyl cluster anions in the gas phase[J]. J. Phys. Chem. A, 2015, 119(18): 4142-4150.

[8] QU H, KONG F C, WANG G J, et al. Infrared photodissociation spectroscopic and theoretical study of heteronuclear transition metal carbonyl cluster cations in the gas phase[J]. J. Phys. Chem. A, 2016, 120(37): 7287-7293.

[9] QU H, KONG F C, WANG G J, et al. Infrared photodissociation spectroscopy of heterodinuclear iron-zinc and cobalt-zinc carbonyl cation complexes[J]. J. Phys. Chem. A, 2017, 121(8): 1627-1632.

[10] LIU Z L, XIE H, QIN Z B, et al. Structural evolution of homoleptic heterodinuclear copper-nickel carbonyl anions revealed using photoelectron velocity-map imaging[J]. Inorg. Chem., 2014, 53(20): 10909-10916.

[11] XIE H, ZOU J H, YUAN Q Q, et al. Photoelectron velocity-map imaging and theoretical studies of heteronuclear metal carbonyls $MNi(CO)_3^-$($M = Mg$, Ca, Al)[J]. J. Chem. Phys., 2016, 144(12): 124303.

[12] LIU Z L, ZOU J H, QIN Z B, et al. Photoelectron velocity map imaging spectroscopy of lead tetracarbonyl-iron anion $PbFe(CO)_4^-$ [J]. J. Phys. Chem. A, 2016, 120(20): 3533-3538.

[13] WILEY W C, MCLAREN I H. Time-of-flight mass spectrometer with improved resolution[J]. Rev. Sci. Instrum., 1955, 26(12): 1150-1157.

[14] EPPINK A T J B, PARKER D H. Velocity map imaging of ions and electrons using electrostatic lenses: application in photoelectron and photofragment ion imaging of

molecular oxygen[J]. Rev. Sci. Instrum., 1997, 68(9): 3477-3484.

[15]　DRIBINSKI V, OSSADTCHI A, MANDELSHTAM V A, et al. Reconstruction of abel-transformable images: the gaussian basis-set expansion abel transform method[J]. Rev. Sci. Instrum., 2002, 73(7): 2634-2642.

[16]　HO J, ERVIN K M, LINEBERGER W C. Photoelectron spectroscopy of metal cluster anions: Cu$_n^-$, Ag$_n^-$, and Au$_n^-$ [J]. J. Chem. Phys., 1990, 93(10): 6987-7002.

[17]　FRISCH M J, TRUCKS G W, SCHLEGEL H B, et al. Gaussian 09[M]. Wallingford, CT: Gaussian, Inc., 2013.

[18]　MARTIN J M L, SUNDERMANN A. Correlation consistent valence basis sets for use with the stuttgart-dresden-bonn relativistic effective core potentials: the atoms Ga-Kr and In-Xe[J]. J. Chem. Phys., 2001, 114(8): 3408-3420.

[19]　(a) ZIEGLER T, RAUK A. On the calculation of bonding energies by the Hartree Fock Slater method[J]. Theor. Chim. Acta, 1977, 46(1): 1-10; (b) MITORAJ M, MICHALAK A. Natural orbitals for chemical valence as descriptors of chemical bonding in transition metal complexes[J]. J. Mol. Model., 2007, 13(2): 347-355; (c) MICHALAK A, MITORAJ M, ZIEGLER T. Bond orbitals from chemical valence theory[J]. J. Phys. Chem. A, 2008, 112(9): 1933-1939; (d) MITORAJ M P, MICHALAK A, ZIEGLER T. A combined charge and energy decomposition scheme for bond analysis[J]. J. Chem. Theory Comput., 2009, 5(4): 962-975.

[20]　ADF. SCM, theoretical chemistry[M]. Amsterdam, The Netherlands: Vrije Universiteit, 2016.

[21]　(a) LENTHE E V, BAERENDS E J, SNIJDERS J G. Relativistic regular two-component hamiltonians[J]. J. Chem. Phys., 1993, 99(6): 4597-4610; (b) LENTHE E V, BAERENDS E J, SNIJDERS J G. Relativistic total energy using regular approximations[J]. J. Chem. Phys., 1994, 101(11): 9783-9792; (c) LENTHE E V, EHLERS A, BAERENDS E-J. Geometry optimizations in the zero order regular approximation for relativistic effects[J]. J. Chem. Phys., 1999, 110(18): 8943-8953.

[22]　LIU Z L, XIE H, ZOU J H, et al. Observation of promoted C—O bond weakening on the heterometallic nickel-silver: photoelectron velocity-map imaging spectroscopy of AgNi(CO)$_n^-$[J]. J. Chem. Phys., 2017, 146(24): 244316.

[23]　(a) DEWAR M. A review of the π-complex theory[J]. Bull. Soc. Chim. Fr., 1951, 18(3-4): C71-C79; (b) CHATT J, DUNCANSON L A. 586. olefin co-ordination compounds. part III. infra-red spectra and structure: attempted preparation of acetylene complexes[J]. J. Chem. Soc., 1953: 2939-2947; (c) CHATT J, DUNCANSON L A, VENANZI L M. Directing effects in inorganic substitution reactions. part I. a hypothesis to explain the trans-effect[J]. Journal of the Chemical Society 1955: 4456-4460.

第 5 章

AgFe(CO)$_4^-$ 负离子的光电子速度成像研究

5.1　本章引言

自从 1891 年 Mond 发现五羰基铁配合物[1]以来，铁羰基配合物就受到极大的关注，可作为优越的前驱体，广泛地用于合成新颖的金属路易斯酸碱对配合物、金属－金属（M—M）连接的低聚物和团簇等。异核金属配合物中特殊的 M—M′成键赋予了它们诸如发光、磁性、导电性等非凡的物理性质，以及诸如光化学、有机金属催化中的金属－金属协同催化、小分子活化等重要的化学性质。它们极具吸引力的反应性和强大的催化活性，激发了科学家们浓厚的研究兴趣，理解这些混合金属配合物中微妙的M-M′化学键。

铁的配合物和不同的金属配合物配体反应，可以制备具有 M—M′多重键的异双核金属配合物[2]。最近，各种含 Fe(CO)$_3$ 分子片断的异双核羰基配合物负离子在气相中制备，并通过红外光解离结合量子化学计算进行了表征。例如，AFe(CO)$_3^-$（A＝U，As，Sb，Bi，Ge，Sn，Pb）配合物中涉及 M≡M′三重键作用[3]。在这些配合物中，三重键可以归类为两中心两电子（2c—2e）键，包括一个 σ 键和两个 π 键。然而，这些配合物中三重键的本质，彼此各不相同。通常，M—M 键可以归类为两种不同的共价键，即给体－受体配位键和电子共享的共价键。配位键中，一个分子片断提供一对电子并贡献给另一个分子片断的空轨道；而电子共享键中，两个分子片断都提供了一个电子[4]。AFe(CO)$_3^-$（A＝U，Ge，Sn，Pb）配合物的三重键涉及一个电子共享 σ 键和两个从 Fe 原子至 A 原子的配位 π 键，而 AFe(CO)$_3^-$（A＝As，Sb，Bi）配合物中的三重键，本质上确认为 3 个电子共享键[3]。缺电子的 B、Sc、Y 或 La 原子与 Fe(CO)$_3$ 分子片断作用生成 C_{3v} 对称性的 EFe(CO)$_3^-$（E＝B，Sc，Y，La）配合物，可以形成 E≡Fe 四重键[5]。除了一个两中心两电子的电子共享键和两个两中心两电子的从 Fe 原子至 E 原子的配位 π 键（类似于前面的三重键配合物），它们还存在一个从 E 原子至 Fe(CO)$_3$ 的多中心配位 σ 键，其中 E 原子键合于 Fe 原子和邻近的 C 原子。

额外地吸附一个羰基至 Fe(CO)$_3$，可以形成配位未饱和的 Fe(CO)$_4$，它是一种典型的反应中间体，可以作为等辨相似于 CH$_3^-$或 CH$_2$ 的多功能结构单元[6]。一些可分离的、结构确认的后过渡金属团簇，尤其是银–铁团簇，例证了各式各样的羰基配合物立体化学，以及 Fe(CO)$_4$ 单元作为路易斯酸 σ 受体、μ_2-或μ_3-路易斯碱。Fe(CO)$_4$ 单元模棱两可的等辨相似，以及其作为两电子给体或四电子给体的假设，被质疑并引发热议。对于这些异核金属羰基配合物，铁羰基单元常常被看作是一个闭壳层的 18 电子分子片断，作为金属配合物配体配位至一个金属正离子。Fe(CO)$_4$ 很容易被还原生成负电荷的羰基高铁酸盐，如[Fe(CO)$_4$]$^{2-}$，与金属正离子成共价键。例如，OMFe(CO)$_5^-$（M＝Sc，Y，La）配合物中 18 电子的[Fe(CO)$_4$]$^{2-}$参与和 MO$^+$的配位成键[7]。类似地，中性的 Fe(CO)$_5$ 被当作 18 电子的金属配合物配体，配位至 Ag$^+$和 Au$^+$金属正离子，形成混合金属的配合物[8]。这两类例子中，M—M′化学键不属于电子共享成键，而是一个配位 σ 键，其中的一对电子是从 18 电子的铁羰基片断贡献给金属正离子的。

在本章，银–铁四羰基单体配合物负离子 AgFe(CO)$_4^-$呈现了一种不同的 M—M′成键情况。我们通过激光溅射团簇气相制备了 AgFe(CO)$_4^-$，质量选择后进行光电子速度成像光谱表征，同时获得了光电子能谱和光电子角分布，并结合密度泛函理论确认 AgFe(CO)$_4^-$配合物的几何结构，指认光电子能谱的特征，解析 AgFe(CO)$_4^-$配合物中 M—M′键的性质。AgFe(CO)$_4^-$被确认为一个铁原子满足 18 电子的配合物，银原子和铁原子及邻近的羰基碳原子间形成一个电子共享的多中心离域 σ 共价键。

5.2　实验和理论方法

5.2.1　光电子速度成像

光脱附实验是在结合了双通道飞行时间质谱的自制光电子速度成像装置上开展的，详细的仪器装置可以参考第 2 章。过渡金属羰基配合物在载带了 2%一氧化碳的氦气氛围中，利用脉冲激光蒸发源，蒸发激光束溅射银–镍靶制备得到。生成的团簇冷却、扩散至源室中，再进入离子提取区。只有负离子团簇被 −1.2 kV 的脉冲高压选择和垂直提取，经 Wiley-McLaren 型飞行时间质谱[9]分析负离子团簇的质量分布，飞行时间质谱可以参考图 4-1。然后，这些负离子物种引入到改进的速度成像透镜[10]中，但只有感兴趣的 AgFe(CO)$_4^-$配合物负离子与激光束在光脱附区相交。Nd：YAG 激光器的 355 nm 的激光用于光脱附实验。光电子成像透镜收集光脱附区的发射光电子，并将其投射至由 70 mm 直径的微通道板和荧光屏组成的二维位置灵敏探测器上。荧光屏上的每帧二维图像由接在荧光屏后的 CCD 采集，以 10 Hz 的重复频率累加 50 000～100 000 帧获得最后的图像。基组扩展反阿贝尔变换法[11]用于重构光电子的原始三维分布，从中可以同时获得光电子能谱和光电子角分布。光电子能谱是对光电子束缚能（eBE）作图，束缚能代表了脱附光的能量（hv）和光电子的动能（eKE）的差值（eBE = hv - eKE）。光电子能谱用已知的 Ag⁻和 Au⁻标准谱来校正[12]。

5.2.2 密度泛函理论计算

利用高斯 09 软件包[13]，B3LYP 杂化泛函用于几何优化和电子结构分析。在 B3LYP/Ag、Fe/SDD/C、O/6-311 + G*理论水平下，遗传算法[14]结合密度泛函理论，用于全局最优化结构搜索。所有优化的基态和其他低能异构体，进一步在 B3LYP/def2-TZVPP 理论水平下几何优化，几何结构如图 5-1[15]①所示。频率计算来确认获得的结构是势能面上的真实极小值点。中性和负离子基态分子结构间的能量差代表了电子亲和能，而垂直脱附能是保持负离子构型不变下的中性和负离子之间的能量差值。第一激发态的垂直脱附能是利用含时密度泛函理论（TDDFT）[16]对负离子的基态结构进行计算得到的。

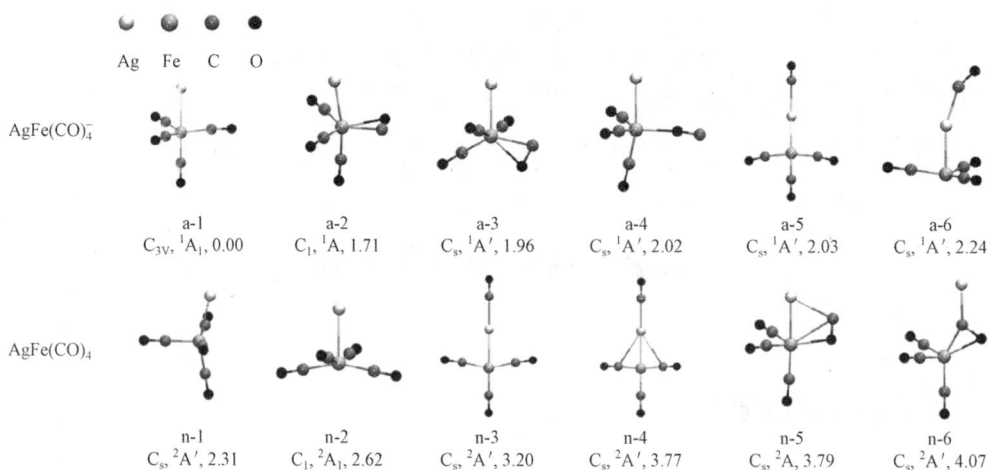

图 5-1   B3LYP/def2-TZVPP 理论水平下优化的 AgFe(CO)₄⁻/⁰配合物的基态和低能异构体结构：
展示了每一个结构的点群、电子态、相对于负离子基态的能量值（eV）

为了支撑实验光谱归属和理解 Ag 原子取代 Fe(CO)₅ 的一个羰基配对化学成键的影响，采用一系列的先进的量子化学方法，分析了 AgFe(CO)₄⁻配合物负离子的电子结构，包括正则分子轨道分析（CMO）、适应性自然密度划分（AdNDP）[17]、自然键轨道分析（NBO）[18]、分子中原子的量子理论（QTAIM）[19]、相互作用的量子原子分析（IQA）[20]、能量分解分析 – 化学价自然轨道（EDA-NOCV）[21]和主相互作用轨道分析（PIO）[22]。自然布局分析（NPA）和 Wiberg 键级分析是利用 NBO 7.0 完成的，从中获得的自然原子轨道（NAO）系数和 NAO 的密度矩阵进一步用于 PIO 分析。色散校正是通过添加

---

① 本章图表均引自参考文献[15]，经英国皇家化学学会许可。

Becke-Johnson 阻尼的 Grimme 的 D3 版方法（D3(BJ)）实现的[23]。AdNDP 分析是利用 Multiwfn 软件[24]在 B3LYP-D3(BJ)/def2-TZVPP 理论水平下完成的，QTAIM 和 IQA 分析是利用 AIMALL 软件在同样的理论水平下完成的。ADF 软件用于执行能量分解分析 – 化学价自然轨道分析，在 BP86-D3(BJ)理论水平下采用核电子，考虑了冻芯近似的 TZ2P 基组，通过零级规则展开近似（ZORA）方法[25]考量了标量相对论效应。在能量分解分析方法中，两个片断间的相互作用能（ΔE_{int}）分解成 4 项，包括静电相互作用能（ΔE_{elstat}）、Pauli 排斥（ΔE_{Pauli}）、轨道相互作用能（ΔE_{orb}）和色散相互作用能（ΔE_{disp}）。因此，两个片断间的相互作用能（ΔE_{int}）可以定义为：$\Delta E_{int} = \Delta E_{elstat} + \Delta E_{Pauli} + \Delta E_{orb} + \Delta E_{disp}$。

5.3　结果与讨论

5.3.1　光电子速度成像能谱

图 5-2 展示了 355 nm 下记录 AgFe(CO)$_4^-$的光电子能谱图。在高束缚能区观测到很宽的谱带，表明光脱附过程中负离子和中性分子之间发生了很大的几何变化，如后述的理论计算所证实。355 nm 能谱中存在一个很明显的部分重叠的双峰轮廓。占主导的主峰标记为 A，峰最强处位于（2.93±0.01）eV，对应于基态跃迁的垂直脱附能。A 主峰后有一个肩峰 B，大致位于（3.16±0.01）eV。由于存在很宽的谱峰特征和缺少振动分辨，很难准确地测定基态跃迁的绝热脱附能。对于存在很大结构变化的光脱附，0-0 跃迁的 Franck-Condon 因子常因太小以至于无法实验检测到。主谱带的上升沿有低强度的痕迹，

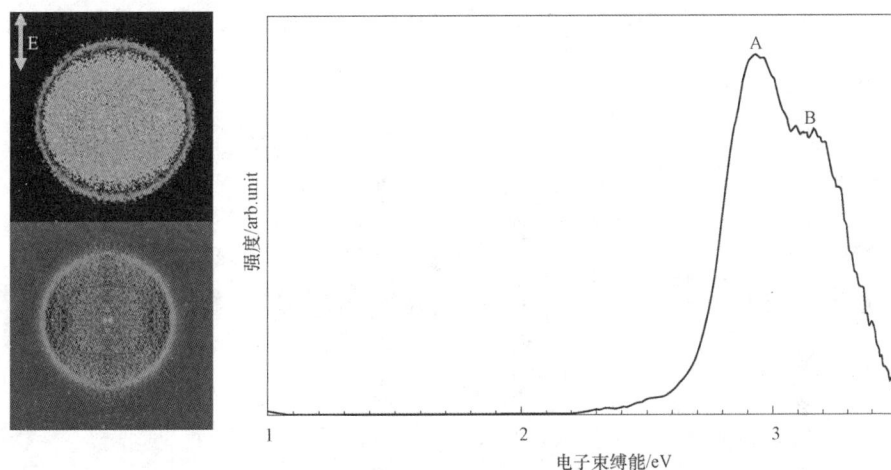

图 5-2　355 nm 记录的 AgFe(CO)$_4^-$的光电子图像和能谱：
左边黑色背景的图片代表采集的原始光电子成像图，
灰色背景的图片代表经反阿贝尔变换重构的光电子成像图；双箭头代表激光偏振的方向

延伸至大概（2.3±0.02）eV 处。从这个意义上来说，绝热脱附能可以从上升沿的起点处估测为（2.3±0.02）eV。所有实验测量的数据都列在表 5-1 中，与理论计算的结果进行比较。值得一提的是，$AgFe(CO)_4^-$ 的基态跃迁接近垂直跃迁，各向异性参数 β 为 -0.214。其光电子角分布行为不同于上一章的 $AgNi(CO)_n^-$（$n=2\sim3$）体系，$AgNi(CO)_n^-$（$n=2\sim3$）体系的基态跃迁是平行跃迁。

表 5-1　对比 $AgFe(CO)_4^-$ 绝热脱附能和垂直脱附能的实验值与 **B3LYP-D3(BJ)/def2-TZVPP** 水平下的理论值

物种	电子组态	绝热脱附能/eV		垂直脱附能值/eV	
		实验	理论	实验	理论
$AgFe(CO)_4^-$	$^1A_1 \ldots(20a_1)^2(15e)^4(21a_1)^0$				
$AgFe(CO)_4$	$^2A' \ldots(34a')^2(16a'')^2(35a')^1(30a')^0$	~2.3	2.31	2.93	3.01
	$2A'' \ldots(34a')^2(16a'')^1(35a')^2(30a')^0$			3.16	3.26

5.3.2　理论计算的几何结构

图 5-3 展示了 B3LYP-D3(BJ)/def2-TZVPP 理论水平下 $AgFe(CO)_4^{-1/0}$ 负离子和中性配合物的基态几何结构。作为参考，$Fe(CO)_5$ 和 $AgFe(CO)_5^+$ 的几何结构也展示图中。对于 $AgFe(CO)_4^{-1/0}$ 负离子和中性配合物，所有的羰基配体均端式配位至铁原子，形成 $Fe(CO)_4$ 结构单元，而银原子保持裸露。换句话说，$AgFe(CO)_4^{-1/0}$ 负离子和中性配合物从已知的三角双锥 $Fe(CO)_5$ 配合物衍生而来。轴向的一个羰基配体替换成银原子形成 $^1A_1$ 电子基态的中性 C_{3v} 结构分子，保持了三角双锥几何结构。而取代一个径向的羰基配体形变成 C_s 对称的三角双锥体。负离子基态和中性分子之间大的几何变化与 PES 中观测到的宽谱带特征一致。

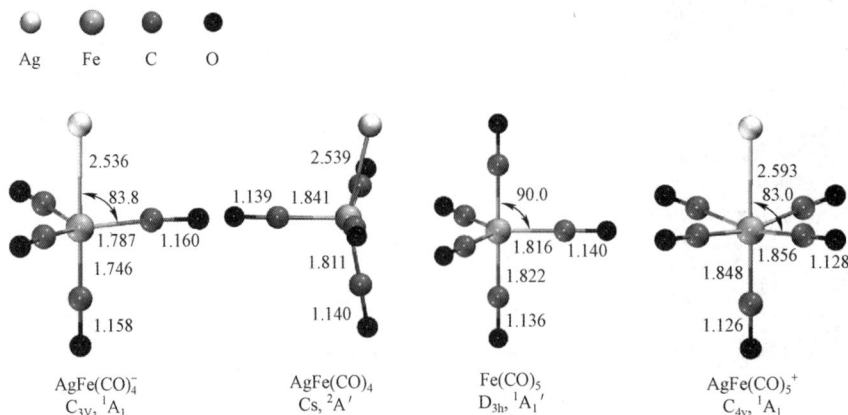

图 5-3　B3LYP-D3(BJ)/def2-TZVPP 理论水平下优化的 $AgFe(CO)_4^{-1/0}$、$Fe(CO)_5$ 和 $AgFe(CO)_5^+$ 基态结构：展示了每一个结构的点群、电子态；键长的单位为 Å；Ag、Fe、C 和 O 原子分别用白色、浅灰色、深灰色和黑色小球表示

5.3.3　实验与理论对比

理论预测的绝热脱附能和垂直脱附能分别为 2.31 eV 和 3.01 eV，与实验值很好地吻合。第一激发态的垂直脱附能计算为 3.26 eV，与实验谱图中的肩峰相符合。实验和理论计算的一致性提供了结构和光谱指认的可信证据。

AgFe(CO)$_4$ 的中性配合物和负离子配合物有着近似等长的 Ag—Fe 键长（2.54 Å），比银原子和铁原子的 van der Waals 半径之和稍长（Ag + Fe = 4.64 Å），但接近于由 Fe(CO)$_5$ 配体配位至 Ag$^+$ 形成的异双核银 – 铁配合物中的 Ag—Fe 键长，其实验测量键长范围为 2.58～2.62 Å。AgFe(CO)$_4^-$ 的 formal shortness ratio(FSR)计算为 1.04，暗示着 Ag—Fe 单重键。因为 AgFe(CO)$_4^-$ 的 FSR 大于多重键的 Cr/Fe（FSR = 0.83）、V/Fe（FSR = 0.86）和 Nb/Fe（FSR = 0.85）配合物，但接近于单重键的 V/Fe（FSR = 1.02）和 Co/Zr（FSR = 1.00）配合物。中性的 AgFe(CO)$_4$ 和其负离子间的 Fe—C 和 C—O 键长变化显著。光电子脱附后，中性 AgFe(CO)$_4$ 的 Fe—C 键明显短于 AgFe(CO)$_4^-$ 的，而 C—O 键变得更长一些。这表明光电子脱附的母体分子轨道涉及了 Fe—C—O 的相互作用。更有意思的是，相较于 Fe(CO)$_5$，AgFe(CO)$_4$ 的 Fe—C 键明显更短，而 C—O 键稍微长一些。这意味着用银原子取代一个羰基配体，可能增强了 Fe—C 键相互作用，但削弱了 C—O 键相互作用。换句话说，Ag 原子和 Fe(CO)$_4$ 分子片断之间存在显著的化学键相互作用。

5.3.4　多中心的电子共享 σ 键

表 5-2 展示了 B3LYP-D3(BJ)/def2-TZVPP 理论水平下 Ag—Fe 键和 Fe—CO 键的键解离能计算值，有助于理解 Ag 和 Fe(CO)$_4$ 单元之间的相互作用。计算考虑了 3 种不同的解离通道，包括均裂为中性 Ag 原子和 Fe(CO)$_4^-$、异裂成 Ag$^-$ 和 Fe(CO)$_4$ 或 Ag$^+$ 和 Fe(CO)$_4^{2-}$。相较于异裂通道，Ag—Fe 键均裂通道在能量上更有利。AgFe(CO)$_4^-$ 的 Ag—Fe 键非常强，1.767 eV 的键解离能比得上 Fe(CO)$_5$ 中 CO 的键解离能；热和熵校正后，BDE 值总计为 ΔG^{298} = 1.341 eV。与 AgFe(CO)$_4^-$ 变短的 Fe—CO 键一致，AgFe(CO)$_4^-$ 的羰基解离能比 Fe(CO)$_5$ 的羰基解离能高出许多，暗示着 Ag 原子取代 CO 配体的确对 Fe—C—O 化学键相互作用有极大的影响。这一点也被基于理论振动频率和红外强度模拟的 AgFe(CO)$_4^-$ 和 Fe(CO)$_5$ 的红外光谱验证。如图 5-4 所示，相较于 Fe(CO)$_5$，AgFe(CO)$_4^-$ 的羰基振动频率发生了显著的红移。作为对比，同时计算了 AgFe(CO)$_4^+$ 和 Ag[Fe(CO)$_5$]$_2^+$ 相似的热力学反应，其键解离能列入表 5-2 中。对于 Ag[Fe(CO)$_5$]$_2^+$ 分解的异裂通道，解离出一个 Fe(CO)$_5$ 片断的键解离能小于 AgFe(CO)$_4^-$ 中 Ag—Fe 键均裂的键解离能，后者与 Ag[Fe(CO)$_5$]$_2^+$ 解离出两个 Fe(CO)$_5$ 片断的平均值相当。

表 5-2　B3LYP-D3(BJ)/def2-TZVPP 理论水平下不同解离通道的
零点能校正反应能和 298 K 反应自由能　　　　　　　　单位：eV

解离通道	D_e	D_0	ΔG^{298}
$AgFe(CO)_4^- \rightarrow Ag^- + Fe(CO)_4$	3.069	3.046	2.688
$AgFe(CO)_4^- \rightarrow Ag + Fe(CO)_4^-$	1.767	1.717	1.341
$AgFe(CO)_4^- \rightarrow Ag^+ + Fe(CO)_4^{2-}$	12.411	12.366	12.069
$AgFe(CO)_4^- \rightarrow CO + AgFe(CO)_3^-$	2.720	2.600	2.152
$Fe(CO)_5 \rightarrow CO + Fe(CO)_4$	1.819	1.698	1.211
$AgFe(CO)_5^+ \rightarrow Ag + Fe(CO)_5^+$	2.037	1.982	1.588
$AgFe(CO)_5^+ \rightarrow Ag^+ + Fe(CO)_5$	2.321	2.292	1.962
$Ag[Fe(CO)_5]_2^+ \rightarrow AgFe(CO)_5^+ + Fe(CO)_5$	1.369	1.350	0.906
$Ag[Fe(CO)_5]_2^+ \rightarrow Ag^+ + 2Fe(CO)_5$	3.690	3.642	2.868

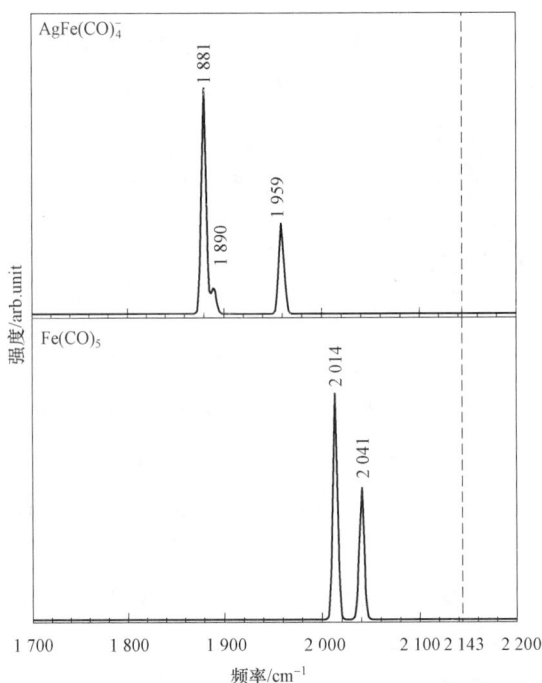

图 5-4　B3LYP-D3(BJ)/def2-TZVPP 理论水平下 AgFe(CO)$_4^-$和 Fe(CO)$_5$ 的模拟 IR 谱

AgFe(CO)$_4^-$负离子配合物的 CMO 分析支持 AgFe(CO)$_4^-$配合物的几何结构特征。AgFe(CO)$_4^-$负离子的 Kohn-Sham 前线轨道展示在图 5-5 中。金属–配体之间的相互作用可以依据 σ 给予和 π 反馈的 DCD 模型来解释。二重简并的最高占据轨道主要由径向羰基的 $\rho\pi^*$ 组分和铁原子的 $3d\delta$ 原子轨道组成，揭示了从铁原子的 $3d\delta$ 轨道至羰基配体的 $\rho\pi^*$ 轨道的 π 反馈作用。从这些具有 p 组分特征的分子轨道中脱附一个光电子，会产生垂直的光电子角分布，这与负的光电子各向异性参数 β 一致。由于 Jahn-Teller 效应，从这些简并的分子轨道脱附一个电子会降低分子的对称性，变成 C_s 对称的变形的三角双锥体。因为最高占据轨道几乎没有银原子的贡献，光脱附对 Ag—Fe 键的影响微不足道，没有诱导明显的 Ag—Fe 键长变化。相反地，光脱附会削弱 Fe—C 键的成键作用和 C—O 键的反键作用，导致 Fe—C 键长和 C—O 键长不同的变化。类似地，二重简并的 HOMO-2 是 Fe—C 成键轨道，代表了从铁原子的 3$d\pi$ 轨道至轴向羰基配体的 $\rho\pi^*$ 轨道的 π 反馈作用。二重简并的 HOMO-3 和 HOMO-4，以及 HOMO-5，主要是银原子的非键的 4d 孤对轨道，其中有极小的铁原子的贡献；而包括二重简并的 HOMO-6、HOMO-7 和 HOMO-13 在内的 4 个分子轨道，代表了从羰基配体至铁原子中心的 σ 给予。更内层的分子轨道羰基配体的化学成键，包括一个 σ 键、两个 π 键和 O 原子端的孤对。很显然，Ag 和 Fe(CO)$_4$ 的成键相互作用主要来自双占据的 HOMO-1，它是一个银原子与铁原子和邻近的碳原子间的成键轨道。进一步仔细检查 HOMO-1，可以看出，它是由银原子的 sd-杂化轨道、铁原子的 3d_{z^2} 原子轨道和主要是轴向羰基的反键 $\rho\pi^*$ 组分构成。这个分子轨道，结合其他 8 个涉及 σ 给予或 π 反馈的分子轨道，共同解析了中心铁原子的 18 电子组态。

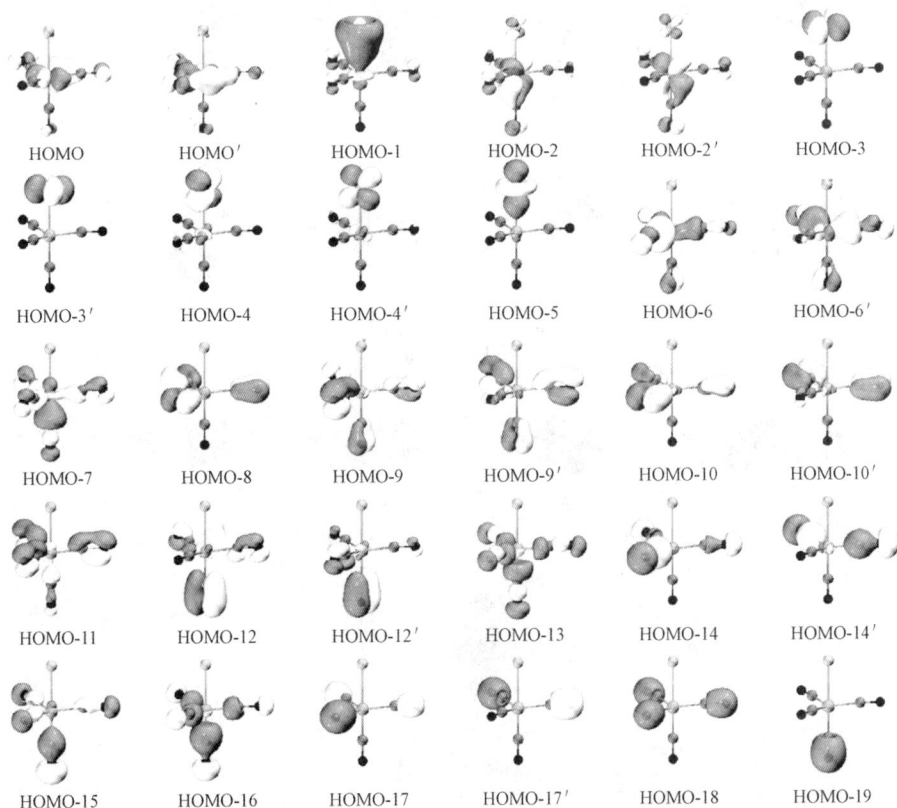

图 5-5　B3LYP-D3(BJ)/def2-TZVPP 理论水平下 AgFe(CO)$_4^-$ 负离子的价电子分子轨道图

AgFe(CO)$_4^-$配合物的化学成键模式可以进一步用另一种更直接的方法 AdNDP 来描述。如图 5-6 所示，AdNDP 结果很完美地复原了银原子的 5 个 4d 孤对、4 个氧原子的孤对、4 个两中心两电子的 C—O σ 键、8 个两中心两电子的 C—O π 键、4 个两中心两电子的 Fe—C σ 键和两个涉及铁原子和轴向碳原子的两中心两电子 π 键、两个涉及铁原子和径向碳原子的离域四中心两电子 π 键，以及一个由银、铁和所有径向碳原子构成的离域五中心两电子 σ 键。AdNDP 分析时，尝试搜索银的 5s 孤对，或是两中心两电子 Ag—Fe σ 键都失败了，但扩展至径向的碳原子，则得到了五中心两电子的离域 σ 键，这个 AdNDP 轨道可以轻易回溯至图 5-5 中的 HOMO-1。类似地，图 5-7 中 AgFe(CO)$_4^-$的自然局域分子轨道图描绘了与 AdNDP 分析一致的成键模式。

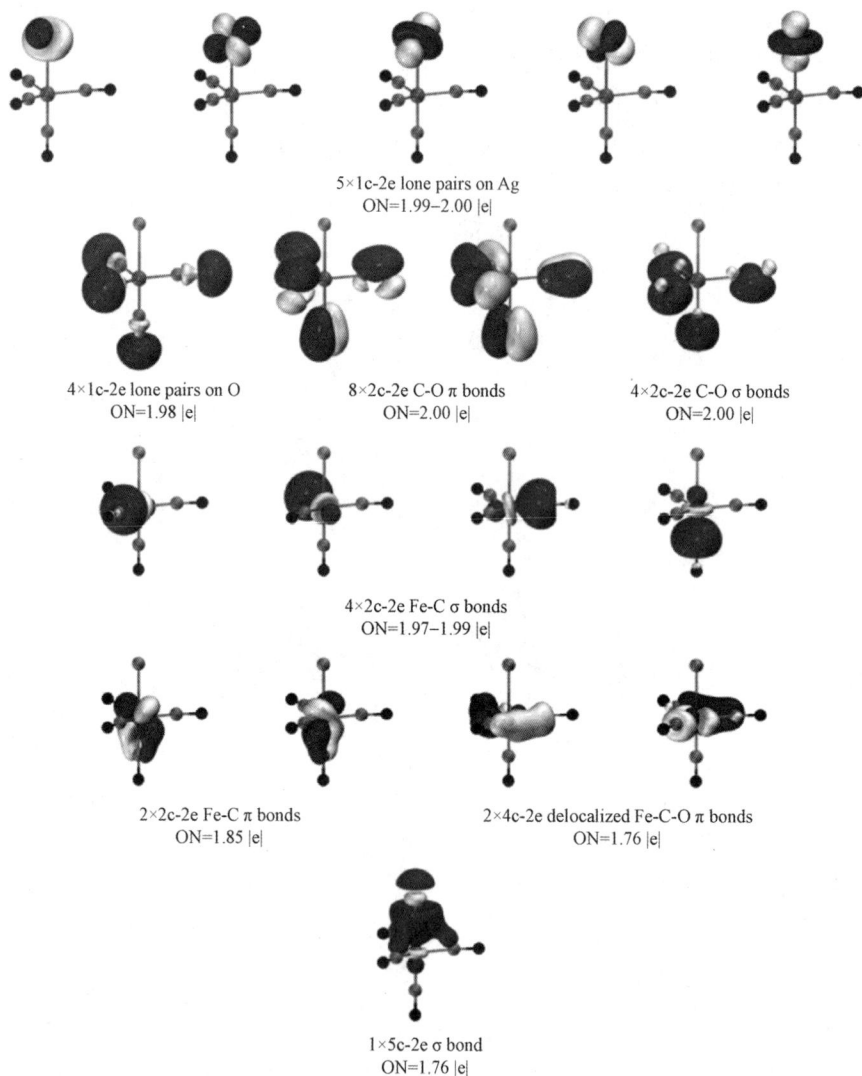

5×1c-2e lone pairs on Ag
ON=1.99–2.00 |e|

4×1c-2e lone pairs on O
ON=1.98 |e|

8×2c-2e C-O π bonds
ON=2.00 |e|

4×2c-2e C-O σ bonds
ON=2.00 |e|

4×2c-2e Fe-C σ bonds
ON=1.97–1.99 |e|

2×2c-2e Fe-C π bonds
ON=1.85 |e|

2×4c-2e delocalized Fe-C-O π bonds
ON=1.76 |e|

1×5c-2e σ bond
ON=1.76 |e|

图 5-6 B3LYP-D3(BJ)/def2-TZVPP 理论水平下 AgFe(CO)$_4^-$负离子的 AdNDP 图：
显示了每组 AdNDP 轨道的占据数（ON）

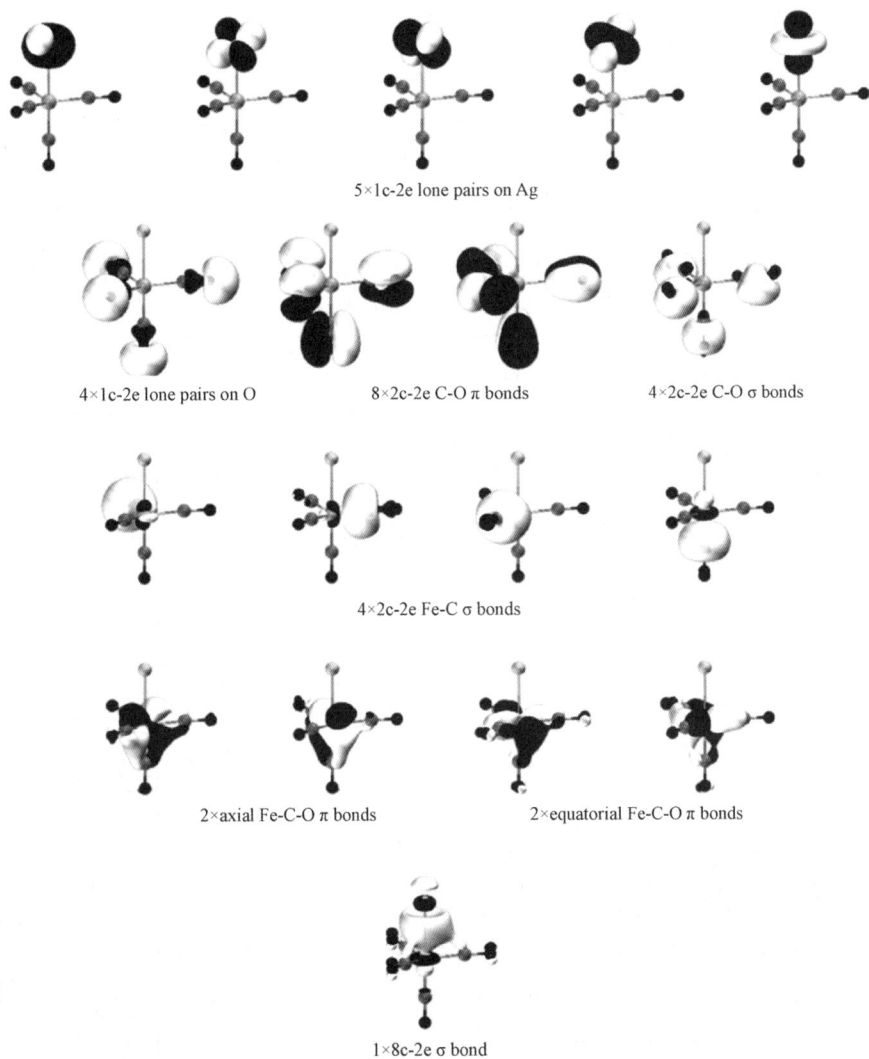

5×1c-2e lone pairs on Ag

4×1c-2e lone pairs on O　　　　8×2c-2e C-O π bonds　　　　4×2c-2e C-O σ bonds

4×2c-2e Fe-C σ bonds

2×axial Fe-C-O π bonds　　　　2×equatorial Fe-C-O π bonds

1×8c-2e σ bond

图 5-7　B3LYP-D3(BJ)/def2-TZVPP 理论水平下 AgFe(CO)$_4^-$ 负离子的自然局域分子轨道图

　　上述的 AgFe(CO)$_4^-$ 配合物的成键情况由 QTAIM 分析进一步补充。表 5-3 展示了 AgFe(CO)$_4^-$ 配合物的键临界点的拓扑性质。值得一提的是，轴向 Fe—C 和 C—O 键临界点的拓扑参数与径向 Fe—C 和 C—O 键的拓扑参数相似。通常，键临界点的电子密度(r)的大小和电子能量密度 $E(r)$ 的绝对值和符号，可以在一定程度上反映成键相互作用的强度。最高的 $\rho(r)$ 值($\sim$0.47 au)和最负的 $E(r)$ 值存在于 C—O 键的键临界点处，这与它们强的极性共价键特征一致。作为对比，Fe—C 的键临界点处相对较大的 $\rho(r)$ 值（0.15~0.16 au），结合负的 $E(r)$ 值（-0.081~-0.087 au），$G(r)/\rho(r)>1$ 和正的电子密度拉普拉斯值（$\nabla^2\rho(r)$），表明这些键显示为典型的给体–受体类型。然而，涉及重金属的 M—M 化学键，在键临界点处可能会有小的 $\rho(r)$ 值和几乎为正的 $\nabla^2\rho(r)$ 值，由于重金属原子常

111

同时存在收缩的$(n\text{-}1)d$和弥散的ns价电子。当前 AgFe(CO)$_4^-$ 配合物的 Ag—Fe 的键临界点表征为小的 $\rho(r)$ 值（0.046 au）和正的 $\nabla^2\rho(r)$ 值（0.091 au）。尽管电子密度极小，Ag—Fe 键不一定被认为是弱相互作用。原子间表面的积分电子密度（$\oint_{A \cap B}\rho(r)$），作为另一种比电子密度(r)更富有信息的指标，在 Ag—Fe 键的键临界点处相当大（0.791 au）。而且，尽管很小但为负值的 $E(r)$ 和小于 1 的 $G(r)/\rho(r)$ 比，对于真实的共享 M—M 相互作用是典型的特征，拓扑相似于 Macchi 等报道的 Co$_2$(CO)$_6$(AsPh$_3$)$_2$ 配合物中的共享 Co—Co 键。

表 5-3　B3LYP-D3(BJ)/def2-TZVPP 理论水平下 AgFe(CO)$_4^-$ 负离子的 QTAIM 和 IQA 分析结果：下标 eq 和 ax 分别代表径向和轴向

化学键	R	$G(r)$	$\nabla^2\rho(r)$	$G(r)$	$G(r)/\rho(r)$	$E(r)$	$\oint_{A \cap B}\rho(r)$	P	δ	E_{int}	V_{cl}	V_{xc}
Ag—Fe	2.536	0.046	0.091	0.034	0.742	−0.011	0.791	0.686	0.673	−0.103	−0.005	−0.098
Ag—C$_{eq}$	2.940	—	—	—	—	—	—	0.106	0.198	−0.044	−0.014	−0.030
Ag—O$_{eq}$	3.737	—	—	—	—	—	—	0.042	0.058	0.015	0.020	−0.005
Ag—CO$_{eq}$	—	—	—	—	—	—	—	0.148	0.256	−0.029	0.006	−0.035
Ag—C$_{ax}$	4.282	—	—	—	—	—	—	0.039	0.035	−0.011	−0.009	−0.002
Ag—O$_{ax}$	5.440	—	—	—	—	—	—	0.006	0.010	0.012	0.013	−0.001
Ag—CO$_{ax}$	—	—	—	—	—	—	—	0.045	0.045	0.001	0.004	−0.003
Fe—C$_{eq}$	1.787	0.153	0.482	0.202	1.315	−0.081	1.270	1.220	1.173	−0.149	0.127	−0.276
Fe—O$_{eq}$	2.944	—	—	—	—	—	—	0.128	0.203	−0.187	−0.168	−0.019
Fe—CO$_{eq}$	—	—	—	—	—	—	—	1.348	1.376	−0.336	−0.041	−0.295
Fe—C$_{ax}$	1.746	0.164	0.574	0.230	1.403	−0.087	1.290	1.279	1.256	−0.151	0.148	−0.299
Fe—O$_{ax}$	2.904	—	—	—	—	—	—	0.149	0.228	−0.196	−0.174	−0.022
Fe—CO$_{ax}$	—	—	—	—	—	—	—	1.428	1.484	−0.347	−0.026	−0.321
C—O$_{eq}$	1.160	0.471	0.360	0.964	2.048	−0.874	1.663	1.995	1.468	−1.456	−1.025	−0.431
C—O$_{ax}$	1.158	0.469	0.355	0.958	2.043	−0.869	1.677	2.009	1.482	−1.439	−1.007	−0.432

图 5-8（b）展示了 AgFe(CO)$_4^-$ 配合物在含两个金属原子和一个径向羰基的平面上的 $\nabla^2\rho(r)$ 的轮廓线图。对于银原子，银与铁原子间存在键径和相应的键临界点，银与其他原子间不存在键临界点和键径。两个金属原子间存在连续的电子密度发散区（正的

$\nabla^2\rho(r)$，细线），键临界点接近位于键径的中间，暗示存在着一个非极性的 Ag—Fe 共价键。相反，Fe—C—O 的核间区和氧原子端存在电子密度聚集区。银原子和其他原子间不存在键临界点和相关的键径，不能作为这些原子间缺少吸引性相互作用的证据。如图 5-8（c）所示，虽然不存在 1，3 Ag⋯C^{eq} 键径，Ag—Fe 的核间相互作用表征为负的 $E(r)$ 区（粗线），一直延伸至银原子与径向碳原子的原子间区域。因此，两个金属原子间存在共价相互作用，银原子和径向羰基配体的碳原子间亦存在部分的但不可忽略的相互作用。

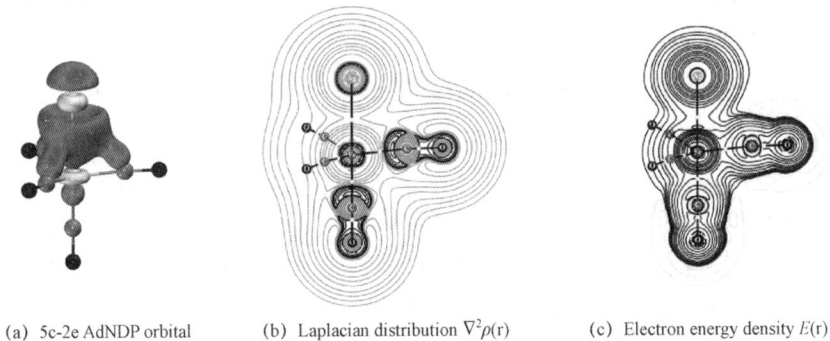

(a) 5c-2e AdNDP orbital　　(b) Laplacian distribution $\nabla^2\rho(r)$　　(c) Electron energy density $E(r)$

图 5-8　B3LYP-D3(BJ)/def2-TZVPP 理论水平下 AgFe(CO)$_4^-$负离子的五中心两电子 AdNDP 轨道、电子密度拉普拉斯值（$\nabla^2\rho(r)$）和电子能量密度 $E(r)$：
电子密度聚集区（$\nabla^2\rho(r)<0$）用粗线表示，电子密度发散区（$\nabla^2\rho(r)>0$）用细线表示；
键临界点用白色小球表示

NBO 和 IQA 分析结果汇总在表 5-3 中，进一步证实了离域的成键特征。银原子与铁原子及所有径向的碳原子之间的键级总和达到 1.004，形成一个整体的单键。Ag—Fe 键的 Wiberg 键级为 0.686，虽然比 Fe—C 键的小，仍然是银原子与其他原子间总相互作用的最重要的一项贡献。对于径向的羰基，虽然 1，3 Ag⋯CO$_{vicinal}$ 相互作用贡献相对更小，但对于组合两个分子片断形成 AgFe(CO)$_4^-$配合物不可或缺，每一个径向的 Ag—C 和 Ag—O 键的 Wiberg 键级分别为 0.106 和 0.042。IQA 分析同样得到了一致的化学成键相互作用。离域化指数提供了实空间一对原子间的共价键级的评价标准指标。Ag—Fe 相互作用的离域化指数值为 $\delta^{AgFe}=0.673$，这比两中心两电子非极性键的理想值（$\delta=1$）要小。剩余的电子由银原子和径向配位于铁原子的羰基配体共享，其离域化指数值为 $\delta^{AgCO_{vicinal}}=0.256$。将所有的 3 个 1，3 Ag⋯CO$_{vicinal}$ 相互作用和共享的 Ag—Fe 键相加，两个分子片断间总的离域化指数大于一对电子。两个金属间的直接电子共享给出的共价贡献 $V_{XC}^{AgFe}=-0.098\,au$，结合经典相互作用 V_{cl}^{AgFe}，构成了 Ag—Fe 间大的稳定相互作用，$E_{int}^{AgFe}=-0.103\,au$。额外的成键作用来源于银原子和径向羰基间的稳定相互作用，$E_{int}^{AgCO_{vicinal}}=-0.029\,au$，这比 Ag—Fe 间的直接作用要弱得多。这个稳定相互作用的主要贡献来源于 Ag 原子和径向碳原子间稳定化的静电作用和共价作用，银原子和径向氧原子间的不稳定相互作用部分抵消了这个稳定作用。总的来说，银原子和邻近的羰基配体间的 1，3 Ag⋯CO 相互作用证实了 AgFe(CO)$_4^-$配合物的离域化学键特征。

113

电子对主要由银原子和铁原子共享，部分由银原子和其邻近的碳原子共享。这种多中心键让人联想到桥羰基支持的双核金属团簇，其中的桥式或半桥式羰基参与了多中心成键，如第 3 章介绍的双桥式羰基配位的 $Ni_2(CO)_n^-$（$n=4\sim6$）配合物负离子体系。特别相关联的是一系列最近报道的含银异双核羰基同配体团簇，结构形式为 $[Ag_m\{M(CO)_6\}_n]^x$（M＝Nb，Ta，Cr，Mo，W，$m=1$，2，6；$n=2$，3，4，5；$x=1-$，$1+$，$2+$），其中的第五族和第六族元素的六羰基部分 $[M(CO)_6]$ 作为双齿或三齿配体配位于中心的银原子。EDA-NOCV 和 QTAIM 分析证实，$[M(CO)_6]$ 片断通过双桥或三桥羰基强配位于中心的银原子。与当前的 $AgFe(CO)_4^-$ 配合物的电子共享键形成鲜明对比，EDA-NOCV 分析认为，$[Ag\{M(CO)_6\}_2]^+$（M＝Cr，Mo，W）和 $[Ag\{M(CO)_6\}_2]^-$（M＝V，Nb，Ta）配合物中 $[M(CO)_6]$ 和中心的银原子间的成键，最佳描述是给体－受体间的配位键[26]。当前的 $AgFe(CO)_4^-$ 配合物，径向羰基轻微倾向末端的银原子，但未显著地偏离赤道平面，其 Curtis 非对称参数 σ[27]计算为 0.65。而且，$AgFe(CO)_4^-$ 配合物的 1,3 Ag···CO 相互作用，比报道的 $Co_2(CO)_8$ 的桥式异构体和半桥式的 $[FeCo(CO)_8]^-$ 的 1,3 M···CO 要弱得多，但接近于非桥式的 $Co_2(CO)_8$ 异构体和 $Fe_2(CO)_8^{2-}$ 负离子[28]。因此，根据能量相关和结构标准，$AgFe(CO)_4^-$ 配合物的径向羰基不应该归类为半桥式配体，而是归类为端式配体。这表明，当前体系的离域化学成键，不属于异核金属羰基团簇中常见的半桥羰基相互作用范畴。

为了理解 $AgFe(CO)_4^-$ 配合物负离子中银原子和四羰基铁之间的相互作用的本质，利用 B3LYP-D3(BJ)/def2-TZVPP 理论水平下优化的平衡几何结构，在 BP86-D3(BJ)/TZ2P 理论水平下进行 EDA-NOCV 分析。与上述的 BDE 计算一致，EDA-NOCV 分析同时考虑了 3 种不同的成键模型分解，包括从 Ag^- 至 $Fe(CO)_4$ 单重态的配位键，二重态 Ag 原子和 $Fe(CO)_4^-$ 负离子间的电子共享单键，以及 Ag^+ 和 $Fe(CO)_4^{2-}$ 二重态离子间的配位键。$AgFe(CO)_4^-$ 配合物负离子的 EDA-NOCV 分析数值结果列在表 5-4 中，而相关的形变密度和成对轨道作用的图示结果展示在图 5-9 中。

表 5-4　BP86-D3(BJ)/TZ2P 理论水平下计算的 $AgFe(CO)_4^-$ 配合物在 3 种不同分解策略下的 EDA-NOCV 分析结果　　　　单位：kcal·mol⁻¹

Fragments	$AgFe(CO)_4^-$		
	$Ag^- + Fe(CO)_4$	$Ag + Fe(CO)_4^-$	$Ag^+ + Fe(CO)_4^{2-}$
ΔE_{int}	−88.31	−48.25	−299.10
ΔE_{pauli}	116.95	77.44	87.47
ΔE_{disp}[a]	−6.38(3.11%)	−6.38(5.08%)	−6.38(1.65%)
ΔE_{elstat}[a]	−100.91(49.16%)	−74.59(59.34%)	−291.47(75.40%)
ΔE_{orb}[a]	−97.97(47.73%)	−44.72(35.58%)	−88.72(22.95%)
$\Delta E_{orb(\alpha)}$[b]	−88.98(90.73%)	−37.72(84.35%)	−64.28(72.45%)
$\Delta E_{orb(rest)}$[b]	−9.08(9.27%)	−7.00(15.65%)	−24.44(27.55%)

注：① 括号中数值代表了占总吸引作用 $\Delta E_{disp} + \Delta E_{elstat} + \Delta E_{orb}$ 的百分贡献。② 括号中数值代表了占总轨道相互作用 ΔE_{orb} 的百分贡献。

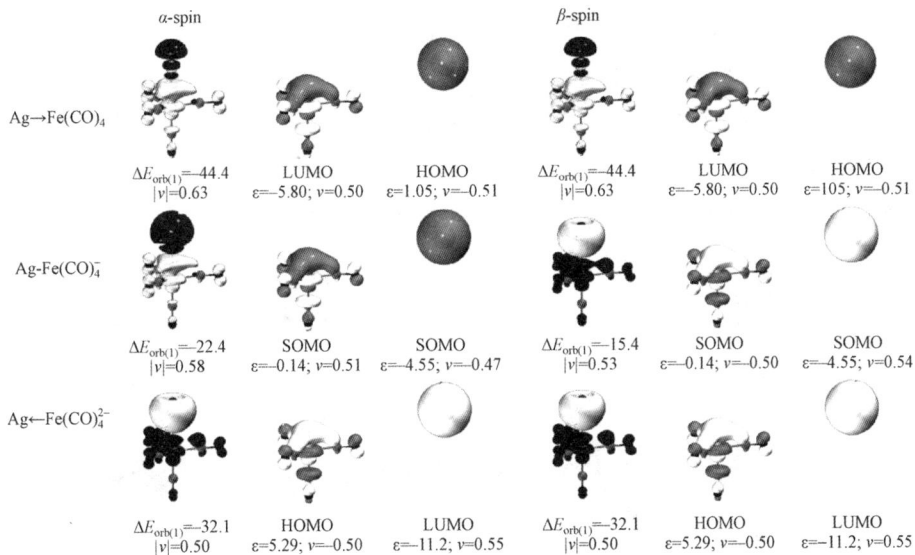

图 5-9　BP86-D3(BJ)/TZ2P 理论水平下，AgFe(CO)$_4^-$配合物在 3 种不同分解策略下的
形变密度 $\Delta\rho$ 和分解片断密切相关的重要占据轨道和空轨道：电荷流向是从黑色至白色

　　能量分解分析中，通常认为具有最小轨道作用能的参考电子态是成键模式的最佳描述。当采用 Ag 原子和 Fe(CO)$_4^-$二重态片断时，ΔE_{orb} 的绝对值最小（44.72 kcal·mol^{-1}），而剩下两种配位键模式的ΔE_{orb}绝对值要大得多（97.97 和 88.72 kcal·mol^{-1}）。这表明最佳描述 AgFe(CO)$_4^-$负离子成键形式的是第二种以电子共享单键的分解模式，这和上述计算的能量最优解离通道一致。这种分解策略进一步得到自然电荷布局分析的支持。自然电荷布局分析表明负电荷仅仅位于 Fe(CO)$_4$ 部分（-1.01e），而银原子是 0.01 的正电荷。由于 Fe(CO)$_4$ 部分的电子亲和能（2.4±0.3）eV 比银原子（1.302±0.007）eV 的更高，额外的电子主要位于 Fe(CO)$_4$ 部分，形成 Fe(CO)$_4^-$自由基，这样电子共享键可以在这两个分子片断间形成。银原子的电离子能（IP：7.58 eV）太高，以至于无法从银原子有效地转移一个电子至 Fe(CO)$_4^-$部分，气相中难以形成[Fe(CO)$_4$]$^{2-}$二价负离子形式。Haaland 认为，相同原子间给体－受体配位键要比电子共享共价键更长[29]。然而，银铁原子间的键长，从 AgFe(CO)$_4^-$配合物的电子共享键至配位的 Ag$^+\leftarrow$Fe(CO)$_5$，稍微增长了 0.06 Å。这表明，AgFe(CO)$_5^+$中存在相似的成键形式。正如预期，图 5-10 的 AdNDP 分析揭示，AgFe(CO)$_5^+$中银原子和 Fe(CO)$_5$ 间存在一个类似的多中心键，其中铁原子和 4 个径向的碳原子共同参与了向银原子的配位键。

　　EDA-NOCV 计算表明，Ag-Fe(CO)$_4^-$键相互作用以静电相互作用为主导，其或多或少被排斥贡献ΔE_{pauli}抵消。分解轨道项ΔE_{orb}揭示一个占主导的组分贡献了轨道相互作用能的 84.35%。颜色标注的电子形变密度 $\Delta\rho(\alpha)$ 和 $\Delta\rho(\beta)$ 展示了 α 和 β 组分不同的电荷流向，清楚地揭示了这个轨道相互作用项的电子共享 σ 键本质。而且，Ag→Fe 方向很小的电荷迁移程度($v_{\alpha+\beta}=0.05$ e)与上述的 NPA 分析一致，进一步证明这个键本质上是非极性共价键。同时，当前体系的多中心共价键不同于 EFe(CO)$_3^-$（E＝B、Sc、Y 和 La）

多重键配合物中的多中心键，后者本质是配位 σ 键。电子共享的成键特征令人回想起 $Fe(CO)_4^-$ 和 CH_3 的等辨相似。甲烷的一个 C—H 键均裂生成 CH_3，它有一个单电子占据前线轨道，指向失去 H 原子的方向，为 a_1 对称性。当一个电子贴附至四羰基铁上形成 $Fe(CO)_4^-$ 片断时，它也有一个单占据前线轨道，指向剩余羰基的反方向，亦为 a_1 对称性。这意味着 $Fe(CO)_4$ 和 CH_3 是等辨相似的，可以共价键结合其他片断或原子。

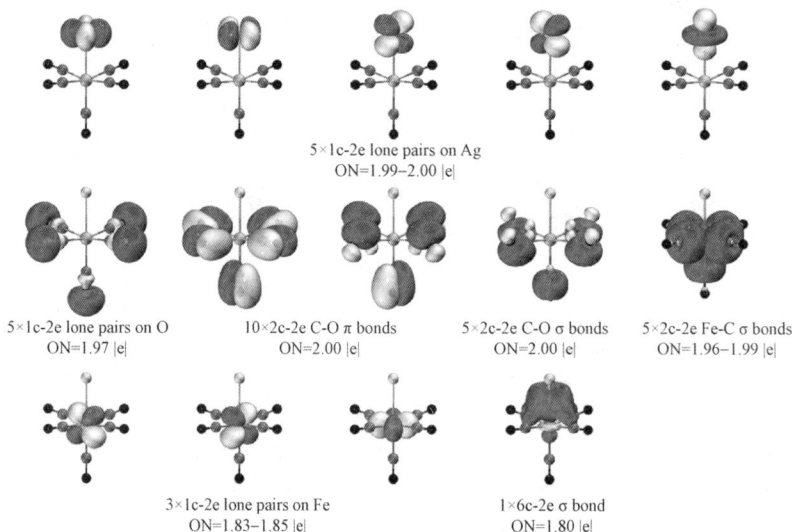

5×1c-2e lone pairs on Ag
ON=1.99–2.00 |e|

5×1c-2e lone pairs on O
ON=1.97 |e|

10×2c-2e C-O π bonds
ON=2.00 |e|

5×2c-2e C-O σ bonds
ON=2.00 |e|

5×2c-2e Fe-C σ bonds
ON=1.96–1.99 |e|

3×1c-2e lone pairs on Fe
ON=1.83–1.85 |e|

1×6c-2e σ bond
ON=1.80 |e|

图 5-10　B3LYP-D3(BJ)/def2-TZVPP 理论水平下计算的 $AgFe(CO)_5^-$ 的 AdNDP 分析

作为补充，以 Ag 原子和 $Fe(CO)_4^-$ 部分为片断展开 PIO 分析，图 5-11 中的结果揭示了一个占主导的成键相互作用（1st PIO 对），占 Ag—$Fe(CO)_4^-$ 的总成键相互作用的 83.7%。Ag 原子的第一个 PIO 是 sd 杂化轨道，与 $Fe(CO)_4^-$ 片断中径向羰基配体的 $\rho\pi^*$ 反键轨道和 Fe 原子的 $3d_{z^2}$ 原子轨道构成的 PIO 相互作用。第一对 PIO 的布局都非常接近 1，与电子共享键的特征一致。而且，这个 PIO 对的 PIO 键级（PBI）接近 1，进一步证明其非极性键特征。第一对 PIO 对的同相结合形成的主相互作用分子轨道（PIMO），有着和图 5-8 中五中心两电子的 AdNDP 轨道相似的轨道等值面图，清楚地展示了 Ag 原子和 $Fe(CO)_4$ 分子片断间的多中心成键特征。顺便一提，Fe 原子的 18 电子组态亦可以通过 PIO 分析理解。如图 5-12 所示，以 Fe 原子和剩余部分为两个片断的 PIO 分析得到 9 个主要的成键相互作用，包括 5 个电子给予至 Fe 的 $3d_{z^2}$、$4s$ 和 $4p$ 轨道的 σ 给予，以及 4 个从 Fe 的 $3d\delta$ 和 $3d\pi$ 轨道至 CO 配体的 $\rho\pi^*$ 组分的 π 反馈。

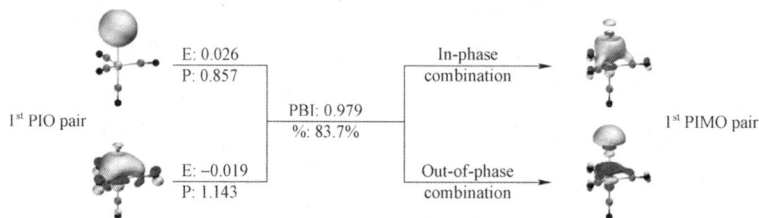

图 5-11　B3LYP-D3(BJ)/def2-TZVPP 理论水平下 $AgFe(CO)_4^-$ 配合物以银原子和四羰基铁为两个分子片断的 PIO 分析结果

116

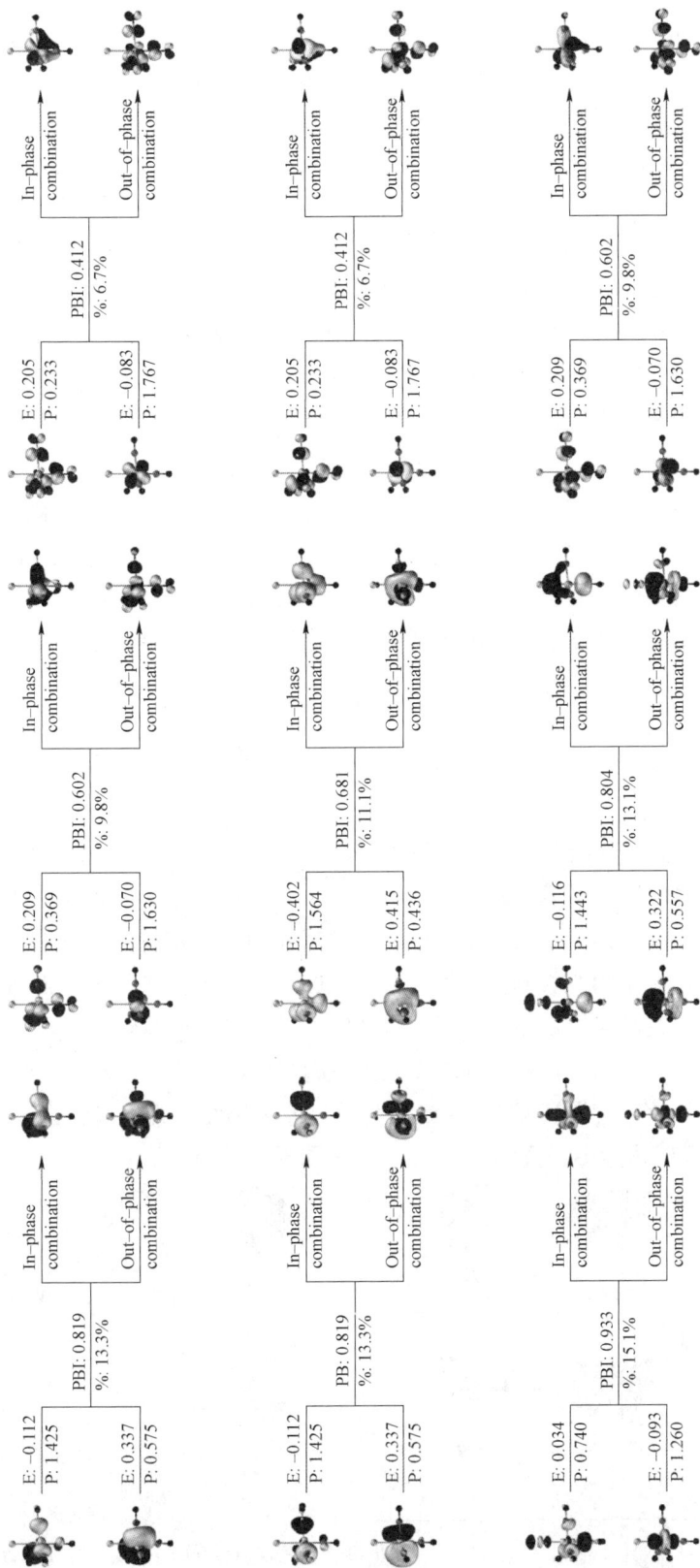

图 5-12　B3LYP-D3(BJ)/def2-TZVPP 理论水平下 AgFe(CO)$_4$配合物以中心的铁原子为一个分子片断和剩余部分为另一个分子片断的 PIO 分析结果

当前的研究工作有助于理解 AgFe(CO)$_4^-$低聚物的电子结构，例如[Ag$_3$(Fe(CO)$_4$)$_3$]$^{3-}$和[Ag$_4$(Fe(CO)$_4$)$_4$]$^{4-}$[30]。EDA-NOCV 分析不仅提供了最终成键的有用信息，而且包括形成过程的化学键演变。以 Ag$^+$和 Fe(CO)$_4^{2-}$为分解片断的计算包括了 Ag$^+$←Fe(CO)$_4^{2-}$总的电荷迁移，符合化学键的最初形成。正如预期的，发生大量的电荷迁移，EDA-NOCV分析估算 Ag$^+$←Fe(CO)$_4^{2-}$净的电荷迁移为 1.0，这是由于 Ag$^+$的电子亲和能（Ag$^+$＋e$^-$ → Ag）比 Fe(CO)$_4^-$的[Fe(CO)$_4^-$＋e$^-$ → Fe(CO)$_4^{2-}$]大。强的电子迁移最终演变成一个电子共享键。因此，以 Ag 和 Fe(CO)$_4^-$作为相互作用片断的分解更适合描述平衡结构的化学键。自然电荷布局分析表明，负电荷主要局域在 Fe(CO)$_4$ 部分。类似地，以前的 Hirshfeld 布局分析[30]强调，负电荷主要局域在团簇周边的 Fe(CO)$_4$配体上，而不是中心的银原子，这可以减弱不稳定的库仑排斥。而且，Fe(CO)$_4$ 中的一些径向羰基容易从端式转变成桥式或半桥式，通过多中心键更有效地支撑中心的金属三角形或正方形内核的 Ag$_2$边。除了亲银相互作用[31]，多中心共享键可以作为额外的束缚来稳定中心的银团簇核。这意味着 AgFe(CO)$_4^-$在聚合过程中，通过电子和几何重组实现自身的稳定。AgFe(CO)$_4$作为多齿的拟配体辅助银团簇的合成。这些效应联合亲银相互作用、抗衡离子效应和固体作用力，从而使这些高价负离子能够在液相和晶体中稳定保存下来。

5.4　本章小结

在本章，我们通过光电子速度成像能谱结合量子化学计算，研究了气相制备的异双核银－铁羰基配合物负离子 AgFe(CO)$_4^-$。该配合物被确认为 C_{3v} 对称性的三角双锥体结构，其中的银原子作为一个共价配体结合至等辨相似于甲基自由基的 Fe(CO)$_4^-$。电子结构分析揭示了银原子和 Fe(CO)$_4^-$间奇特的多中心电子共享 σ 键，如图 5-13 所示。其中，银原子不仅共价键结合于铁中心，而且共价作用于径向的羰基碳原子。当前研究工作中揭示的多中心电子共享键，以及以前文献报道的多中心配位键，表明类似的多中心键可能普遍存在于异核过渡金属配合物。这些异核过渡金属配合物可以作为多功能的结构单元，用于无机和有机金属化学中的异核过渡金属材料的组装。

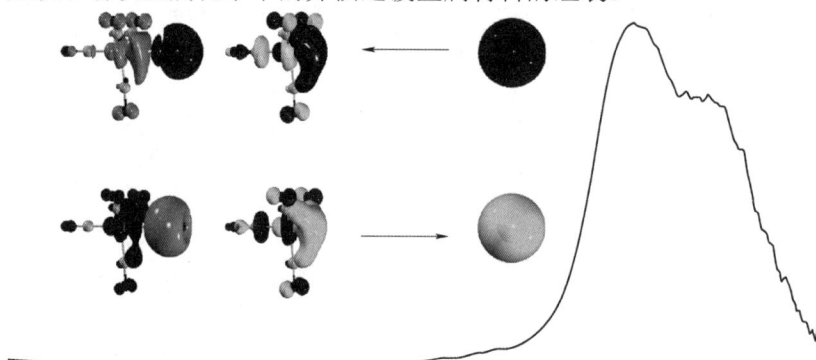

图 5-13　异双核银－铁羰基配合物负离子 AgFe(CO)$_4^-$的多中心电子共享 σ 键

5.5　本章主要参考文献

[1] MOND L, LANGER C. XCIII. —on iron carbonyls[J]. J. Chem. Soc. Trans., 1891, 59(0): 1090-1093.

[2] (a) CULCU G, IOVAN D A, KROGMAN J P, et al. Heterobimetallic complexes comprised of Nb and Fe: isolation of a coordinatively unsaturated NbIII/Fe0 bimetallic complex featuring a Nb≡Fe triple bond[J]. J. Am. Chem. Soc., 2017, 139(28): 9627-9636; (b) KUPPUSWAMY S, POWERS T M, KROGMAN J P, et al. Vanadium-iron complexes featuring metal-metal multiple bonds[J]. Chem. Sci., 2013, 4(9): 3557-3565.

[3] (a) CHI C X, WANG J Q, QU H, et al. Preparation and characterization of uranium-iron triple-bonded UFe(CO)$_3^-$ and OUFe(CO)$_3^-$ complexes[J]. Angew. Chem. Int. Ed., 2017, 56(24): 6932-6936; (b) WANG J Q, CHI C X, HU H S, et al. Triple bonds between iron and heavier group 15 elements in AFe(CO)$_3^-$(A=As, Sb, Bi)complexes[J]. Angew. Chem. Int. Ed., 2018, 57(2): 542-546; (c) WANG J Q, CHI C X, LU J B, et al. Triple bonds between iron and heavier group-14 elements in the AFe(CO)$_3^-$ complexes(A=Ge, Sn, and Pb)[J]. Chem. Commun., 2019, 55(40): 5685-5688.

[4] (a) YANG T, ANDRADA D M, FRENKING G. Dative versus electron-sharing bonding in N-Oxides and phosphane oxides R$_3$EO and relative energies of the R2EOR isomers(E=N, P;R=H, F, Cl, Me, Ph). a theoretical study[J]. Phys. Chem. Chem. Phys., 2018, 20(17): 11856-11866; (b) JERABEK P, SCHWERDTFEGER P, FRENKING G. Dative and electron-sharing bonding in transition metal compounds[J]. J. Comput. Chem., 2019, 40(1): 247-264.

[5] (a) CHI C X, WANG J Q, HU H S, et al. Quadruple bonding between iron and boron in the BFe(CO)$_3^-$ Complex[J]. Nat. Commun., 2019, 10(1): 4713; (b) WANG J Q, CHI C X, HU H S, et al. Multiple bonding between group 3 metals and Fe(CO)$_3^-$[J]. Angew. Chem. Int. Ed., 2020, 59(6): 2344-2348.

[6] CUNDEN L S, LINCK R G. Fe(CO)$_4$ and related compounds as isolobal fragments[J]. Inorg. Chem., 2011, 50(10): 4428-4436.

[7] CHI C X, QU H, MENG L Y, et al. CO oxidation by group 3 metal monoxide cations supported on[Fe(CO)$_4$]$^{2-}$[J]. Angew. Chem. Int. Ed., 2017, 56(45): 14096-14101.

[8] (a) MALINOWSKI P J, KROSSING I. Ag[Fe(CO)$_5$]$_2^+$: a bare silver complex with Fe(CO)$_5$ as a ligand[J]. Angew. Chem. Int. Ed., 2014, 53(49): 13460-13462; (b) WANG G C, CEYLAN Y S, CUNDARI T R, et al. Heterobimetallic silver-iron complexes involving Fe(CO)$_5$ ligands[J]. J. Am. Chem. Soc., 2017, 139(40): 14292-14301; (c)

WANG G C, PONDURU T T, WANG Q, et al. Heterobimetallic complexes featuring Fe(CO)$_5$ as a ligand on gold[J]. Chem. Eur. J., 2017, 23(68): 17222-17226.

[9] WILEY W C, MCLAREN I H. Time-of-flight mass spectrometer with improved resolution[J]. Rev. Sci. Instrum., 1955, 26(12): 1150-1157.

[10] EPPINK A T J B, PARKER D H. Velocity map imaging of ions and electrons using electrostatic lenses: Application in photoelectron and photofragment ion imaging of molecular oxygen[J]. Rev. Sci. Instrum., 1997, 68(9): 3477-3484.

[11] DRIBINSKI V, OSSADTCHi A, MANDELSHTAM V A, et al. Reconstruction of Abel-transformable images: the gaussian basis-set expansion Abel transform method[J]. Rev. Sci. Instrum., 2002, 73(7): 2634-2642.

[12] HO J, ERVIN K M, LINEBERGER W C. Photoelectron spectroscopy of metal cluster anions: Cu$_n^-$, Ag$_n^-$, and Au$_n^-$[J]. J. Chem. Phys., 1990, 93(10): 6987-7002.

[13] FRISCH M J, TRUCKS G W, SCHLEGEL H B, et al. Gaussian 09. Wallingford, CT: Gaussian, Inc., 2013.

[14] LIU J X, LIU Z L, FILOT I a W, et al. CO oxidation on Rh-doped hexadecagold clusters[J]. Catal. Sci. Technol., 2017, 7(1): 75-83.

[15] LIU Z L, BAI Y, LI Y, et al. Multicenter electron-sharing σ-bonding in the AgFe(CO)$_4^-$ complex[J]. Dalton Trans., 2020, 49(43): 15256-15266.

[16] (a) CASIDA M E, JAMORSKI C, CASIDA K C, et al. Molecular excitation energies to high-lying bound states from time-dependent density-functional response theory: characterization and correction of the time-dependent local density approximation ionization threshold[J]. J. Chem. Phys., 1998, 108(11): 4439-4449; (b) BAUERNSCHMITT R, AHLRICHS R. Treatment of electronic excitations within the adiabatic approximation of time dependent density functional theory[J]. Chem. Phys. Lett., 1996, 256(4): 454-464.

[17] ZUBAREV D Y, BOLDYREV A I. Developing paradigms of chemical bonding: adaptive natural density partitioning[J]. Phys. Chem. Chem. Phys., 2008, 10(34): 5207-5217.

[18] GLENDENING E D, WEINHOLD F. Natural resonance theory: II. natural bond order and valency[J]. J. Comput. Chem., 1998, 19(6): 610-627.

[19] BADER R F W. Atoms in molecules[J]. Acc. Chem. Res., 1985, 18(1): 9-15.

[20] BADRI Z, FOROUTAN-NEJAD C, KOZELKA J, et al. On the non-classical contribution in lone-pair-π interaction: IQA perspective[J]. Phys. Chem. Chem. Phys., 2015, 17(39): 26183-26190.

[21] (a) ZIEGLER T, RAUK A. On the calculation of bonding energies by the hartree fock slater method[J]. Theor. Chim. Acta, 1977, 46(1): 1-10; (b) MITORAJ M, MICHALAK

A. Natural orbitals for chemical valence as descriptors of chemical bonding in transition metal complexes[J]. J. Mol. Model., 2007, 13(2): 347-355; (c) MICHALAK A, MITORAJ M, ZIEGLER T. Bond orbitals from chemical valence theory[J]. J. Phys. Chem. A, 2008, 112(9): 1933-1939; (d) MITORAJ M P, MICHALAK A, ZIEGLER T. A combined charge and energy decomposition scheme for bond analysis[J]. J. Chem. Theory Comput., 2009, 5(4): 962-975.

[22] ZHANG J X, SHEONG F K, LIN Z Y. Unravelling chemical interactions with principal interacting orbital analysis[J]. Chem. Eur. J., 2018, 24(38): 9639-9650.

[23] (a) GRIMME S, ANTONY J, EHRLICH S, et al. A consistent and accurate ab initio parametrization of density functional dispersion correction(DFT-D)for the 94 elements H-Pu[J]. J. Chem. Phys., 2010, 132(15): 154104; (b) GRIMME S, EHRLICH S, GOERIGK L. Effect of the damping function in dispersion corrected density functional theory[J]. J. Comput. Chem., 2011, 32(7): 1456-1465.

[24] LU T, CHEN F W. Multiwfn: a multifunctional wavefunction analyzer[J]. J. Comput. Chem., 2012, 33(5): 580-592.

[25] LENTHE E V, BAERENDS E J, SNIJDERS J G. Relativistic total energy using regular approximations[J]. J. Chem. Phys., 1994, 101(11): 9783-9792.

[26] KROSSING I, FRENKING G, KRATZERT D, et al. Group six hexacarbonyls as ligands for the silver cation: syntheses, characterization and analysis of the bonding compared to the isoelectronic group 5 hexacarbonylates[J]. Chem. Eur. J., 2020, 26(71):17203-17211.

[27] (a) CURTIS M D, HAN K R, BUTLER W M. Metal-metal multiple bonds. 5. molecular structure and fluxional behavior of tetraethylammonium μ-Cyano-bis (cyclopentadienyldicarbonylmolybdate) (Mo-Mo)and the question of semibridging carbonyls[J]. Inorg. Chem., 1980, 19(7): 2096-2101; (b) PARMELEE S R, MANKAD N P. A data-intensive Re-evaluation of semibridging carbonyl ligands[J]. Dalton Trans., 2015, 44(39): 17007-17014.

[28] TIANA D, FRANCISCO E, MACCHI P, et al. An interacting quantum atoms analysis of the metal-metal bond in[$M_2(CO)_8$]^n Systems[J]. J. Phys. Chem. A, 2015, 119(10): 2153-2160.

[29] HAALAND A. Covalent versus dative bonds to main group metals, a useful distinction[J]. Angew. Chem. Int. Ed., 1989, 28(8): 992-1007.

[30] BERTI B, BORTOLUZZI M, CESARI C, et al. Polymerization isomerism in [{$MFe(CO)_4$}$_n$]$^{n-}$ (M=Cu, Ag, Au; n=3, 4)molecular clusters supported by metallophilic interactions[J]. Inorg. Chem., 2019, 58(5): 2911-2915.

[31] HUBERT S, ANNETTE S. Argentophilic interactions[J]. Angew. Chem. Int. Ed., 2015, 54(3): 746-784.

第 6 章

NbNiO(CO)$_n^-$ 负离子的光电子速度成像研究

6.1　本章引言

　　一氧化碳是最常见、分布最广的空气污染物之一。将一氧化碳转化为二氧化碳，对于减少大气中的一氧化碳排放和燃料气体净化、去除一氧化碳等化学过程，具有重要的现实意义。此外，催化氧化一氧化碳是一种典型的非均相体系反应，受到科学家们的广泛关注。多相催化通常发生在固体材料的表面，其中的金属组分精细地分散在大比表面积的载体上。金属颗粒越小，表面自由能越高，金属位点与载体和吸附质的化学作用越活泼。如此尺寸效应的一个典型例子就是金，体相材料的金是化学惰性的，纳米尺寸分散的金颗粒对一氧化碳氧化反应则有明显的催化活性。20 世纪 80 年代，Haruta 教授发现了氧化物负载的金催化剂对一氧化碳氧化反应有超高的活性[1]。通过减小金属颗粒的尺寸来提高负载型金属催化剂的性能已经得到了广泛的研究。小尺寸金属催化剂的最终极限是单原子催化剂，它包含单独分散在载体上的孤立金属原子。单原子催化剂最大限度地提高金属原子的使用效率，并为优化活性、选择性和稳定性提供了巨大的潜力。大量的凝聚相研究工作一直致力于探索一氧化碳氧化催化剂的活性位点和反应机理，致力于阐明催化剂的构效关系，以及催化剂和载体间的电荷转移、过渡金属掺杂、水蒸气等因素发挥的关键作用[2]。

　　为了合理设计性能良好的催化剂，在分子水平上识别活性位点和了解催化机理至关重要。然而，化学过程中表征凝聚相系统的单分散负载型金属原子所涉及的基元反应是一项极具挑战性的工作。由有限数量的原子组成原子团簇，是实验和理论计算上相对容易驾驭的系统。团簇反应的气相研究，可以在可控和重复的条件下，探索基元反应和催化循环的机理，从而为探索单原子催化剂的功能提供了机会，或者更一般地说，有助于识别单位点催化剂的活性部分。因此，在孤立、可控条件下金属氧化物团簇的气相光谱研究，提供了分子水平理解现实工业和商业应用所涉及的催化机理的另一条途径。最近，一氧化碳和各种多核过渡金属氧化物团簇物种的气相反应，包括含贵金属的和无贵金属的氧化物物种，受到广泛的研究，以期理解单分散过渡金属原子至氧化物载体的单原子催化剂。这些光谱研究硕果累累，尤其是结合从头算和密度泛函理论计算，解析反应活性与过渡金属氧化物团簇的方方面面的关系，如团簇的结构[3]和组成[4]、电荷态[5]、载体[6]和活性氧物种。

　　然而，在一氧化碳氧化过程中，关于化学共吸附的一氧化碳分子本身的特殊作用的关注相对较少[7]。已经证实过渡金属团簇活性位点可以多分子吸附一氧化碳，尤其是在相对高的一氧化碳气压和低温条件下。例如，关于金团簇饱和吸附一氧化碳的尺寸相关性、压力相关性实验，表明一氧化碳与金的饱和比率接近于 1。质谱实验结合密度泛函理论计算，确认了过渡金属团簇表面上的一氧化碳和氧气的协同吸附，如金团簇。研究表明，化学吸附多个一氧化碳分子至小的金团簇上，会改变团簇的电子、几何结构性质和对氧气分子的反应活性。特别的是，一氧化碳的多分子吸附对一氧化碳的氧化反应有着显著的促进作用。Burgel 和同事发现，将金的氧化物团簇正离子置于一氧化碳的高压氛围中，金的氧化物团簇正离子氧化一氧化碳的反应是自促进的[8]。一氧化碳氧化反应的驱动力，被认为来源于一氧化碳气相吸附至金团簇正离子所释放的高吸附能。类似的，Rodríguez 等人揭示了液相溶液中一氧化碳自促进吸附诱导一氧化碳氧化反应[9]。理论方面，Zeng 和同事们提出了一个三分子的一氧化碳自促进氧化机理[10]。纳米金团簇和纳米多孔金的密度泛函理论研究表明，共吸附的一氧化碳分子可作为一氧化碳氧化反应中氧–氧键断裂的促进剂，实现一步反应中同时生成两个二氧化碳分子。

　　此外，非均相氧化催化的主要研究兴趣，是过渡金属氧化催化剂和催化剂负载的材料中的活性氧物种的反应行为。目前，过渡金属氧化物催化剂表面确认了 4 种典型的氧物种，包括端式和桥式的晶格氧（O^{2-}）、分子和原子的负离子自由基（$O_2^{\cdot-}$ 和 $O^{\cdot-}$）[11]。通常认为，氧化反应发生之前，表面吸附的氧气分子必须先活化、转化成原子氧物种。以前的气相研究强调了活性原子氧在一氧化碳氧化中发挥的重要作用，如原子氧自由基（$O^{\cdot-}$）和端式晶格氧（O^{2-}），普遍存在于富氧的过渡金属氧化物团簇中。值得一提的是，这些活性氧物种通常是边界位置的悬键氧原子，而不是位于两个金属原子间桥位的桥式氧原子。Castleman 等开展的气相构效关系研究[3]，揭示了一氧化碳氧化只发生在边界位置的悬键氧原子上。吸电子基团配位至与桥氧成键的过渡金属原子，会大大降低对一氧化碳氧化的反应性。端式成键的氧物种比桥键的氧物种更具竞争力的反应活性，得到许多气相实验的验证。然而，过渡金属氧化物团簇中的桥氧原子，结构相似于与凝聚相催化剂真实表面上的晶格氧物种（μ^2-O）。因此，桥氧原子的反应行为和利用，对于实际工作中的非均相氧化催化的机理研究，是一项重要但又极具挑战的课题。

　　第五副族过渡金属氧化物在一氧化碳催化氧化反应的实际应用，促进了第五副族过渡金属氧化物团簇的结构和一氧化碳氧化反应活性的气相研究。含钒的二元过渡金属氧化物的气相研究，诸如双核的铝钒氧化物正离子 $AlVO_n^+$（$n=3\sim4$）[12]和三核的金钒氧化物正离子 $Au_2VO_n^+$（$n=3\sim4$）[13]，证实了它们选择性氧化一氧化碳的能力。铌作为钒的同族元素，可能具有相似的化学反应性。最近，同时在非质量选择和质量选择条件的快速流动反应实验，确认了金掺杂的铌氧化物团簇与碳氢化合物分子的反应性。

在本章，我们报道了在连续的一氧化碳吸附过程中，异双核的铌–镍单氧负离子中桥氧原子氧化一氧化碳的光电子速度成像光谱和理论研究工作。$NbNiO(CO)_n^-$（$n=5\sim6$）负离子被确认为是包含了 $NbONi^-$ 负离子核心的 μ^2-O 桥连的配合物。相反，$NbNiO(CO)_n^-$（$n=7\sim8$）表征为 η^2-CO_2 贴附的配合物，涉及一个侧配位的 η^2-CO_2 配体。一氧化碳吸附过程中的一氧化碳氧化反应发生在 $n\geqslant7$ 的情况下。下面讨论这些产物形成的可能机理。

6.2 实验和理论方法

6.2.1 光电子速度成像

本实验是在配备了激光蒸发源的光电子速度成像自制装置上完成的，详细的仪器装置可以参考第 2 章。在载带了 5%一氧化碳的氦气超声膨胀中，Nd：YAG 的二倍频激光用于蒸发铌镍合金靶，激光溅射生成铌镍单氧羰基配合物负离子 $NbNiO(CO)_n^-$（$n=5\sim8$）。团簇负离子冷却、扩散至源室中。这些团簇负离子由 Wiley-McLaren 型飞行时间质谱[14]质量选择。通过仔细比较实验飞行时间质谱的同位素分布轮廓和理论模拟的质谱，确认质量选择 $NbNiO(CO)_n^-$（$n=5\sim8$）体系的原子组成，如图 6-1[15]①所示。值得一提的是，两个羰基的质量接近镍原子的质量，而 3 个羰基的质量接近铌原子的质量。因此，为了进一步准确无误地确定团簇离子的组成，以 $NbNiO(CO)_5^-$ 负离子为例，我们对比了 $NbNiO(CO)_5^-$ 负离子的实验质谱同位素轮廓与 $NbNi_2O(CO)_3^-$ 和 $Nb_2NiO(CO)_2^-$ 理论模拟谱。只有 $NbNiO(CO)_5^-$ 的模拟质谱无论是同位素峰形还是峰位置与实验质谱都吻合，而 $NbNi_2O(CO)_3^-$ 和 $Nb_2NiO(CO)_2^-$ 的峰位置与实验质谱不匹配，如图 6-2 所示。

在空间中分离后，感兴趣的铌镍单氧羰基配合物负离子配合物被质量选择，进入光电子脱附区域，并与一束激光束相交作用。266 nm 的激光（4.661 eV）用于这些铌镍单氧羰基配合物负离子的光电子脱附。产生的光电子由速度成像光电子能谱仪提取，并由 CCD 图像传感器记录。每一张图像是以 10 Hz 的重复频率累加 50 000~100 000 次得到的。原始图像代表了三维实验坐标系的光电子密度在二维成像探测器上的投影。原始的光电子三维分布，可以利用基组展开反阿贝尔变换方法[16]对原始图像进行重构，通过积分三维分布的中心切片可以获得光电子能谱和光电子角分布信息。本实验采集的光电子能谱用已知的 Au^- 标准谱来校正[17]。仪器的能量分辨优于 5%，对应在 1 eV 电子动能处为 50 meV。

---

① 本章图表均引自参考文献［15］，经美国化学会许可。

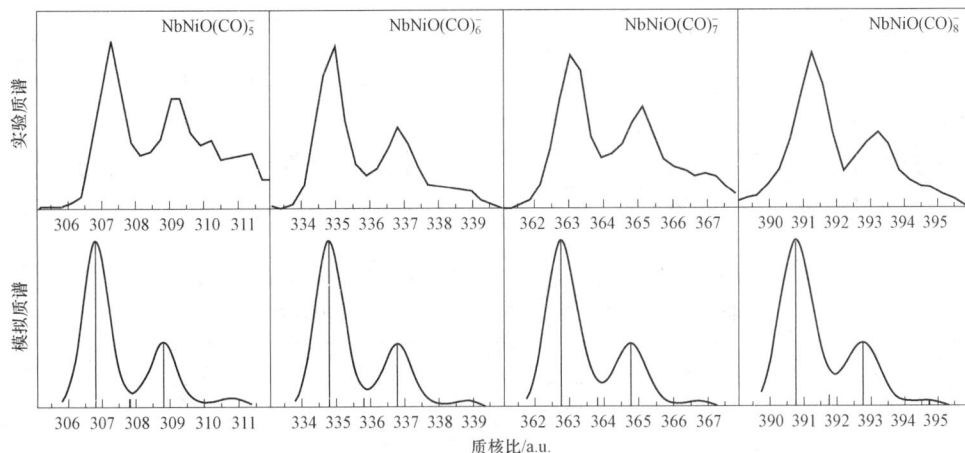

图 6-1　质量选择 NbNiO(CO)$_n^-$（$n=5\sim8$）负离子的实验质谱同位素分布（灰色线）
与理论模拟质谱（黑色线）

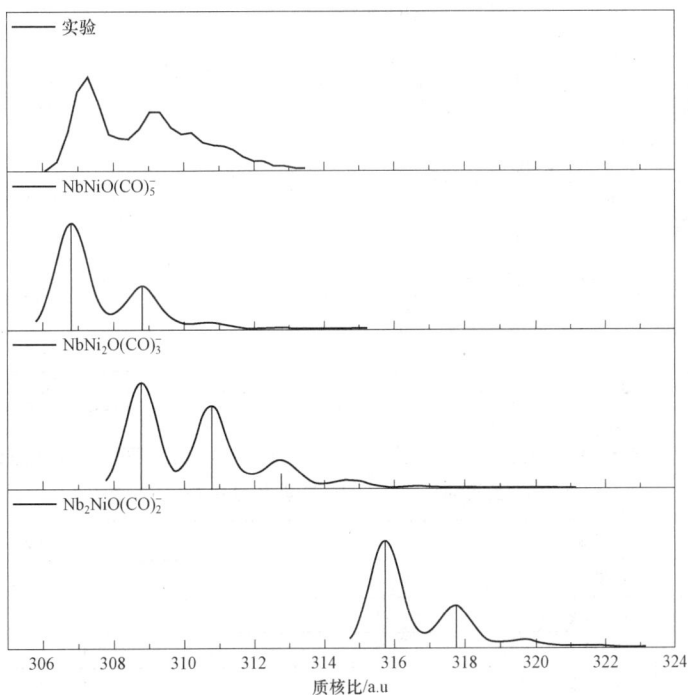

图 6-2　质量选择 NbNiO(CO)$_5^-$负离子的实验质谱同位素分布与 NbNi$_2$O(CO)$_3^-$和 Nb$_2$NiO(CO)$_2^-$
理论模拟质谱

6.2.2　密度泛函理论计算

理论方面，利用高斯 09 软件包[18]执行量子化学计算，优化铌镍单氧羰基配合物负离子 NbNiO(CO)$_n^-$（$n=4\sim8$）体系的几何结构，计算振动频率。为了确认适合铌镍单氧配合物体系的密度泛函，各种不同的密度泛函结合 def2-TZVP 基组，用于计算氧化铌双原子分子的光谱参数，并与已知的实验结果对比，具体见表 6-1。进一步，在不同的密度泛函理论水平下，计算铌镍单氧五羰基配合物负离子 $NbNiO(CO)_5^-$ 的垂直脱附能，并与实验结果对比，具体见表 6-2。表 6-1 和表 6-2 的结果共同显示，BP86 泛函的综合表现是最佳的。以前的过渡金属羰基配合物的理论研究，展示了 BP86 泛函良好的表现，因此，BP86 泛函选用于铌镍单氧羰基配合物负离子 $NbNiO(CO)_n^-$（$n=5\sim8$）的电子几何结构解析。

表 6-1　NiO 分子的电子亲和能、电离能、振动频率和键长的实验值以及
不同密度泛函理论方法的计算值，基组为 **def2-TZVP**

参数		电子亲和能/eV	电离能/eV	振动频率/cm^{-1}	键长/Å
实验值		1.45	9.5	839	1.627
纯密度泛函	TPSS	0.78	9.22	853.2	1.620
	BLYP	1.24	9.40	824.8	1.630
	BPBE	1.27	9.30	843.7	1.619
	M06L	1.30	8.88	855.7	1.612
	BP86	**1.42**	**9.51**	**847.4**	**1.618**
杂化密度泛函	M05	0.91	8.38	665.5	1.665
	B3P86	1.00	9.41	719.1	1.643
	M06	1.20	8.64	651.0	1.652
	B1B95	1.22	8.60	651.4	1.659
	M06-2X	1.25	8.81	564.8	1.803
	B1LYP	1.39	8.78	618.8	1.678
	PBE1PBE	1.44	8.71	665.6	1.657
	X3LYP	1.47	8.90	678.5	1.661
	B3LYP	1.50	8.95	688.6	1.660

表 6-2　$NbNiO(CO)_5^-$ 最稳定结构的垂直胶附能的实验值和不同泛同密度泛函
理论方法的理论值，采用的基组为 **def2-TZVP**

方法	垂直胶附能/eV
实验	3.41
MPW1PW91	3.01
B3LYP	3.11
TPSS	3.15
B3PW91	3.19
PBEPBE	3.26
BP86	**3.39**

　　遗传算法结合 BP86/def2-SVP 水平的密度泛函理论计算用于团簇基态结构的全局最优化搜索，所有的低能量结构展示在图 6-3 中。铌镍单氧羰基配合物负离子 $NbNiO(CO)_n^-$（$n=5\sim8$）的单重态、三重态和五重态异构体都全部几何优化，它们的相对能量列在表 6-3 中，可以发现单重电子态比高自旋电子态的其他结构更稳定。这些结构异体进一步在 BP86/def2-TZVP 理论水平下优化。

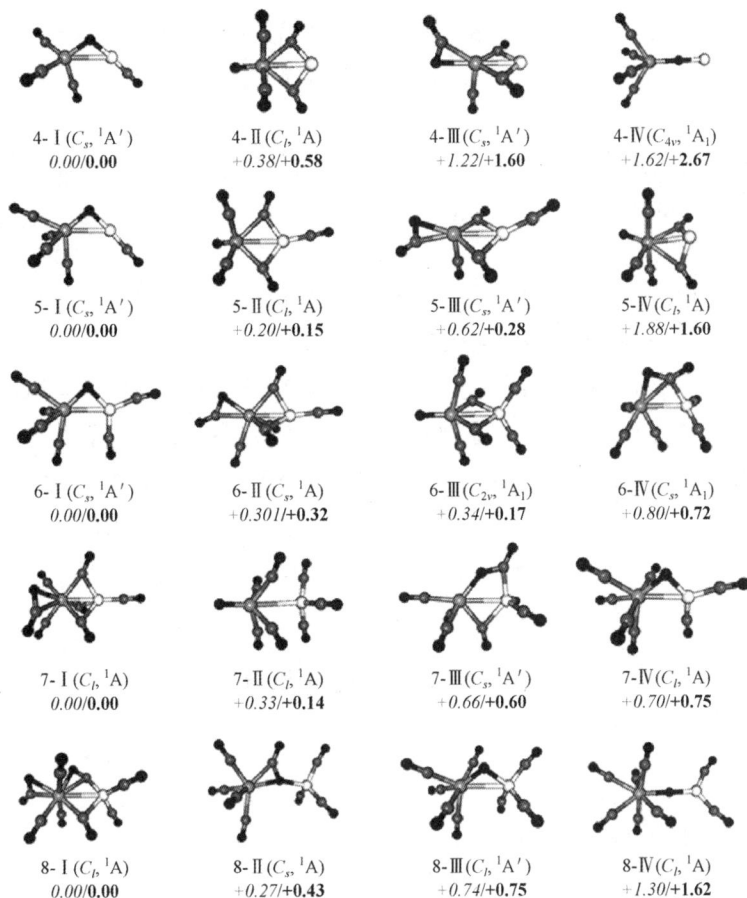

4- I (C_s, $^1A'$)
0.00/**0.00**

4- II (C_b, ^1A)
+0.38/**+0.58**

4- III (C_s, $^1A'$)
+1.22/**+1.60**

4- IV (C_{4v}, $^1A_1$)
+1.62/**+2.67**

5- I (C_s, $^1A'$)
0.00/**0.00**

5- II (C_b, ^1A)
+0.20/**+0.15**

5- III (C_s, $^1A'$)
+0.62/**+0.28**

5- IV (C_b, ^1A)
+1.88/**+1.60**

6- I (C_s, $^1A'$)
0.00/**0.00**

6- II (C_s, ^1A)
+0.301/**+0.32**

6- III (C_{2v}, $^1A_1$)
+0.34/**+0.17**

6- IV (C_s, $^1A_1$)
+0.80/**+0.72**

7- I (C_b, ^1A)
0.00/**0.00**

7- II (C_b, ^1A)
+0.33/**+0.14**

7- III (C_s, $^1A'$)
+0.66/**+0.60**

7- IV (C_b, ^1A)
+0.70/**+0.75**

8- I (C_b, ^1A)
0.00/**0.00**

8- II (C_s, ^1A)
+0.27/**+0.43**

8- III (C_b, $^1A'$)
+0.74/**+0.75**

8- IV (C_b, ^1A)
+1.30/**+1.62**

图 6-3　DFT/def2-SVP 理论水平下 NbNiO(CO)$_n^-$（$n = 4 \sim 8$）体系的基态和低能量异构体：括号中展示了每一个结构的点群、电子态；几何结构下的数字依次代表 BP86 和 B3LYP 水平下的相对能量（eV）；Nb、Ni、C、O 原子分别用白色、浅灰色、深灰色和黑色小球表示

表 6-3　DFT/def2-SVP 理论水平下 NbNiO(CO)$_n^-$（$n = 4 \sim 8$）体系的优化结构电子单重态、三重态和五重态的相对能量　　　　　　　　　　　单位：eV

物种	异构体	单重态	三重态	五重态
NbNiO(CO)$_5^-$	5A	0.00	0.37	0.96
	5B	0.70	1.12	2.17
NbNiO(CO)$_6^-$	6A	0.00	0.60	2.03
	6B	0.39	1.13	2.36
NbNiO(CO)$_7^-$	7B	0.00	1.22	2.16
	7A	0.21	0.82	2.60
NbNiO(CO)$_8^-$	8B	0.00	0.69	2.02
	8A	0.75	0.85	2.95

　　理论上，垂直脱附能计算为基于优化的负离子结构的中性物种和负离子之间的能量差，而绝热脱附能计算为在各自的优化结构基础上中性物种和负离子之间的能量差。基于上述负离子的基态结构，利用含时密度泛函理论（TDDFT）方法计算模拟中性物种

的激发能。利用同步过渡诱导的准牛顿法（STQN）优化过渡态，并经内禀反应坐标（IRC）计算证实[19]。高斯 09 软件自带的 NBO 3.1 用于自然布局分析。计算结果的可视化用 MOLEKEL 软件实现。

为了理解 NbNiO(CO)$_n^-$（$n=4\sim8$）负离子体系的化学成键，对该体系展开了包括自然键轨道分析（NBO）[20]、分子中的原子的量子理论（QTAIM）[21]、相互作用的量子原子分析（IQA）[22]、能量分解分析 – 化学价自然轨道（EDA-NOCV）[23]等分析。QTAIM 和 IQA 分析是利用 AIMALL 软件完成的。能量分解分析 – 化学价自然轨道分析是利用 ADF 软件包完成的。在 BP86-D3(BJ)泛函水平，结合三重 zeta 双极化函数（TZ2P）的 Slater 轨道基组，对 NbNiO(CO)$_n^-$（$n=4\sim8$）体系的桥氧原子与双核金属配合物之间的相互作用进行能量分解分析。通过零级规则展开近似方法[24]考量了标量相对论效应。在能量分解分析方法中，两个片断间的相互作用能（ΔE_{int}）分解成 4 项，包括静电相互作用能（ΔE_{elstat}）、Pauli 排斥（ΔE_{Pauli}）、轨道相互作用能（ΔE_{orb}）和色散相互作用能（ΔE_{disp}）。因此，两个片断间的相互作用能（ΔE_{int}）可以定义为：$\Delta E_{int} = \Delta E_{elstat} + \Delta E_{Pauli} + \Delta E_{orb} + \Delta E_{disp}$。

6.3　结果与讨论

6.3.1　光电子速度成像能谱

266 nm 下记录的 NbNiO(CO)$_n^-$（$n=5\sim8$）光电子图像和对应的光电子能谱展示在图 6-4 中。基态跃迁的垂直脱附能可从能谱的谱峰最强处直接测得，分别为 3.41 ± 0.06 eV、3.43 ± 0.06 eV、3.79 ± 0.04 eV 和 3.81 ± 0.04 eV。通过外推谱带的低电子束缚能侧至束缚能横轴，与束缚能轴的交点再加上仪器的分辨率，可大致估测得到基态跃迁的绝热脱附能。实验测量的垂直脱附能和绝热脱附能列入表 6-4 中，并与理论计算值比较。

表 6-4　NbNiO(CO)$_n^-$（$n=5\sim8$）体系基态跃迁垂直脱附能和绝热脱附能的实验测量值与 BP86/def2-TZVP 理论水平的计算值

物种	异构体	垂直脱附能/eV		绝热脱附能/eV	
		计算	实验	计算	实验
NbNiO(CO)$_5^-$	5A	3.39	3.41(6)	2.92	2.98(8)
	5B	3.54		3.31	
NbNiO(CO)$_6^-$	6A	3.44	3.43(6)	3.10	3.04(8)
	6B	3.92		3.47	
NbNiO(CO)$_7^-$	7A	3.43		3.17	
	7B	3.82	3.79(4)	3.34	3.26(7)
NbNiO(CO)$_8^-$	8A	3.35		3.03	
	8B	3.86	3.81(4)	3.32	3.32(7)

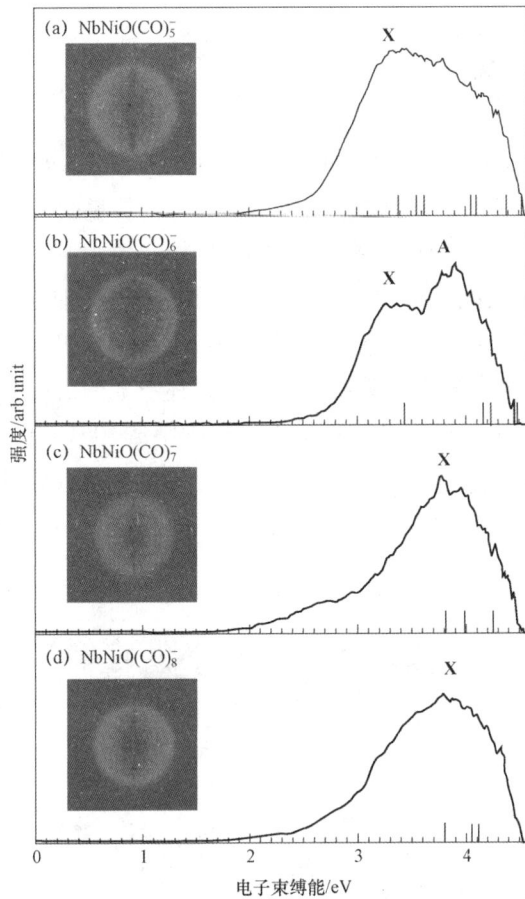

图 6-4　NbNiO(CO)$_n^-$（$n=5\sim8$）的 266 nm 光电子能谱:
插图是反阿贝尔变换重构之后的光电子速度图像；粗的短竖线代表中性基态和低能激发态

对于 4 个配合物，能谱由一个覆盖 2.60~4.50 eV 范围的宽峰占据。主峰的低束缚能侧有长长的拖尾，推测可能来自热的激光蒸发团簇源中生成的电子和振动激发的负离子能态。除了离子源比较热，能谱中观测到的宽谱带也和其他因素相关联，如光脱附引起的结构变化大、能量简并的异构体共存、拥挤的低能电子态等。尽管如此，彼此间的光谱特征还是可以区分开的。五羰基配位的配合物 NbNiO(CO)$_5^-$能谱中的谱带无分辨特征，是所有 4 个物质中最宽的。六羰基配位的配合物 NbNiO(CO)$_6^-$显示出和五羰基配位的配合物 NbNiO(CO)$_5^-$相似的延展峰宽和峰位置，只是 NbNiO(CO)$_6^-$的宽峰分裂成两个明显的谱带，分别标记为 **X** 和 **A**。NbNiO(CO)$_5^-$和 NbNiO(CO)$_6^-$的基态垂直脱附能大致位于束缚能轴的相同位置。光谱相似性也在七羰基配位的 NbNiO(CO)$_7^-$和八羰基配位的 NbNiO(CO)$_8^-$能谱中被发现，它们的基态垂直脱附能相对于前二者发生相同的蓝移。实验上观测到的突然谱带频移，以及彼此间的能谱相似性和差异性，暗示着连续羰基吸附过程中可能发生了结构演变。以前的异双核同配体铜镍羰基负离子的光电子速度成像中[25]，亦观察到类似的与几何演变关联的谱带频移。

6.3.2 理论计算的几何结构

为了理解这些配合物几何结构，对 $NbNiO(CO)_n^-$（$n=4\sim8$）系列进行了 BP86/def2-TZVP 水平下的密度泛函理论计算。表 6-3 中的理论计算表明，$NbNiO(CO)_n^-$（$n=4\sim8$）的最低能量结构都是闭壳层物种。图 6-5 展示了 BP86/def2-TZVP 理论水平下优化的基态结构和选择的代表性低能异构体，对于所有 4 个配合物，理论计算均预测了两类有着不同特征的代表性结构。第一类结构表示为 $(CO)_x\,Nb\text{-}(\mu^2\text{-}O)\text{-}Ni(CO)_y$（$x+y=n$），是由一个三角形的 $NbONi^-$ 负离子核端式吸附多个羰基配体形成的（标记为 nA），氧原子位于铌和镍原子的桥接位置上，这类结构形式上可以看作是 $Nb(CO)_x$ 和 $Ni(CO)_y$ 片断经 $\mu^2\text{-}O$ 桥连而成。第二类结构涉及一个弯曲的二氧化碳，以 $\eta^2\text{-}C$、O 方式侧配位于铌原子，除了有端式和桥式羰基配体配位至过渡金属核（标记为 nB），这种类形的结构定义为 $\eta^2\text{-}CO_2$ 贴附的结构。

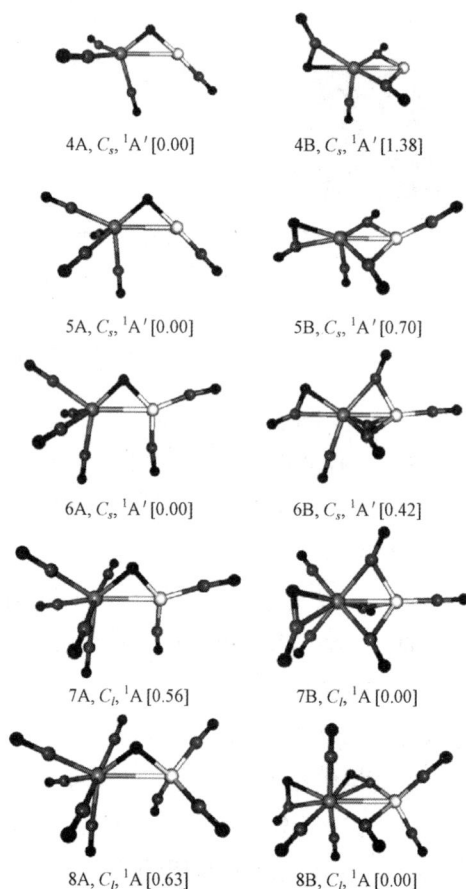

4A, C_s, $^1A'$ [0.00]　　　　4B, C_s, $^1A'$ [1.38]

5A, C_s, $^1A'$ [0.00]　　　　5B, C_s, $^1A'$ [0.70]

6A, C_s, $^1A'$ [0.00]　　　　6B, C_s, $^1A'$ [0.42]

7A, C_1, ^1A [0.56]　　　　7B, C_1, ^1A [0.00]

8A, C_1, ^1A [0.63]　　　　8B, C_1, ^1A [0.00]

图 6-5　BP86/def2-TZVP 理论水平下 $NbNiO(CO)_n^-$（$n=4\sim8$）体系的基态和低能量异构体：
展示了每一个结构的点群、电子态、相对于基态的能量值（eV）。
Nb、Ni、C、O 原子分别用白色、浅灰色、深灰色和黑色小球表示对于 NbNiO(CO)$_4^-$，热力学最稳定异构体采用的含过渡金属氧化物三角形核心的 μ^2-O 桥连结构（4A）。η^2-CO$_2$ 贴附的异构体（4B）有一个二氧化碳侧配位至铌原子，是热力学不稳定的。连续的吸附羰基至过渡金属中心依次生成更高配位的 NbNiO(CO)$_n^-$（$n = 5 \sim 8$），它们继承了 NbNiO(CO)$_4^-$ 的相似结构特征。例如，吸附额外的羰基配位至 4A 结构的铌原子中心，可以生成结构 5A，保持了呈三角形的过渡金属氧化物核心，而羰基端式配位至 4B 结构的镍原子中心，形成了 5B 结构，携带着 η^2-CO$_2$ 部分。然而，这两类异构体间的相对稳定性随着 CO 配体的多分子吸附发生改变。理论计算表明，当 $n \leqslant 6$ 时，μ^2-O 桥连结构更有利，而 $n \geqslant 7$ 时，η^2-CO$_2$ 贴附的结构更稳定。

6.3.3　实验与理论对比

对于图 6-5 中的每一个结构，理论预测的绝热脱附能和基态垂直脱附能汇总在表 6-3 中。值得一提的是，所有配合物的绝热脱附能和基态垂直脱附能之间有着比较宽的能量间隔，意味着光电子脱附会引起相当大的绝热弛豫，这与光电子能谱中观察到的宽谱带特征一致。初看，所有 η^2-CO$_2$ 贴附的异构体的基态垂直脱附能，相比于对应 μ^2-O 桥连结构的发生蓝移。μ^2-O 桥连异构体保持过渡金属氧化物核心，其基态垂直脱附能大致位于 3.4 eV，而 η^2-CO$_2$ 贴附的异构体的基态垂直脱附能大概位于 3.8 eV。这表明，如果连续羰基吸附过程中发生了结构演变，激光光电子脱附实验能够探测到谱带的频移。

对于 $n = 5 \sim 6$，基态结构为 μ^2-O 桥连的结构，类似于 NbNiO(CO)$_4^-$。NbNiO(CO)$_5^-$ 和 NbNiO(CO)$_6^-$ 的绝热脱附能和基态垂直脱附能，理论预测值分别为 2.92/3.39 eV 和 3.10/3.44 eV，与实验数据相符。η^2-CO$_2$ 贴附的结构比基态结构能量高出不少，而且，它们的绝热脱附能和基态垂直脱附能理论值与实验值不相符。此外，当前的实验条件下，高的相对能量将阻碍这类 η^2-CO$_2$ 侧配位结构的形成。对于 $n = 7 \sim 8$，这两类结构的相对稳定性发生了反转，η^2-CO$_2$ 贴附的结构成为基态。这些 η^2-CO$_2$ 贴附结构的绝热脱附能和基态垂直脱附能计算为 3.34/3.82 和 3.32/3.86 eV，与实验数据非常吻合，而且，相对于 NbNiO(CO)$_n^-$（$n = 5 \sim 6$）的值一致地蓝移。作为对比，μ^2-O 桥连异构体的理论预测基态垂直脱附能与实验测量值有明显偏差。总之，μ^2-O 桥连结构和 η^2-CO$_2$ 贴附结构间的能量差值，在序列的开始是不断减小的，然后在 $n = 7$ 时发生反转，最后在序列的结尾增加。当前的光谱实验证实了两种结构相对能量的理论预测值。

为了进一步理解光电子能谱中观测到的谱带展宽和劈裂，在上述负离子基态结构的基础之上，通过含时密度泛函理论方法理论模拟中性物种的激发能。定量的确认开壳层物种的激发能存在巨大挑战，这需要精巧地处理电子相关效应和多参考特征。然而，定性地与实验吻合是可以实现的。对于这些物种，图 6-4 用短竖线表示其基态和激发态的垂直脱附能。从图 6-4（a）中以看出，NbNiO(CO)$_5^-$ 的更高能量的垂直脱附能相对比较拥挤，能量上也接近于基态垂直脱附能。拥挤的低能电子态彼此太接近，以至于无法实现单个的分辨，且存在大的几何结构变化，从而形成展宽的无可辨特征的谱带。而对于 NbNiO(CO)$_6^-$，基态和激发态之间的能量差足够大，可以分辨出两个分裂的谱带，如

图6-4（b）所示。测量的谱带间隙很好地对应理论计算的基态垂直脱附能和第一激发态垂直脱附能间的能量间隔。类似地，高密度的低能电子态的重叠，导致 $NbNiO(CO)_7^-$ 和 $NbNiO(CO)_8^-$ 的光电子能谱中只观测到一个拥挤的谱带，如图6-4（c）和6-4（d）所示。为了进一步方便与实验进行比较，基于基态结构理论模拟了 $NbNiO(CO)_n^-$（$n = 5 \sim 8$）的光电子能谱。模拟是通过0.6 eV 半高全宽的单位面积高斯函数拟合计算的垂直脱附能实现的。图6-6 中的灰色线展示了模拟的谱图轮廓，证实了实验结果与理论结果的定性一致。

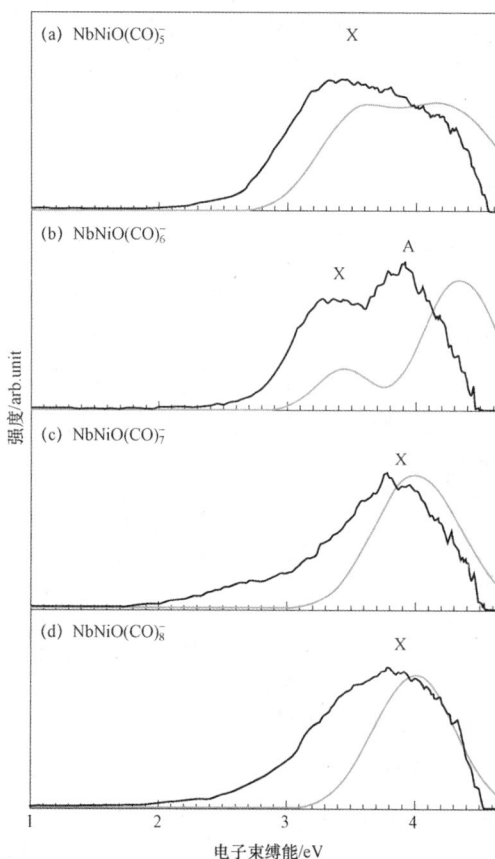

图6-6　$NbNiO(CO)_n^-$（$n = 5 \sim 8$）体系最稳定结构的模拟光电子能谱（灰色线）和266 nm 实验光电子能谱（黑色线）。短竖线代表中性基态和低能激发态

　　实验结果与理论结果的整体一致，证实了 $NbNiO(CO)_n^-$（$n = 5 \sim 8$）体系基态的几何结构演变。在连续羰基吸附过程中，铌镍单氧羰基配合物上吸附的羰基配体和 μ^2-O 发生反应，转变成侧配位的 η^2-CO_2 配体。实验探测的 $NbNiO(CO)_n^-$（$n = 5 \sim 6$）负离子被证实为 μ^2-O 桥连的羰基配合物，涉及一个三角形的过渡金属氧化物内核；相反，$NbNiO(CO)_n^-$（$n = 7 \sim 8$）负离子拥有 η^2-CO_2 贴附的结构，涉及一个双核的过渡金属内核。$NbNiO(CO)_n^-$（$n = 7 \sim 8$）的桥氧原子，从过渡金属氧化物内核转移到配位至铌原子的羰基配体之一，生成侧配位的二氧化碳配体。结果表明，异双核的铌镍单氧羰基化合物关于羰基氧化反应的反应活性，可以由羰基吸附来调控，一氧化碳氧化反应发生在 $n \geq 7$ 的情况下。

6.3.4　羰基吸附调控的反应活性

光电子速度成像实验和密度泛函理论对比，确认 NbNiO(CO)$_n^-$（$n = 5 \sim 8$）体系的基态几何结构，从羰基端式配位的 μ^2-O 桥连结构（$n = 5 \sim 6$），内核为 NbNiO 三角形，在 $n = 7$ 时演变成了 η^2-CO$_2$ 贴附的羰基配合物，内核为 NbNi 双核，即铌镍双核金属配合物上，化学吸附的 CO 与 μ^2-O 反应生成氧化反应，生成 η^2-CO$_2$ 配体。为此，密度泛函理论计算解析 NbNiO(CO)$_{n-1}^-$ 配合物负离子参与一氧化碳氧化反应的动力学反应性。

图 6-7 展示了连续吸附羰基至 NbNiO(CO)$_{n-1}^-$（$n = 5 \sim 7$）和一氧化碳氧化反应的势能图。从图中可以看出，NbNiO(CO)$_{n-1}^-$（$n = 5 \sim 7$）3 个配合物在反应路径的相似性和活化能垒、反应热力学能的差异性方面是很明显的。所有 3 个配合物的氧化反应的初始过程都涉及羰基在过渡金属中心的化学吸附，然后发生系统内的羰基进攻桥氧原子生成 η^2-CO$_2$ 配体。氧化过程是由一氧化碳分子在过渡金属原子的放热吸附触发，形成更高配位数的 μ^2-O 桥连的羰基配合物。然后，一氧化碳氧化经历从 μ^2-O 桥连结构向 η^2-CO$_2$ 贴附结构的几何结构异构化反应。

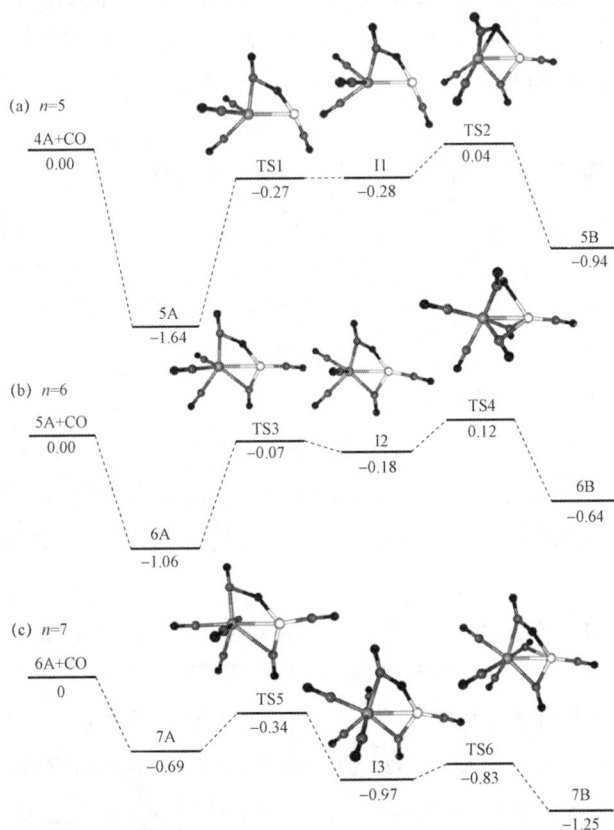

图 6-7　密度泛函理论计算的 CO 吸附至 NbNiO(CO)$_{n-1}^-$（$n = 5 \sim 7$）促进的 CO 氧化反应的势能：中间体和过渡态的相对能量单位为 eV；关键中间体（I1-I3）和对应过渡态（TS1-TS6）的几何结构均展示在图中

从图 6-7 中可以看出，异构化反应必须经历一个关键中间体（I1-I3），其中的二氧化碳侧配位至 Nb—Ni 键轴上。首先，配位至铌原子的羰基配体之一靠近桥氧原子，经过一个四元环的过渡态（TS1、TS3、TS5）后，形成含扭曲四元环的中间体（I1-I3）。这一步生成了弯曲的二氧化碳部分，以侧配位的方式结合在 Nb—Ni 键轴的桥连位置。过渡态（TS1、TS3、TS5）中二氧化碳单元的一个 C—O 键和 Nb—Ni 键是共平面的，或是准共平面的，形成四元环结构。然后，二氧化碳部分从 Nb—Ni 键轴的桥接位置，经过一个严重扭曲的四元环过渡态（TS2，TS4，TS6），转移至末端的铌原子，形成了 η^2-CO_2 贴附结构。

整体而言，这些反应通道对于 $NbNiO(CO)_{n-1}^-$（$n=5\sim7$）都是热力学可行，分别释放 -0.94 eV、-0.64 eV 和 -1.25 eV 的能量。然而，一氧化碳氧化过程理论预测的反应能量揭示了显著不同的动力学行为。对于 $n=5\sim6$，化学吸附一个一氧化碳分子至 μ^2-O 桥连结构 4A 和 5A，相应地生成 μ^2-O 桥连结构 5A 和 6A，它们比初始反应物更稳定，能量分别低 1.64 和 1.06 eV。羰基吸附至过渡金属氧化物团簇的强吸附能被认为是气相中一氧化碳氧化反应的驱动力。然而，尽管这一步可以获得大的吸附能，后续的一氧化碳氧化反应仍无法继续进行。$NbNiO(CO)_5^-$ 和 $NbNiO(CO)_6^-$ 的异构化过程需经历一个几乎爬坡的高能垒路径，才可能生成 η^2-CO_2 贴附的结构。$NbNiO(CO)_5^-$ 和 $NbNiO(CO)_6^-$ 几何结构重排的第一步，分别要克服 1.37 eV 和 0.99 eV 的反应能垒，过渡态（TS1 和 TS3）的能量稍低于初始反应物的能量，尤其是结构 TS3，能量仅比初始反应物低 0.07 eV。这可能阻碍配合物的桥原子与羰基配体反应。因为羰基吸附的能量不能完全被化合物保留，尤其是当前实验中高压氦气存在的情况下，这会部分耗散配合物吸附羰基配体时所获得的稳定化能。反应停滞在这一步的另一个原因是逆过程动力学上更有利。例如，从中间体 I1 到更稳定的 μ^2-O 桥连结构 5A 的异构化反应几乎是无能垒。而且，沿着反应路径，一氧化碳的氧化也会被最后一步的二氧化碳迁移生成 η^2-CO_2 贴附结构的过程阻碍。生成的中间体要经历一氧化碳部分的重排，一氧化碳部分从 Nb—Ni 键轴的桥接位置转移至末端的铌原子，这一步骤需经历过渡态 TS2/TS4，能量分别比初始反应物高出 0.04/0.12 eV，这对于一氧化碳氧化反应是不利的。因此，μ^2-O 桥连结构 5A/6A 向 η^2-CO_2 贴附结构 6B/7B 的异构化反应，从热力学上看是不可行的，整体过程需分别吸收 0.70 eV 和 0.58 eV 的能量。

对于 $NbNiO(CO)_7^-$，吸附一个羰基配体至 μ^2-O 桥连结构 6A 的铌原子中心，生成 μ^2-O 桥连结构 7A，吸附能降低至 0.69 eV，远低于连续羰基吸附过程中同系列的 $NbNiO(CO)_5^-$ 和 $NbNiO(CO)_6^-$ 所获得的稳定化能。尽管如此，异构化过程经历一个低能垒、几乎下坡的路径后，可以生成热力学更稳定的 η^2-CO_2 贴附结构 7B。$NbNiO(CO)_7^-$ 的一氧化碳氧化反应，整体过程依次经历 TS5 和 TS6 两个过渡态，比反应入口的初始反应物（6A+CO）的能量分别低 -0.34 eV 和 -0.83 eV。$NbNiO(CO)_7^-$ 基态结构 7B 继续化学吸附一个羰基配体分子，生成 $NbNiO(CO)_8^-$ 的基态结构 8B，放出热量 0.66 eV，可以实现 η^2-CO_2 贴附结构 8B 的直接成像探测。因此，势能曲线清楚地表明 μ^2-O 桥连的 NbNiO(CO)$_{n-1}^-$（$n=5\sim$ 6）不容易转变成 η^2-CO$_2$ 贴附的结构。如光电子速度成像实验所验证的，当 $n\geq 7$ 时，铌镍单氧羰基配合物负离子上发生的一氧化碳氧化反应，无论是热力学还是动力学，都是可行的。

以前的研究表明，氧原子迁移过程在过渡金属氧化物团簇的一氧化碳氧化反应中起着重要的作用。定性上，异构化过程的第一步可以看作是 C—O 键形成的同时发生 Nb—O 键的断裂。而后续的二氧化碳部分的迁移，则可以看作是同时发生 Ni—O 键断裂和 Nb—O 键再生的过程。因此，对 NbNiO(CO)$_n^-$（$n=4\sim 8$）桥氧结构的 μ^2-O-Nb 键、μ^2-O-Ni 键和 Nb—Ni 键的特征展开了 QTAIM 和 IQA 能量分解分析，具体如表 6-5 所示。对于 NbNiO(CO)$_n^-$（$n=4\sim 8$）桥氧结构，原子间的离域化指数(δ)和 IQA 相互作用 E_{int} 共同表明，μ^2-O-Nb 键相对于 μ^2-O-Ni 键更强。μ^2-O-Nb 键和 μ^2-O-Ni 键稳定的相互作用 E_{int} 是稳定的静电相互作用 V_{cl} 和稳定的共价作用 V_{XC} 共同贡献的结果。而 Nb—Ni 键的离域化指数(δ)相对小得多，异双核金属原子间是不稳定的相互作用能 E_{int}，因为 Nb—Ni 键的稳定共价作用 V_{XC} 非常小，不能完全抵消不稳定的静电相互作用 V_{cl}。

表 6-5 NbNiO(CO)$_n^-$（$n=4\sim 8$）桥氧结构的 μ^2-O-Nb 键、μ^2-O-Ni 键和 Nb—Ni 键的离域化指数(δ)、IQA 能量分解

物种	化学键	δ	E_{int}	V_{cl}	V_{XC}
NbNiO(CO)$_4^-$(4A)	μ^2-O-Nb	1.17	−0.85	−0.60(70.6%)	−0.25(29.4%)
	μ^2-O-Ni	0.78	−0.35	−0.17(48.5%)	−0.18(51.5%)
	Nb—Ni	0.24	0.12	0.15	−0.03
NbNiO(CO)$_5^-$(5A)	μ^2-O-Nb	1.03	−0.86	−0.64(74.4%)	−0.22(25.6%)
	μ^2-O-Ni	0.85	−0.36	−0.17(47.2%)	−0.19(52.8%)
	Nb—Ni	0.27	0.11	0.15	−0.04
NbNiO(CO)$_6^-$(6A)	μ^2-O-Nb	1.02	−0.83	−0.61(73.5%)	−0.22(26.5%)
	μ^2-O-Ni	0.74	−0.35	−0.18(51.5%)	−0.17(48.5%)
	Nb—Ni	0.26	0.14	0.18	−0.04
NbNiO(CO)$_7^-$(7A)	μ^2-O-Nb	1.16	−0.89	−0.64(71.9%)	−0.25(28.1%)
	μ^2-O-Ni	0.51	−0.28	−0.17(60.7%)	−0.11(39.3%)
	Nb—Ni	0.12	0.18	0.20	−0.02
NbNiO(CO)$_8^-$(8A)	μ^2-O-Nb	0.89	−0.79	−0.60(75.9%)	−0.19(24.1%)
	μ^2-O-Ni	0.54	−0.30	−0.18(60.0%)	−0.12(40.0%)
	Nb—Ni	0.13	0.18	0.20	−0.02

从表 6-6 中可以看出，Nb—O 键的 Mayer 键级比 Ni—O 键的大，与 IQA 分析的结果

一致，表明 Nb—O 键的断裂要比 Ni—O 键更困难。这结果与图 6-7 中每个配合物的两个过渡态能垒的差异是一致的。势能曲线清晰地表明，异构化过程第一步的过渡态能垒显著地高于第二步的能垒。因此，四元环中间体所涉及弯曲二氧化碳部分的形成是 $NbNiO(CO)_n^-$ 氧化一氧化碳反应的瓶颈。连续的羰基吸附逐渐拉长 Nb—O 键，$n=7$ 时最为显著。如 Mayer 键级所反映的，这反过来削弱了 Nb—O 键。作为对比，连续的羰基吸附对 Ni—O 键的键长和键级微扰影响相对小得多。

表 6-6　BP86-D3(BJ)/TZ2P 理论水平下 $NbNiO(CO)_n^-$（$n=4\sim8$）
体系的键长、Mayer 键级和自然电荷

物种	键长			Mayer 键级			自然电荷		
	Nb—O	Ni—O	Nb—Ni	Nb—O	Ni—O	Nb—Ni	Nb	Ni	O
$NbNiO(CO)_4^-$-(4A)	1.843	1.807	2.845	1.32	0.71	0.32	−0.22	0.11	−0.70
$NbNiO(CO)_5^-$-(5A)	1.905	1.791	2.797	1.11	0.79	0.38	−0.60	0.10	−0.73
$NbNiO(CO)_6^-$-(6A)	1.912	1.876	2.736	1.04	0.74	0.27	−0.64	−0.16	−0.66
$NbNiO(CO)_7^-$-(7A)	1.997	1.843	2.715	0.87	0.79	0.31	−1.41	−0.14	−0.67
$NbNiO(CO)_8^-$-(8A)	1.933	2.027	2.959	1.03	0.53	0.17	−1.07	−0.68	−0.63

过渡金属氧化物催化剂表面确认了 4 种典型的氧物种，包括端式和桥式的晶格氧（O^{2-}）、分子和原子的负离子自由基（$O_2^{·-}$ 和 $O^{·-}$）[11]。为了理解铌镍单氧羰基配合物负离子 $NbNiO(CO)_n^-$（$n=4\sim8$）体系的氧物种类型，对于桥氧结构的桥氧和剩余 $[NbNi(CO)_n]$（$n=4\sim8$）片断进行能量分解分析，同时考虑 3 种不同的分解模式，分别为中性三重态氧原子（$^·O^·$）和三重态的 $NbNi(CO)_n^-$ 负离子片断（见表 6-7）、二重态的原子氧自由基（$O^{·-}$）和二重态的 $NbNi(CO)_n$ 中性片断（见表 6-8），以及单重态的氧原子二价负离子（O^{2-}）和单重态的 $NbNi(CO)_n^+$ 正离子片断（见表 6-9）。能量分解分析中，通常认为具有最小的轨道作用能 ΔE_{orb} 绝对值的参考电子态，是成键模式的最佳描述[26]。对比表 6-7、表 6-8 和表 6-9 中的 ΔE_{orb} 数值可以看出，对于 $NbNiO(CO)_5^-$ 的 5A 结构，二重态的 $O^{·-}$ 和 $NbNi(CO)_5$ 的分解模式以及单重态的 O^{2-} 和单重态的 $NbNi(CO)_5^+$ 的分解模式，两种模式的 ΔE_{orb} 绝对值彼此接近。对于 $NbNiO(CO)_n^-$（$n=4\sim8$）体系的其他 μ_2-O 桥连结构，即 4A、6A、7A 和 8A 等几何结构，采用二重态的原子氧自由基（$O^{·-}$）和二重态的 $NbNi(CO)_n$ 作为相互作用的分子片断时，轨道相互作用能是最小的。这表明，$NbNiO(CO)_n^-$（$n=4\sim8$）体系的 μ_2-O 桥连平衡结构中，参与氧化反应的桥氧原子可以归属于原子氧自由基（$O^{·-}$）的范畴。这与自然布局分析的结果是一致的。表 6-6 中的自然布局分析揭示，对于 $NbNiO(CO)_n^-$（$n=4\sim8$）负离子，负电荷主要分布在桥氧原子上，其携带的负电荷为 0.63～0.73 e，接近于单位负电荷。

表 6-7　**BP86-D3(BJ)/TZ2P** 理论水平下，**NbNiO(CO)$_n^-$**（$n=4\sim8$）桥氧结构的能量分解分析：相互作用的片断分别是中性桥氧原子三重态(^{3}O$^\cdot$)和三重态的 **NbNi(CO)$_n^-$**

单位：kcal/mol

物种	ΔE_{int}	ΔE_{Pauli}	$\Delta E_{elstat}{}^a$	$\Delta E_{orb}{}^a$	$\Delta E_{disp}{}^a$
NbNiO(CO)$_4^-$(4A)	−204.57	500.83	−286.97(40.7%)	−416.32(59.0%)	−2.11(0.3%)
NbNiO(CO)$_5^-$(5A)	−204.68	462.46	−241.13(36.1%)	−423.84(63.5%)	−2.17(0.3%)
NbNiO(CO)$_6^-$(6A)	−190.56	353.49	−183.85(33.8%)	−357.69(65.7%)	−2.51(0.5%)
NbNiO(CO)$_7^-$(7A)	−176.13	280.96	−153.05(33.5%)	−302.04(66.1%)	−2.00(0.4%)
NbNiO(CO)$_8^-$(8A)	−146.23	272.74	−137.21(32.7%)	−279.49(66.7%)	−2.28(0.5%)

注：括号中数值代表了占总吸引作用$\Delta E_{disp}+\Delta E_{elstat}+\Delta E_{orb}$的百分比贡献。

表 6-8　**BP86-D3(BJ)/TZ2P** 理论水平下，**NbNiO(CO)$_n^-$**（$n=4\sim8$）桥氧结构的能量分解分析：相互作用的片断分别是二重态的桥氧负离子（^{2}O$^{\cdot-}$）和中性二重态的 **NbNi(CO)$_n$**

单位：kcal/mol

物种	ΔE_{int}	ΔE_{Pauli}	$\Delta E_{elstat}{}^a$	$\Delta E_{orb}{}^a$	$\Delta E_{disp}{}^a$
NbNiO(CO)$_4^-$(4A)	−228.64	539.71	−449.40(59.3%)	**−306.83(40.5%)**	−2.11(0.2%)
NbNiO(CO)$_5^-$(5A)	−225.60	503.09	−418.73(57.5%)	**−307.78(42.2%)**	−2.17(0.3%)
NbNiO(CO)$_6^-$(6A)	−213.61	395.74	−322.68(53.0%)	**−284.16(46.6%)**	−2.51(0.4%)
NbNiO(CO)$_7^-$(7A)	−197.53	358.46	−298.02(53.6%)	**−255.97(46.0%)**	−2.00(0.4%)
NbNiO(CO)$_8^-$(8A)	−173.65	348.90	−300.60(57.5%)	**−219.68(42.0%)**	−2.28(0.5%)

注：括号中数值代表了占总吸引作用$\Delta E_{disp}+\Delta E_{elstat}+\Delta E_{orb}$的百分比贡献。

表 6-9　**BP86-D3(BJ)/TZ2P** 理论水平下，**NbNiO(CO)$_n^-$**（$n=4\sim8$）桥氧结构的能量分解分析：相互作用的片断分别是单重态的桥氧二价负离子（O^{2-}）和单重态的 **NbNi(CO)$_n^+$** 正离子

单位：kcal/mol

物种	ΔE_{int}	ΔE_{Pauli}	$\Delta E_{elstat}{}^a$	$\Delta E_{orb}{}^a$	$\Delta E_{disp}{}^a$
NbNiO(CO)$_4^-$(4A)	−617.25	572.39	−824.45(69.3%)	−363.09(30.5%)	−2.11(0.2%)
NbNiO(CO)$_5^-$(5A)	−605.10	491.05	−786.70(71.8%)	**−307.28(28.0%)**	−2.17(0.2%)
NbNiO(CO)$_6^-$(6A)	−586.01	436.16	−713.15(69.8%)	−306.52(30.0%)	−2.51(0.2%)
NbNiO(CO)$_7^-$(7A)	−568.89	425.28	−677.54(68.2%)	−314.64(31.6%)	−2.00(0.2%)
NbNiO(CO)$_8^-$(8A)	−550.27	388.34	−625.30(66.6%)	−311.04(33.1%)	−2.28(0.3%)

注：括号中数值代表了占总吸引作用$\Delta E_{disp}+\Delta E_{elstat}+\Delta E_{orb}$的百分比贡献。

　　从图 6-7 中可以看出，随着羰基的连续吸附，一氧化碳的活化能垒单调递减。换言之，一氧化碳的活化能垒受到连续羰基吸附的动态调控。对于 NbNiO(CO)$_n^-$（$n=4\sim8$）体系，桥氧结构的桥氧和[NbNi(CO)$_n$]（$n=4\sim8$）分子片断间的能量分解分析，揭示了相同变化趋势的相互作用内能 ΔE_{int}，主要由强吸引的静电作用 ΔE_{elstat} 和轨道作用 ΔE_{orb} 以及大的泡利排斥作用 ΔE_{Pauli} 组成，具体如表 6-8 所示。静电相互作用和轨道相互作用 ΔE_{orb}

都对桥式原子氧自由基（$O^{\cdot-}$）和 $NbNiO(CO)_n$（$n=4\sim8$）片断间的吸引相互作用有贡献，以静电相互作用为主导。值得一提的是，这 3 种相互作用能均随着羰基配体的连续吸附逐渐削弱。一方面，由于强的过渡金属–羰基配体相互作用，过渡金属–配体成键会与过渡金属–氧键形成竞争。因此，一氧化碳分子的多重吸附会阻碍桥式原子氧自由基（$O^{\cdot-}$）与$[NbNi(CO)_n]$片断间的轨道相互作用。另一方面，过渡金属–配体相互作用涉及过渡金属和羰基配体之间协同的 σ 给予和 π 反馈形式的电荷迁移。自然布局分析表明，连续的羰基配体吸附过程中，铌作为主要的氧化中心来积累大量的电子。铌原子的负电荷在 $n=7$ 时发生突变，达到 $-1.41\ e$ 的其极值。过渡金属和桥氧原子间相同的电荷极性，可削弱桥式原子氧自由基（$O^{\cdot-}$）与$[NbNi(CO)_n]$片断间的静电相互作用能 ΔE_{elstat}。总而言之，键级和能量分解分析清楚地阐明，羰基配体的多分子吸附动态调制过渡金属-氧化学键，从而促进一氧化碳的氧化反应。

6.4　本章小结

在本章，质量选择的光电子速度成像能谱表征了气相制备的异双核铌镍单氧羰基配合物负离子体系 $NbNiO(CO)_n^-$（$n=5\sim8$）。实验光电子速度能谱中观测到谱带的突移，暗示着连续羰基吸附至过渡金属氧化物 NbNiO 内核的过程中发生了几何结构的演变。$NbNiO(CO)_n^-$（$n=4\sim8$）体系的基态几何结构，从内核为 NbNiO 三角形的μ^2-O 桥连结构（$n=4\sim6$）演变成了内核为 NbNi 双核的η^2-CO_2 贴附配合物（$n=7\sim8$），即铌镍双核金属配合物上，发生了 CO 与μ^2-O 的氧化反应，生成η^2-CO_2 配体，实现了一氧化碳的氧化。实验观测结果得到了理论计算的补充验证，如图 6-8 所示。这些结果表明，铌镍

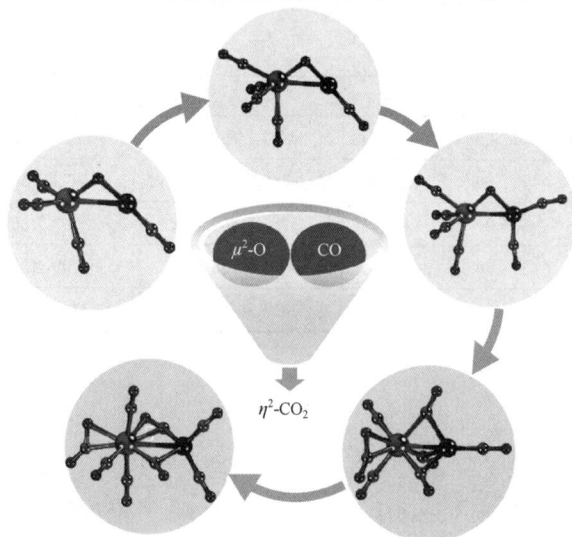

图6-8　连续羰基吸附过程中，$NbNiO(CO)_n^-$（$n=5\sim8$）体系的基态几何结构演变

单氧羰基配合物上的一氧化碳氧化过程是自促进的反应,即多个羰基配体吸附促进一氧化碳分子自身的氧化反应。我们的研究结果提供了过渡金属氧化物配合物上一氧化碳氧化反应机理的新见解。除了文献报道的组成、电荷态、载体、掺杂等因素,理解纳米尺寸过渡金属氧化物团簇的高反应活性时,也应考虑过渡金属氧化物纳米催化剂上羰基配体多分子吸附的自促进作用,尤其是在大量或过量一氧化碳气体的氛围条件下。这表明,配体调控的反应活性在过渡金属团簇催化反应中非常重要,有助于理论指导单原子催化剂的合理设计。

6.5　本章主要参考文献

[1] HARUTA M, KOBAYASHI T, SANO H, et al. Novel gold catalysts for the oxidation of carbon monoxide at a temperature far below 0 ℃[J]. Chem. Lett., 1987, 16(2): 405-408.

[2] (a) YOON B, HÄKKINEN H, LANDMAN U, et al. Charging effects on bonding and catalyzed oxidation of CO on Au$_8$ clusters on mgo[J]. Science, 2005, 307(5708): 403-407; (b) MIN B K, FRIEND C M. Heterogeneous gold-based catalysis for green chemistry: low-temperature CO oxidation and propene oxidation[J]. Chem. Rev., 2007, 107(6): 2709-2724; (c) HERZING A A, KIELY C J, CARLEY A F, et al. Identification of active gold nanoclusters on iron oxide supports for CO oxidation[J]. Science, 2008, 321(5894): 1331-1335; (d) XIE X W, LI Y, LIU Z Q, et al. Low-temperature oxidation of CO catalysed by Co$_3$O$_4$ nanorods[J]. Nature, 2009, 458: 746; (e) CARGNELLO M, DOAN-NGUYEN V V T, GORDON T R, et al. Control of metal nanocrystal size reveals metal-support interface role for ceria catalysts[J]. Science, 2013, 341(6147): 771-773; (f) NIE L, MEI D H, XIONG H F, et al. Activation of surface lattice oxygen in single-atom Pt/CeO$_2$ for low-temperature CO oxidation[J]. Science, 2017, 358(6369): 1419-1423.

[3] KIMBLE M L, MOORE N A, JOHNSON G E, et al. Joint experimental and theoretical investigations of the reactivity of Au$_2$O$_n^-$ and Au$_3$O$_n^-$($n=1$-5) with carbon monoxide[J]. J. Chem. Phys., 2006, 125(20): 204311.

[4] MA J B, WANG Z C, SCHLANGEN M, et al. On the origin of the surprisingly sluggish redox reaction of the N$_2$O/CO couple mediated by[Y$_2$O$_2$]$^{+\cdot}$ and[YAlO$_2$]$^{+\cdot}$ cluster ions in the gas phase[J]. Angew. Chem. Int. Ed., 2013, 52(4): 1226-1230.

[5] REILLY N M, REVELES J U, JOHNSON G E, et al. Influence of charge state on the reaction of FeO$_3^{+/-}$ with carbon monoxide[J]. Chem. Phys. Lett., 2007, 435(4-6): 295-300.

[6] CHI C X, QU H, MENG L Y, et al. CO oxidation by group 3 metal monoxide cations supported on[Fe(CO)$_4$]$^{2-}$[J]. Angew. Chem. Int. Ed., 2017, 56(45): 14096-14101.

[7] (a) MOLINA L M, LESARRI A, ALONSO J A. New insights on the reaction

mechanisms for CO oxidation on Au catalysts[J]. Chem. Phys. Lett., 2009, 468(4): 201-204; (b) WANG F, ZHANG D J, XU X H, et al. Theoretical study of the CO oxidation mediated by Au_3^+, Au_3, and Au_3^-: mechanism and charge state effect of gold on its catalytic activity[J]. J. Phys. Chem. C, 2009, 113(42): 18032-18039; (c) CHEN G, LI S J, SU Y, et al. Improved stability and catalytic properties of Au16 cluster supported on graphane[J]. J. Phys. Chem. C, 2011, 115(41): 20168-20174.

[8] BÜRGEL C, REILLY N M, JOHNSON G E, et al. Influence of charge state on the mechanism of CO oxidation on gold clusters[J]. J. Am. Chem. Soc., 2008, 130(5): 1694-1698.

[9] RODRÍGUEZ P, KOVERGA A A, KOPER M T M. Carbon monoxide as a promoter for its own oxidation on a gold electrode[J]. Angew. Chem. Int. Ed., 2010, 49(7): 1241-1243.

[10] (a) LIU C Y, TAN Y Z, LIN S S, et al. CO self-promoting oxidation on nanosized gold clusters: triangular Au_3 active Site and CO induced O-O scission[J]. J. Am. Chem. Soc., 2013, 135(7): 2583-2595; (b) WANG P, TANG X Q, TANG J, et al. Density functional theory (DFT) studies of CO oxidation over nanoporous gold: effects of residual ag and CO self-promoting oxidation[J]. J. Phys. Chem. C, 2015, 119(19): 10345-10354.

[11] (a) CHE M, TENCH A J. Characterization and reactivity of mononuclear oxygen species on oxide surfaces[J]. Adv. Catal., 1982, 31: 77-133; (b) CHE M, TENCH A J. Characterization and reactivity of molecular oxygen species on oxide surfaces[J]. Adv. Catal., 1983, 32: 1-148; (c) PANOV G I, DUBKOV K A, STAROKON E V. Active oxygen in selective oxidation catalysis[J]. Catal. Today, 2006, 117(1): 148-155.

[12] WANG Z C, DIETL N, KRETSCHMER R, et al. Catalytic redox reactions in the CO/N_2O system mediated by the bimetallic oxide-cluster couple $AlVO_3^+/AlVO_4^+$[J]. Angew. Chem. Int. Ed., 2011, 50(51): 12351-12354.

[13] WANG L N, LI Z Y, LIU Q Y, et al. CO oxidation promoted by the gold dimer in $Au_2VO_3^-$ and $Au_2VO_4^-$ clusters[J]. Angew. Chem. Int. Ed., 2015, 54(40): 11720-11724.

[14] WILEY W C, MCLAREN I H. Time-of-flight mass spectrometer with improved resolution[J]. Rev. Sci. Instrum., 1955, 26(12): 1150-1157.

[15] ZHANG J M, LI Y, LIU Z L, et al. Ligand-mediated reactivity in CO oxidation of niobium-nickel monoxide carbonyl complexes: the crucial roles of the multiple adsorption of CO molecules[J]. J. Phys. Chem. Lett., 2019, 10(7): 1566-1573.

[16] DRIBINSKI V, OSSADTCHI A, MANDELSHTAM V A, et al. Reconstruction of Abel-transformable images: the gaussian basis-set expansion Abel transform method[J]. Rev. Sci. Instrum., 2002, 73(7): 2634-2642.

[17] HO J, ERVIN K M, LINEBERGER W C. Photoelectron spectroscopy of metal cluster

anions: Cu$_n^-$, Ag$_n^-$, and Au$_n^-$[J]. J. Chem. Phys., 1990, 93(10): 6987-7002.

[18] FRISCH M J, TRUCKS G W, SCHLEGEL H B, et al. Gaussian 09. Wallingford, CT: Gaussian, Inc., 2013.

[19] PENG C Y, AYALA P Y, SCHLEGEL H B, et al. Using redundant internal coordinates to optimize equilibrium geometries and transition states[J]. J. Comput. Chem., 1996, 17(1): 49-56.

[20] GLENDENING E D, LANDIS C R, WEINHOLD F. Natural bond orbital methods[J]. WIREs Comput. Mol. Sci., 2012, 2(1): 1-42.

[21] BADER R F W. Atoms in molecules[J]. Acc. Chem. Res., 1985, 18(1): 9-15.

[22] BADRI Z, FOROUTAN-NEJAD C, KOZELKA J, et al. On the non-classical contribution in lone-pair-π interaction: IQA perspective[J]. Phys. Chem. Chem. Phys., 2015, 17(39): 26183-26190.

[23] MITORAJ M P, MICHALAK A, ZIEGLER T. A combined charge and energy decomposition scheme for bond analysis[J]. J. Chem. Theory Comput., 2009, 5(4): 962-975.

[24] (a) LENTHE E V, BAERENDS E J, SNIJDERS J G. Relativistic regular two-component hamiltonians[J]. J. Chem. Phys., 1993, 99(6): 4597-4610; (b) LENTHE E V, BAERENDS E J, SNIJDERS J G. Relativistic total energy using regular approximations[J]. J. Chem. Phys., 1994, 101(11): 9783-9792.

[25] LIU Z L, XIE H, QIN Z B, et al. Structural evolution of homoleptic heterodinuclear copper-nickel carbonyl anions revealed using photoelectron velocity-map imaging[J]. Inorg. Chem., 2014, 53(20): 10909-10916.

[26] LANDIS C R, HUGHES R P, WEINHOLD F. Comment on "observation of alkaline earth complexes M(CO)$_8$(M = Ca, Sr, or Ba) that mimic transition metals"[J]. Science, 2019, 365(6453): eaay2355.

第 7 章

TaNiO(CO)$_n^-$ 负离子的光电子速度成像研究

7.1 本章引言

　　一氧化碳分子的低温氧化反应,在控制汽车尾气的排放和净化化工行业排放的气体等方面发挥着重要的作用,因此吸引了环境和材料科学家们的广泛关注。特别令科学家们感兴趣的是纳米级催化剂,其组成和结构可以进行调整以实现所需的化学行为[1]。借助最先进的原位光谱技术,一氧化碳氧化的多相催化领域提出了两种不同动力学类型的双分子表面反应机理,分别称为 Langmuir-Hinshelwood 机理和 Eley-Rideal 机理[2]。在 Langmuir-Hinshelwood 机理中,一氧化碳分子和氧气分子共吸附在催化剂表面上,然后共吸附的一氧化碳分子和氧分子之间会重排形成二氧化碳,或者一氧化碳配体发生系统内的进攻,直接附着在邻近的氧中心形成二氧化碳[3]。相反,Eley-Rideal 机理认为,来自气相的一氧化碳分子直接与催化剂表面化学吸附的氧物种发生系统间的进攻,反应生成二氧化碳[3]。

　　现实工业中的催化过程,微观上通常发生在催化剂表面的活性位点上。这些特定的活性位点由少量原子组成,其特殊的电子、几何和化学成键等性质是一氧化碳氧化机理选择性的根源。气相的团簇反应研究,在分离、尺寸可控和重复的条件下,提供了另一条路径,从分子和电子水平清楚地解析一氧化碳催化氧化反应的机理。二元过渡金属氧化物团簇上的一氧化碳氧化反应,是解析凝聚相催化剂表面催化机理的重要理论模型。近年来,异核过渡金属氧化物团簇的研究成为热点,表现出有巨大的潜力,可通过选择性团簇掺杂来调控化学过程[4]。异核过渡金属氧化物团簇中不同的金属组分,可以模拟真实催化剂的单个活性位点,或者是催化剂的载体。纳米催化剂掺杂单原子或双原子的贵金属,调控一氧化碳氧化气相反应,观测到和凝聚相中负载型催化剂的一氧化碳氧化反应相似的化学行为。这种类贵金属的化学行为,亦可以在非贵金属的异核过渡金属氧化物团簇参与的许多催化反应过程中观察到[5]。单原子或双原子掺杂团簇表面一氧化碳的高吸附能,以及掺杂原子动态储存和释放电子的本质,被认为是一氧化碳氧化反应的驱动力[6]。由于羰基与掺杂过渡金属原子间强的结合能，尤其是贵金属，过渡金属掺杂原子通常充当一氧化碳吸附的首选捕获位点和电子受体，然后作为一氧化碳配体的传输体，在异核过渡金属氧化物团簇上实现氧气氧化一氧化碳[6]。现有的气相实验表明，大部分异核过渡金属氧化物团簇上的一氧化碳氧化反应优先以类似于 Langmuir-Hinshelwood 机理进行。

最近文献报道已经成功地确认了，钒掺杂[5c]和铌掺杂[7]镍氧化物羰基配合物上的一氧化碳氧化反应，呈现出配体调控反应活性的现象。这些配合物上的一氧化碳氧化反应通常遵循 Langmuir-Hinshelwood 机理。受这些研究工作的启发，我们在上一章 NbNiO(CO)$_n^-$（$n=5\sim8$）体系研究工作的基础上，将研究扩展到同族的钽同系物，即钽镍单氧羰基配合物负离子 TaNiO(CO)$_n^-$（$n=5\sim8$）。由于过渡金属氧化物和羰基配合物的过渡金属—氧键能和过渡金属—羰键能表现出明显的组成相关性，预期这些机理的竞争将在很大程度上取决于过渡金属氧化物的组成。这是因为，同族过渡金属间具有不同的过渡金属—氧键能和过渡金属—羰基键能。

本章中，我们通过光电子速度成像结合理论计算研究了一氧化碳连续吸附至钽镍单氧化物核上，生成异双核钽镍单氧羰基配合物负离子 NiTaO(CO)$_n^-$（$n=5\sim8$），并重点关注了这些配合物上的一氧化碳氧化行为。结果表明，当 $n\leq6$ 时，μ^2-O 弯曲结构最为稳定；当 $n=7$ 时，μ^2-O 线性结构最为稳定；当 $n=8$ 时，含 η^2-CO$_2$ 贴附的结构最为稳定。我们通过密度泛函理论计算，讨论这些产物形成的可能反应机理。结果表明，对于钽镍单氧羰基化配合物上的一氧化碳氧化反应，Eley-Rideal 机理和 Langmuir-Hinshelwood 机理都变得动力学可行，最终在 TaNiO(CO)$_8^-$ 上生成了 η^2-CO$_2$ 分子片断。

7.2　实验和理论方法

7.2.1　光电子速度成像

在自制的飞行时间质谱–光电子速度成像能谱仪上开展钽镍单氧羰基配合物负离子 TaNiO(CO)$_n^-$（$n=5\sim8$）体系的光电子速度成像研究。该装置由激光蒸发团簇源、飞行时间质谱和光电子速度成像能谱构成，详细的结构可以参考第 2 章。简而言之，钽镍单氧羰基配合物负离子 TaNiO(CO)$_n^-$（$n=5\sim8$）体系是在激光蒸发团簇源中生成的。Nd: YAG 的二倍频激光溅射平动和转动的铌镍合金样品靶（摩尔比为钽：镍 = 1：1），生成金属等离子体，脉冲传输载带 5% 一氧化碳的氦气脉冲气流至等离子体，与之反应生成钽镍单氧羰基配合物负离子 NbNiO(CO)$_n^-$（$n=5\sim8$）。载气的滞止压力调节为大约 3 个大气压。经冷却和超声扩散至源室后，生成的团簇负离子进入一个 Wiley-McLaren 型飞行时间质谱[8]。然后，感兴趣的负离子团簇经质量选择后，引导进入光电子脱附区，与脉冲脱附激光束相交作用。脱附激光是 10Hz Nd：YAG 激光器的 4 倍频，即波长为 266 nm 的激光（4.661 eV）。产生的光脱附电子被耦合了微通道板探测器和荧光屏的速度成像光电子能谱仪提取。CCD 相机记录撞击到荧光屏上的电子，累加大概 10 000～50 000 光脱附事件可获得原始的图像。该图像代表了三维实验坐标系的光电子密度在二维成像探测器上的投影。基组展开的反阿贝尔变换方法[9]用于重构光电子的原始三维分布的中心切片，从中可以同时得到光电子的束缚能谱和角分布信息。光电子速度成像能谱仪用已知的 Au⁻ 负离子的电子亲和能来校正[10]。仪器的能量分辨在 1 eV 电子动能处优于 50 meV。

7.2.2　密度泛函理论计算

在理论方面，我们利用高斯 09 软件包[11]，通过量子化学计算优化 $TaNiO(CO)_n^-$ （$n=4\sim8$）体系的几何结构，计算体系的振动频率。以前过渡金属羰基配合物的研究工作，以及表 7-1[12]①中的密度泛函理论基准校验，证实了 BP86 泛函在过渡金属羰基配合物的理论预测中表现优秀。因此，结合了贝克－约翰逊阻尼方法[13]色散校正[14]的 BP86 密度泛函理论方法[BP86-D3(BJ)]，被选用于评价 $TaNiO(CO)_n^-$（$n=4\sim8$）体系的电子和几何性质。遗传算法结合 BP86/def2-SVP 水平下的密度泛函理论计算用于基态结构的全局最优化搜索。这些异构体的几何结构和能量进一步在 BP86-D3(BJ)/def2-TZVP 理论水平下优化，得到的结果展示在图 7-1 中。对于所有物种，通过频率计算来确认得到的结构是势能面上的真实极小值。

表 7-1　NiO、TaO 分子的电子亲和能、电离能、振动频率和键长的实验值和不同密度泛函理论方法的计算值，基组为 def2-TZVP

物种		NiO				TaO			
实验值		电子亲和能/eV	电离能/eV	振动频率/eV	键长/Å	电子亲和能/eV	电离能/eV	振动频率/eV	键长/Å
		1.45	9.5	839	1.627	1.07	7.9	1 029	1.687
纯泛函	**BP86**	**1.42**	**9.51**	**847.4**	**1.618**	**1.11**	**7.89**	**1 017**	**1.700**
	TPSS	0.78	9.22	853.2	1.620	0.93	7.58	1 019	1.701
	BLYP	1.24	9.40	824.8	1.630	0.77	7.82	998	1.709
	BPBE	1.27	9.30	843.7	1.619	1.01	7.61	1 021	1.697
	M06L	1.30	8.88	855.7	1.612	0.88	7.80	1 033	1.688
杂化泛函	M06	1.20	8.64	651.0	1.652	0.95	8.35	1 056	1.679
	M06-2X	1.25	8.81	564.8	1.803	1.07	7.98	1 081	1.678
	PBE1PBE	1.44	8.71	665.6	1.657	1.01	7.63	1 068	1.680
	X3LYP	1.47	8.90	678.5	1.661	0.88	7.89	1 046	1.691
	B3LYP	1.50	8.95	688.6	1.660	0.93	7.92	1 042	1.692

---

① 本章图表均引自参考文献[12]，经爱思唯尔许可。

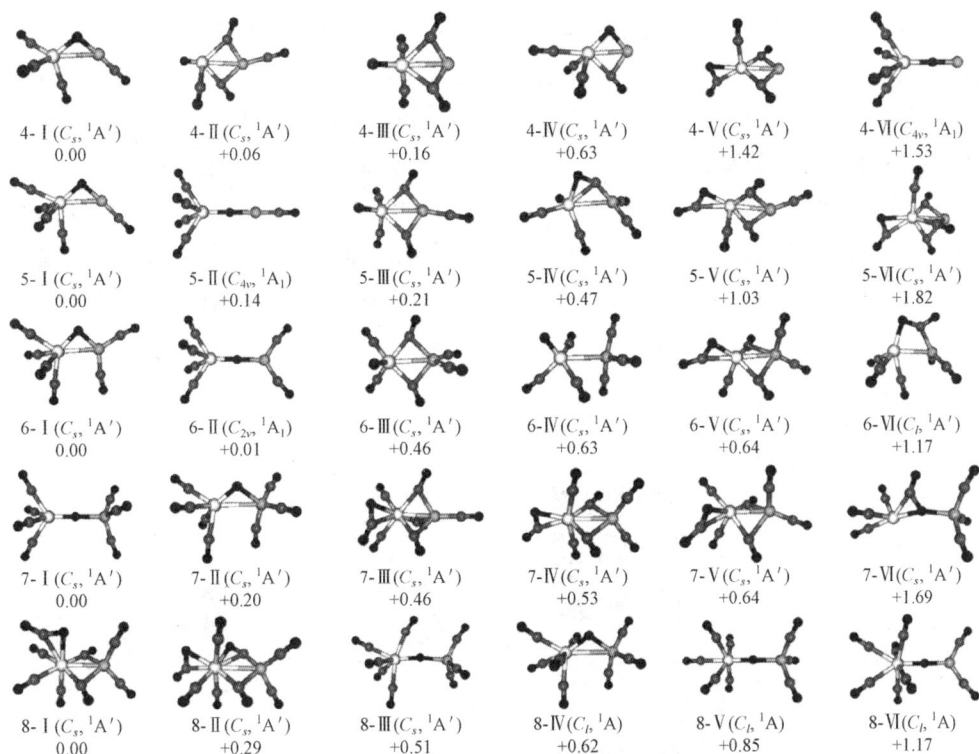

图 7-1　BP86-D3(BJ)/def2-TZVP 理论水平下优化的 TaNiO(CO)$_n^-$（$n=4\sim8$）配合物负离子体系的基态和低能量异构体；每一个结构的点群、电子态展示在括号中；几何结构下的数字代表 BP86 水平下的相对能量（eV）；Ta、Ni、C、O 原子分别用浅灰色、白色、深灰色和黑色小球表示

理论上，垂直脱附能计算为基于优化的负离子结构的中性物种和负离子之间的能量差，而绝热脱附能计算为在各自的优化结构基础上中性物种和负离子之间的能量差。基于上述负离子的基态结构，利用含时密度泛函理论方法计算模拟中性物种的激发能。利用同步过渡诱导的准牛顿法优化过渡态，并经内禀反应坐标计算证实[15]。高斯 09 软件自带的 NBO 3.1 用于自然布局分析。计算结果的可视化用 MOLEKEL 和 VMD 软件实现。

7.3　结果与讨论

7.3.1　光电子速度成像能谱

图 7-2 展示了 TaNiO(CO)$_n^-$（$n=5\sim8$）体系的 266 nm 的光电子能谱。很明显，4 个配合物的光电子能谱中均存在一个很宽的谱峰，其低电子束缚能侧有一条很长的拖尾，可能来自热的激光蒸发团簇源中所生成负离子的电子和振动激发态。除此热的团簇源，其他因素，如光电子脱附诱导的负离子和对应中性分子之间相当大的几何结构变化、电子

态异构体的共存、拥挤密集的低能量电子态、都可能导致相当大的光谱展宽和失真。缺乏振动分辨的宽峰，阻碍了基态绝热电子脱附能的直接测量。通过外推谱带的低电子束缚能侧至束缚能横轴，横轴的交点加上仪器的分辨率，间接估测得到基态跃迁的绝热脱附能。然而，垂直脱附能可以直接从确定的谱峰强度极大值处测量得到。$TaNiO(CO)_n^-$（$n=5\sim8$）体系的基态垂直脱附能分别测定为 3.37 ± 0.06 eV、3.42 ± 0.06 eV、3.74 ± 0.05 eV 和 3.86 ± 0.04 eV。$TaNiO(CO)_n^-$（$n=5\sim8$）体系实验测量的绝热脱附能和垂直脱附能均汇总在表 7-2 中，与 BP86-D3(BJ)/def2-TZVP 密度泛函理论水平下的计算结果做对比。

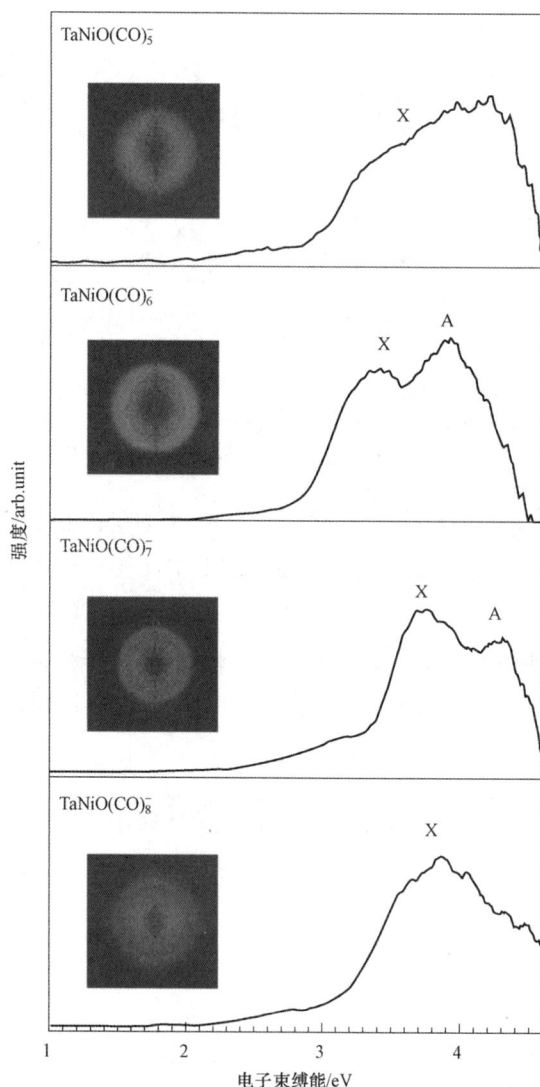

图 7-2　$TaNiO(CO)_n^-$（$n=5\sim8$）的 266 nm 光电子能谱：
灰色背景的插图是反阿贝尔变换重构之后的光电子速度图

表 7-2 TaNiO(CO)$_n^-$ ($n=5\sim8$) 体系的绝热脱附能和垂直脱附能的实验值和 BP86-D3(BJ)/
def2-TZVP 理论水平下的理论计算值

团簇尺寸	异构体	绝热脱附能/eV		基态垂直脱附能/eV		激发态垂直脱附能/eV	
		实验	理论	实验	理论	实验	理论
$n=5$	5A	3.14(8)	3.01	3.37(6)	3.45	—	—
	5B	—	3.17	—	3.27	—	—
	5C	—	3.23	—	3.44	—	—
$n=6$	6A	3.16(8)	3.10	3.42(6)	3.41	3.91(4)	4.11
	6B	—	3.09	—	3.64	—	—
	6C	—	3.54	—	3.78	—	—
$n=7$	7A	—	3.21	—	3.47	—	—
	7B	3.34(7)	3.43	3.74(5)	3.74	4.29(2)	4.26
	7C	—	3.65	—	4.00	—	—
$n=8$	8A	—	3.01	—	3.34	—	—
	8B	—	3.53	—	3.73	—	—
	8C	3.26(7)	3.15	3.86(4)	3.70	—	—

尽管都存在相似的宽谱带,但是钽镍单氧配合物羰基配合物 TaNiO(CO)$_n^-$ ($n=5\sim8$) 系列的光谱特征彼此之间还是可以区别开的。五羰基配位的钽镍单氧配合物 TaNiO(CO)$_5^-$ 的能谱中有一个没有可辨特征的宽峰,表明这个负离子在光电子脱附前后的几何结构变化非常大。六羰基配位的配合物 TaNiO(CO)$_6^-$ 能谱的主谱带明显地分裂成了两个峰,分别位于 3.42 eV 和 3.91 eV,第二个峰的强度相对更高一些。七羰基配位的配合物 TaNiO(CO)$_7^-$ 的能谱同样分裂成了两个峰,分别位于 3.74 eV 和 4.29 eV,此时第一个基态跃迁峰占主导。而且,相对于 TaNiO(CO)$_5^-$ 和 TaNiO(CO)$_6^-$,TaNiO(CO)$_7^-$ 的基态跃迁的垂直脱附能蓝移超过 0.3 eV。光谱特征上有如此明显的差异,暗示着 TaNiO(CO)$_7^-$ 可能有着与 TaNiO(CO)$_5^-$ 和 TaNiO(CO)$_6^-$ 不一样的几何结构,下述的理论计算验证了这一点。然而对于八羰基配位的配合物 TaNiO(CO)$_8^-$,其光电子能谱只揭示了一个很宽的谱带,其谱带强度极大值位于 3.86 eV。总而言之,实验光谱揭示了 TaNiO(CO)$_n^-$ ($n=5\sim8$) 系列的相似点和不同点,结合谱带位移,暗示着在钽镍单氧配合物的连续羰基吸附过程中,钽镍单氧羰基配合物发生了几何结构演变。

7.3.2 理论计算的几何结构

我们进行了量子化学计算,以阐明钽镍单氧羰基配合物 TaNiO(CO)$_n^-$ ($n=4\sim8$) 系列的几何和电子结构性质。图 7-1 展示了 P86-D3(BJ)/def2-TZVP 密度泛函理论水平下优化的基态候选结构和其他代表性结构,均为闭壳层的几何结构。密度泛函理论计算预测了 3 种具有鲜明结构特征的代表性分子几何结构,可能参与连续羰基吸附过程中 TaNiO(CO)$_n^-$ ($n=4\sim8$) 配合物负离子系列的基态平衡结构竞争,如图 7-3 所示。

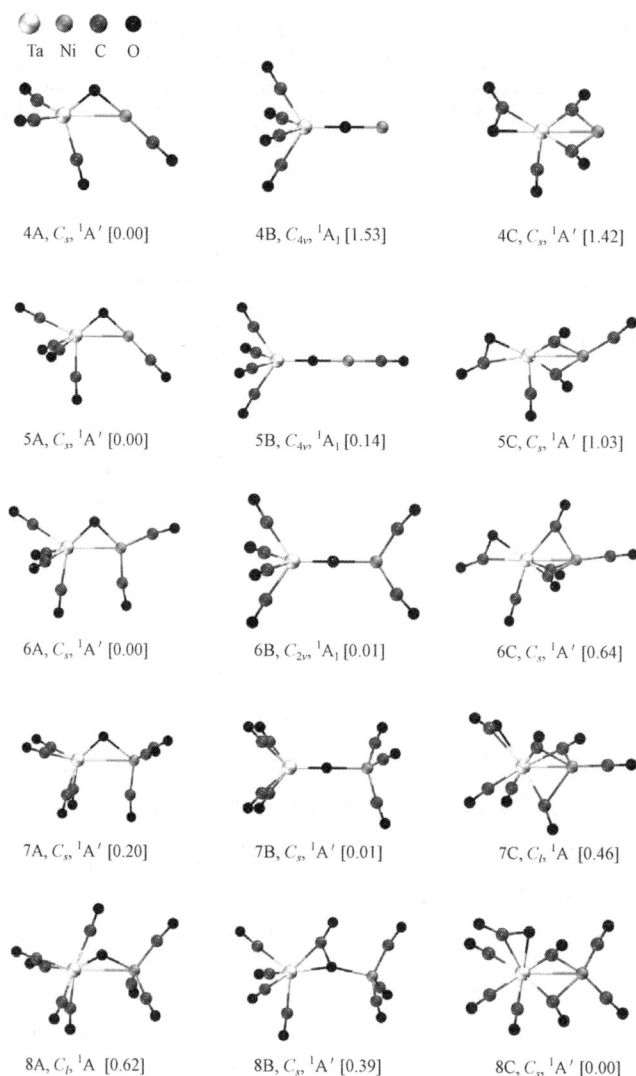

图 7-3　BP86-D3(BJ)/def2-TZVP 理论水平下优化的 TaNiO(CO)$_n^-$（$n=4 \sim 8$）配合物负离子体系的 3 种具有鲜明结构特征的分子几何结构：一个几何结构的点群、电子态和相对于基态的能量（eV）展示在几何结构下；Ta、Ni、C、O 原子分别用白色、浅灰色、深灰色和黑色小球表示

　　第一类几何结构的形式是(CO)$_x$Ta-(μ^2-O)-Ni(CO)$_{n-x}$，在图 7-3 中标记为 nA，由三角形的 TaONi$^-$负离子内核和端式配位至金属原子的羰基配体构成。TaONi$^-$负离子内核中的氧原子占据了钽原子和镍原子间的桥连位置。因此，这类几何结构定义为 μ^2-O-弯曲结构。TaONi$^-$负离子内核从三角形转变成线形，生成结构形式为(CO)$_x$Ta-(μ^2-O)-Ni(CO)$_{n-x}$ 的几何结构。这第二类几何结构定义为 μ^2-O-线性结构，在图 7-3 中标记为 nB，涉及一个由多个羰基配体端式配位的线性 TaONi$^-$负离子内核。第三类几何结构标记为 nC，除了有 $n-1$ 个羰基配体端式或桥式配位至金属原子，还存在一个弯曲的 CO$_2$ 配体以 η^2-C、O 的形式侧配位于钽原子上。这类几何结构定义为 η^2-CO$_2$ 贴附结构。

从图 7-3 展示的 3 种几何结构的相对能量可以看出，在连续羰基吸附至钽镍单氧配合物的过程中，这 3 种类型的几何结构在分子热力学稳定性上相互竞争。对于四羰基配位的 TaNiO(CO)$_4^-$，最稳定的结构是有三角形 TaONi 内核的 μ^2-O-弯曲结构(4A)。有线性 TaONi 内核的 μ^2-O-线性结构(4B)和 η^2-CO$_2$ 贴附结构(4C)在热力学上更不稳定，分别比 μ^2-O-弯曲结构(4A)高出 1.53 eV 和 1.42 eV。巨大的能量差值暗示着 μ^2-O-弯曲结构压倒性的热力稳定性。连续地额外吸附一个羰基配体至金属核，可以依次生成更高配位数的 TaNiO(CO)$_n^-$（$n=5\sim8$），同时保留了相似的几何结构特征。然而，羰基配体的多分子吸附可以改变这 3 类几何结构的相对稳定性和热力学能量差值。当一个羰基端式配位至 TaNiO(CO)$_4^-$，μ^2-O-弯曲结构和 μ^2-O-线性结构间的能量间隔显著地降低。对于五羰基配位的 TaNiO(CO)$_5^-$，基态结构理论预测为 μ^2-O-弯曲结构(5A)，随后是 μ^2-O-线性结构(5B)和 η^2-CO$_2$ 贴附结构(5C)，能量分别高出 0.14 eV 和 1.03 eV。额外的羰基吸附会进一步降低异构体间的能量间隔，导致 TaNiO(CO)$_6^-$ 出现两个能量近简并的 μ^2-O-弯曲结构(6A)和 μ^2-O-线性结构(6B)，其中 μ^2-O-线性结构(6B)的能量稍微高一些。因此，TaNiO(CO)$_n^-$（$n=4\sim6$）的能量全局最小值均为 μ^2-O-弯曲结构。然而，当一个羰基配体配位至 TaNiO(CO)$_6^-$时，μ^2-O-弯曲结构和 μ^2-O-线性结构的相对稳定性发生反转。对于 $n=7$，热力学最稳定的结构是 μ^2-O-线性结构(7B)，后面依次是 μ^2-O-弯曲结构(7A)和 η^2-CO$_2$ 贴附结构(7C)。μ^2-O-线性结构(7B)和 μ^2-O-弯曲结构(7A)/η^2-CO$_2$ 贴附结构(7C)间的能量差为 0.20/0.46 eV。从这一点来看，TaNiO(CO)$_7^-$的情况有所不同。对于上一章介绍的同族物 NbNiO(CO)$_7^-$负离子，其已经转变成了 η^2-CO$_2$ 贴附结构。当再吸附一个羰基配体至 TaNiO(CO)$_7^-$时，类似的几何结构改变会再次发生。TaNiO(CO)$_8^-$异构体间的相对能量表明，其基态是最具竞争力的 η^2-CO$_2$ 贴附结构(8C)，比 μ^2-O-弯曲结构(8A)和 μ^2-O-线性结构(8B)能量上分别低 0.62 eV 和 0.51 eV。总而言之，在连续的羰基吸附过程中，对于 TaNiO(CO)$_n^-$（$n=4\sim6$），理论预测 μ^2-O-弯曲结构是最稳定的，μ^2-O-线性结构对 TaNiO(CO)$_7^-$更有利，η^2-CO$_2$ 贴附几何结构被预测为 TaNiO(CO)$_8^-$的能量最低结构。

7.3.3　实验与理论对比

表 7-2 展示了 TaNiO(CO)$_n^-$（$n=5\sim8$）负离子配合物体系实验测量的垂直脱附能和绝热脱附能与 BP86-D3(BJ)/def2-TZVP 理论水平下的计算值的对比。所有的配合物预测都有相当大的重组能，关联着光电子能谱中观测到的展宽的谱带特征。重组能定义为基态绝热脱附能和垂直脱附能间的能量差值，其数值大致表征光电子脱附过程中负离子至中性分子间的结构弛豫。另外，值得一提的是，有三角形 TaONi$^-$负离子内核的 nA 异构体和拥有一个弯曲 CO$_2$ 配体的 nC 异构体的理论预测垂直脱附能，分别大致位于 3.4 eV 和 3.7 eV。而对于 μ^2-O-线性结构，其垂直脱附能大致随着羰基配体的连续吸附而增大。

对于 TaNiO(CO)$_n^-$（$n=5\sim7$）负离子配合物的光电子能谱，理论预测 η^2-CO$_2$ 贴附几何结构 5C、6C 和 7C 在热力学上可忽略不计，可以排除存在于实验探测的质量选择离子束中，因为这些结构的绝热脱附能和垂直脱附能，相对于实验值都是高估的。相对于各自的基态结构，η^2-CO_2 贴附几何结构 5C、6C 和 7C 的能量分别高出 1.03 eV、0.64 eV 和 0.46 eV，在热力学上更不稳定。当前的激光蒸发团簇源条件不利于生成高能量的异构体。而且，从图 7-4 所示的模拟光电子能谱中可以看出，它们的模拟光电子能谱不符合实验能谱。主要的竞争发生在 μ^2-O-弯曲结构和 μ^2-O-线性结构之间。$TaNiO(CO)_5^-$ 的基态结构是 μ^2-O-弯曲结构 5A，其理论预测的绝热脱附能和垂直脱附能分别为 3.01 eV 和 3.45 eV，与实验值相符合。μ^2-O-线性异构体 5B 的绝热脱附能和垂直脱附能分别预测为 3.17 eV 和 3.27 eV。相对更小的重组能表明 μ^2-O-线性结构是相对刚性的。

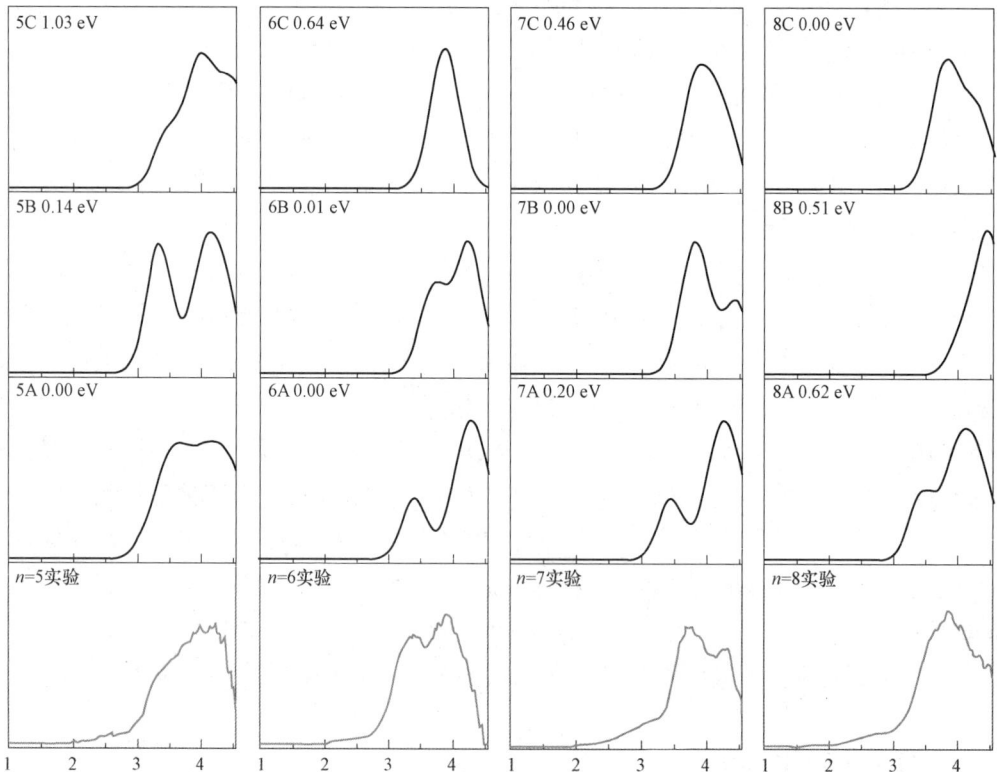

图 7-4　$TaNiO(CO)_n^-$（$n=5\sim8$）体系的模拟（黑色曲线）和实验（灰色曲线）光电子能谱

$TaNiO(CO)_6^-$ 的情况相对更为复杂。BP86-D3(BJ)/def2-TZVP 理论水平下的理论计算，预测 μ^2-O-弯曲结构（6A）和 μ^2-O-线性结构（6B）是能量近简并的，以（6A）的能量稍微更低一些。μ^2-O-弯曲结构（6A）基态的绝热脱附能和垂直脱附能分别预测为 3.10 eV 和 3.41 eV，与光电子能谱实验的结果一致。μ^2-O-线性结构（6B）的垂直脱附能理论值为 3.64 eV，相对于实验测量值有一点蓝移。

对于 $TaNiO(CO)_7^-$，只有 μ^2-O-线性结构（7B）的基态绝热脱附能和垂直脱附能与实验测量值吻合良好。而且，结构 7B 的第一激发态的垂直脱附理论值为 4.26 eV，和实验光电子能谱中的第二个峰非常一致。然而相对于实验值，μ^2-O-弯曲结构 7A 基态绝热脱附能和垂直脱附能是低估的，而 η^2-CO_2 贴附几何结构（7C）的基态绝热脱附能和垂直脱附能则是高估了。

对于 $TaNiO(CO)_8^-$，其实验光电子能谱可以归属于 η^2-CO_2 贴附几何结构（8C），它的绝热脱附能和垂直脱附能理论值与实验数据吻合得很好。其他异构体，如 μ^2-O-弯曲结构（8A）和 μ^2-O-线性结构（8B）在热力学上是不利的，因此是可以排除的。而且，μ^2-O-弯曲结构（8A）的垂直脱附能相对于实验值是严重低估的，而 μ^2-O-线性结构（8B）的绝热脱附能，相对于实验值是严重高估的。

此外，基于含时密度泛函理论方法计算的激发能，理论模拟了 3 种不同类型异构体的光电子能谱。模拟的能谱描绘在图 7-4 中，并与实验采集的光电子能谱做对比。对于相互竞争的异构体 5A 和 5B，只有结构 5A 的模拟光电子能谱与实验结果相符。结构 5B 的模拟光电子能谱有两个分开的谱峰，这与实验能谱不一致。因此，实验观测到的光电子能谱应该来自结构 5A 的光脱附。对于 $TaNiO(CO)_6^-$，两个相互竞争的结构 6A 和 6B 都有两个部分重叠的谱峰。相较于结构 6B，结构 6A 的第一个峰更符合实验观测的峰 X，而第二峰相对于实验峰 A 是蓝移的。而且，这两个模拟峰强度的比率不符合实验光电子能谱。对于结构 6B 的情况，两个模拟峰相对实验的谱峰都是蓝移的，但这个两峰强度的比率和实验的相吻合。从这个意义上来说，这两个近简并的异构体可能共存并贡献于实验的光电子能谱。类似的异构体 7A 和 7B 都模拟有两个分立的谱峰。然而，只有异构体 7B 的能谱特征才和实验观测的能谱一致，而异构体 7A 模拟的第二个峰占主导，这偏离了实验观测的谱图。因此，理论计算的绝热脱附能、垂直脱附能和模拟的光电子能谱，一致地认为 μ^2-O-线性结构（7A）是 $TaNiO(CO)_7^-$ 的基态结构。对于 $TaNiO(CO)_8^-$，只有基态结构 8C 的模拟光电子能谱与实验能谱相吻合，而异构体 8A 和 8B 的模拟光电子能谱，或是存在两个分开的谱峰，或是只存在一个严重偏离谱峰，与实验光电子能谱特征不相符。因此，实验测验的光电子能谱属于 η^2-CO_2 贴附几何结构 8C。

总而言之，理论和实验一致地证明，在 $TaNiO(CO)_n^-$（$n=5\sim8$）系列的连续羰基吸附过程中，一开始 μ^2-O-弯曲结构是优先的，然后 μ^2-O-线性结构变得热力学更有利，最后 η^2-CO_2 贴附结构成为主导。这表明，连续的羰基吸附过程中发生了几何结构的演变，$TaNiO(CO)_n^-$（$n=5\sim8$）负离子配合物系列上的一氧化碳反应发生在 $n=8$ 的情况下。

7.3.4　团簇组成相关的反应活性

上一章的 $NbNiO(CO)_n^-$（$n=5\sim8$）负离子配合物体系，连续羰基吸附促进的一氧化碳氧化反应发生在 $n\geqslant7$ 的情况下。通过同族元素取代改变异双核过渡金属配合物的金属组成，即 Ta 原子取代 Nb 原子，形成 $TaNiO(CO)_n^-$（$n=5\sim8$）负离子配合物体系。光电子速度成像实验结合密度泛函理论计算，证实了 $TaNiO(CO)_n^-$（$n=5\sim8$）负离子配合物体系，在连续的羰基吸附过程中，发生了从 μ^2-O-弯曲结构到 μ^2-O-线性结构的演变，再到 η^2-CO_2 贴附结构的演变。实验和理论结果表明，对于 $TaNiO(CO)_n^-$（$n=5\sim8$）负离子配合物体系，连续羰基吸附促进的一氧化碳氧化反应发生在 $n=8$ 的情况下，意味着

比同类配合物体系 $NbNiO(CO)_n^-$（$n=5\sim8$）需要吸附更多的羰基配体。这表明，过渡金属羰基配合物参与一氧化碳氧化的反应活性，除了受过渡金属配合物表面共吸附的羰基配体影响，还和配合物自身的金属组成密切相关。

为了合理地解释实验结果并深入理解 $TaNiO(CO)_n^-$ 负离子配合物参与一氧化碳氧化反应的动态反应性，我们在 BP86-D3(BJ)/def2-TZVP 理论水平下分析了 μ^2-O-线性结构、μ^2-O-弯曲结构和 η^2-CO_2 贴附结构等三种不同类型结构之间的异构化反应。对于 $TaNiO(CO)_n^-$（$n=5\sim7$），它们的结构异构化的势能曲线展示在图 7-5 中。

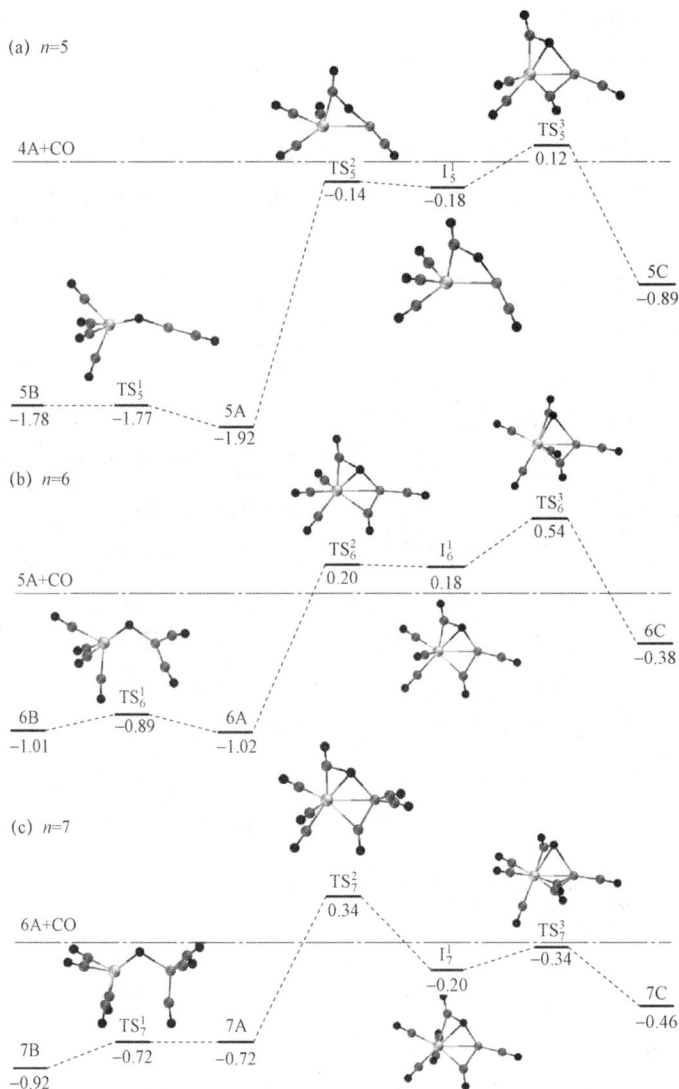

图 7-5　BP86-D3(BJ)/def2-TZVP 理论水平下计算的 $TaNiO(CO)_n^-$（$n=5\sim7$）的异构化反应势能曲线(nB → nA → nC)；图中的数值代表相对于分离的反应物$(n-1)$A 和 CO 的零点校正能量；灰色的点划线表示能量基线[$(n-1)$A + CO]

图 7-5 的左半部分（黑色势能曲线）是 μ^2-O-线性结构向 μ^2-O-弯曲结构的异构化演

变势能曲线。这一步的异构化主要涉及 TaONi 内核的几何转变，即 TaONi 键角或 Ta—Ni 键长的变化。如图 7-5（a）所示，从异构体 5B 至更稳定的 5A 结构的异构化反应几乎是无能垒过程。而 $n=7$ 时的逆过程，即从异构体 7A 至更稳定的结构 7B 的异构化反应，也是无能垒的，如图 7-5（c）所示。这些理论结果可以解释 TaNiO(CO)$_5^-$ 和 TaNiO(CO)$_7^-$ 的光电子能谱图中分别不存在异构体 5B 和异构体 7A 的缘故。对于 $n=7$，简并异构体 6A 和 6B 之间的异构化反应几乎是热中性的，二者被能垒为 0.13 eV 的过渡态 TS$_6^1$ 关联着，如图 7-5（b）所示。因此，简并异构体 6A 和 6B 可能共同存在于 TaNiO(CO)$_6^-$ 负离子束中。这表明 μ^2-O-线性结构和/或 μ^2-O-弯曲结构的存在于否，是不同的反应能垒和两个几何结构的热力学相对稳定性的综合结果。

图 7-5 的右半部分（灰色势能曲线）展示了从 μ^2-O-弯曲结构向 η^2-CO$_2$ 贴附结构的异构化反应势能曲线。我们提出的反应路径遵循类似的 Langmuir-Hinshelwood 机理，其中的一个羰基配位分子先吸附至 μ^2-O-弯曲结构前驱体的一个金属原子上，然后生成的 μ^2-O-弯曲结构通过系统内的一氧化碳进攻桥氧原子，转变成 η^2-CO$_2$ 贴附结构。异构化路径涉及一个过渡态 TS$_n^2$ 生成中间体 I$_n^1$，该中间体中的 CO$_2$ 亚单元是非对称地结合至 Ta—Ni 键轴的桥连位置上，和第二个过渡态 TS$_n^3$ 生成最终的 η^2-CO$_2$ 贴附结构，其中的 CO$_2$ 部分以侧配位的方式结合至钽原子上。

通常，一氧化碳的氧化反应路径遵循类似于 Langmuir-Hinshelwood 的机理进行，需要满足两个条件：一是足够大的羰基结合能；二是涉及后续 CO$_2$ 部分形成的过渡态能量要比初始反应物更低。从图 7-5 可以看出，一个化学吸附的羰基配体进攻桥氧原子生成中间体 I$_n^1$ 的过程是异双核钽镍单氧羰基配合物负离子 TaNiO(CO)$_n^-$ 上一氧化碳氧化反应的瓶颈。异构化过程的这一关键步骤涉及一个 C—O 键的形成，同伴随着 Ta—O 键的弱化。第二步即 CO$_2$ 部分从 Ta—Ni 键轴的非对称桥连位置迁移至钽原子吸附位点，涉及 Ni—O 键的断裂。换言之，一氧化碳化学吸附诱导的 TaONi 内核活化对于氧原子的迁移至关重要，便于氧化一氧化碳。然而，尽管一氧化碳化学吸附至 TaNiO(CO)$_n^-$（$n=5\sim$ 7）是强放热的，η^2-CO$_2$ 贴附结构的生成受到高能垒过渡态的阻碍，其中的一些过渡态甚至比反应入口通道初始反应物的能量还高。这很好地解释了为什么 TaNiO(CO)$_n^-$（$n=5\sim7$）配合物的光电子速度成像实验中没有观测到 η^2-CO$_2$ 贴附结构。

我们在 BP86-D3(BJ)/def2-TZVP 密度泛函理论理论水平下，计算了七羰基配位的异双核钽镍单氧羰基配合物 TaNiO(CO)$_7^-$ 上的一氧化碳氧化反应路径，以理解 $n=8$ 时一氧化碳从物理或化学吸附向氧化反应的演变。图 7-6 展示了 μ^2-O-线性结构（7B）上的一氧化碳氧化反应的势能曲线。

对于 CO$_2$ 亚单元的形成，我们通过理论计算确认了两条完全不同的反应路径。

第一步反应是形成弱配位的配合物，其中新结合的一氧化碳分子可以化学吸附至 μ^2-O-线性结构（7B）的钽原子形成 μ^2-O-线性结构（8B），或是直接物理吸附至 μ^2-O-线性结构（7B）生成中间体 I$_8^1$。不同于 TaNiO(CO)$_n^-$（$n=4\sim6$）配合物上强放热地结合一氧

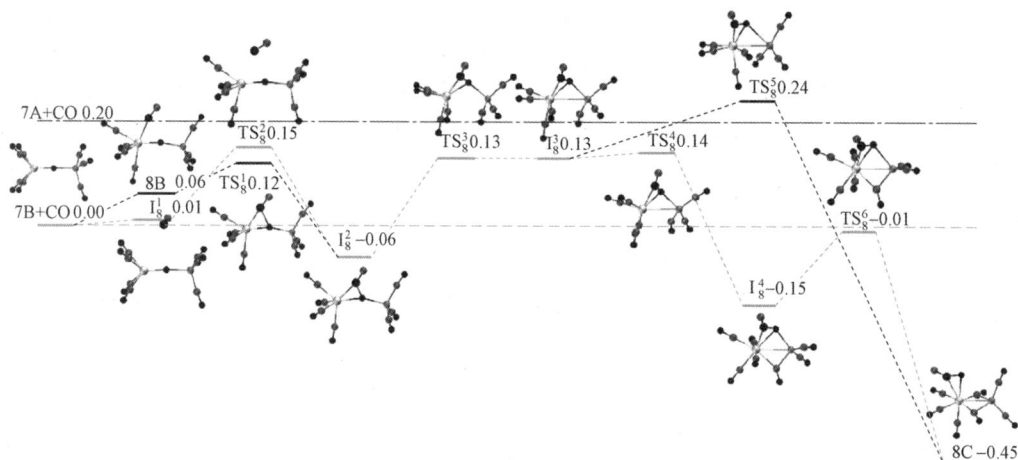

图 7-6　BP86-D3(BJ)/def2-TZVP 理论水平下计算的 7B + CO 反应的势能曲线：
图中的数值代表相对于分离的反应物的零点校正能量；灰色的点划线表示 7A + CO 能量基线，
而虚线表示 7B + CO 能量基线；为了便于讨论，新吸附的 CO 配体采用了与其他 CO 配体相反的颜色
（C 原子和 O 原子分别表示成黑色和灰色小球）来描绘

化碳分子，一氧化碳分子结合至结构（7B）的配位吸附几乎是热中性的，表明 TaONi 内核上的一氧化碳吸附可能达到了饱和。这两个结合羰基的配合物（8B 和 I_8^1），分别被过渡态 TS_8^1 和 TS_8^2 关联至同一个中间体 I_8^2，其中新吸附的一氧化碳分子倾向于键合至桥氧原子形成弯曲的 CO_2 亚单元。新吸附至钽原子的羰基配体倾向桥氧原子，实现过渡态 TS_8^1 中的 C—O 键形成。相对于初始的配合物 I_8^1，过渡态 TS_8^2 的结构中物理吸附的一氧化碳分子更接近 7B 结构部分。很明显，一氧化碳化学吸附形成中间体 I_8^2 的路径，涉及分子系统内的一氧化碳进攻，属于类似于 Langmuir-Hinshelwood 的机理，而另一条物理吸附一氧化碳的路径，涉及分子系统间的一氧化碳进攻，可以归属于类似于 Eley-Rideal 的机理。值得一提的是，CO_2 亚单元在中间体 I_8^2 的关键连接点已经生成了。相较于 $TaNiO(CO)_n^-$（$n=5\sim7$）的过渡态能垒，$n=8$ 时一氧化碳配体进攻桥连氧原子的能垒显著地降低了，表明额外的一氧化碳化学吸附后，TaONi 内核对一氧化碳的氧化有显著增强的活性。

　　然后反应进一步进行，通过 CO_2 迁移形成更稳定的 η^2-CO_2 贴附结构。通过转动 CO_2 亚单元的自由 CO 部分偏离 TaONi 核的平面和缩短 Ta—Ni 距离，结构 I_8^2 可以进一步异构化成重要的中间体 I_8^3，这需要克服 0.19 eV 的低能垒（TS_8^3）。后续的反应按两个不同的通道进行，生成最终的产物 8C，涉及 CO_2 的迁移和两个羰基配体从端式配位模式向桥式配位的转化。两个羰基配体的配位模式演变可以在一个反应通道中逐步进行，也可以在另一反应通道中一步同时完成。能量更优的反应路径首先涉及一个几乎无势垒步骤（TS_8^4），形成羰基单桥式配位立体几何，然后 CO_2 亚单元偏离镍原子和另一个羰基配体从端式配位向桥式配位转变，这关联了一个 0.14 eV 能垒的过渡态（TS_8^6）。第二条反应路径涉及 Ni—O 键的断裂和双桥羰基配位立体几何的形成。对应的过渡态（TS_8^5）比初始反应物 7B 和 CO 能量高 0.24 eV。初看，氧化反应可能被过渡态阻碍，其能垒比单独

的反应物 7B 和 CO 能量稍高。然而，反应路径涉及的活化能垒高度比 TaNiO(CO)$_n^-$（$n=5\sim7$）配合物的情况低得多，因此容易被超声分子束中的热碰撞所克服[16]。此外，完整的一氧化碳氧化反应是热力学放热 0.45 eV。因此，TaNiO(CO)$_7^-$配合物上的一氧化碳氧化反应，类似于 Langmuir-Hinshelwood 的机理和类似于 Eley-Rideal 的机理都是热力学和动力学可行的。

作为对比，我们同时运用密度泛函理论计算了以 7A 结构和 CO 为起始反应的一氧化碳氧化反应，对应的势能曲线展示在图 7-7 中。

首先，一氧化碳分子可以物理吸附或化学吸附，分别生成配合物 I$_8^5$ 或 8A。对于配合物 8A，一氧化碳氧化反应按照类似于 TaNiO(CO)$_n^-$（$n=5\sim7$）反应路径继续进行，即化学吸附的羰基配体先进攻桥氧原子形成 CO$_2$ 亚单元，然后 CO$_2$ 亚单元的配位模式从桥式配位于钽镍双核中心转变成侧配位至钽原子中心，形成最终产物 8C。而配合物 I$_8^5$ 中新吸附的羰基配体进一步靠近桥氧原子，可以生成与图 7-6 所示的 7B 和 CO 反应路径中相同的中间体 I$_8^3$，然后按照上述的后续反应路径继续进行，生成最终产物 8C。这表明，重要的中间体 I$_8^3$ 可以由反应物 7A 和 CO 经类似于 Eley-Rideal 的机理生成，或是由反应物 7B 和 CO 经类似于 Langmuir-Hinshelwood 的机理和类似于 Eley-Rideal 的机理生成。显而易见，对于反应物 7A 和 CO，经类似于 Eley-Rideal 机理的反应路径是更有利的，而经类似于 Langmuir-Hinshelwood 的机理是不可行的，因为当吸附的一氧化碳分子靠近桥氧原子时，该一氧化碳分子要克服一个更高的反应能垒(TS$_8^8$)。

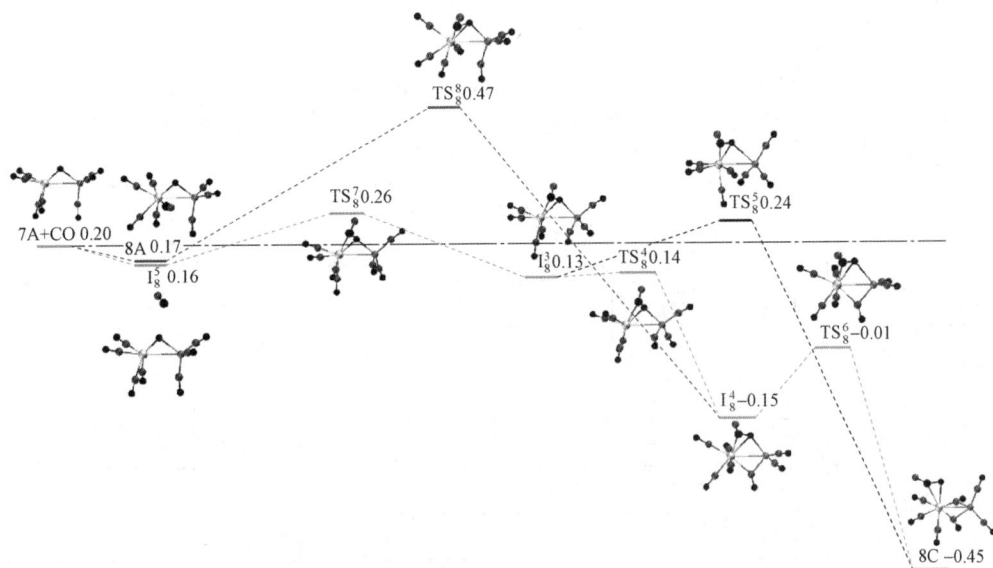

图 7-7　BP86-D3(BJ)/def2-TZVP 理论水平下计算的 7A＋CO 反应的势能曲线：
图中的数值代表相对于分离的反应物的零点校正能量；灰色的点划线表示 7A＋CO 能量基线；
为了便于讨论，新吸附的 CO 配体采用了与其他 CO 配体相反的颜色
（C 原子和 O 原子分别表示成黑色和灰色小球）来描绘

TaNiO(CO)$_n^-$（$n=5\sim8$）系列的几何结构演变和它们对一氧化碳氧化的反应性质，明显不同于同族的 NbNiO(CO)$_n^-$（$n=5\sim8$）系列。对于 NbNiO(CO)$_n^-$（$n=5\sim8$）系列，一氧化碳氧化反应开始发生在 $n=7$ 时，和大部分的异核过渡金属氧化物团簇一样，遵循类似于 Langmuir-Hinshelwood 的机理。然而，对于 TaNiO(CO)$_n^-$（$n=5\sim8$）系列，一氧化碳氧化反应开始发生在 $n=8$ 时，且类似于 Langmuir-Hinshelwood 的机理和类似于 Eley-Rideal 的机理变得普遍可行。这两个体系对一氧化碳氧化反应表现出不同的反应性，暗示着通过指定的过渡金属原子取代改变组分，对于过渡金属氧化物的反应性和一氧化碳反应机理的选择性有重要的影响。如上文所述，过渡金属氧化物团簇的活化对于氧原子迁移去氧化羰基配体至关重要。人们提出了不同的策略或方法来增强过渡金属氧化物的反应性。例如，过渡金属掺杂、负载载体、给予电荷、多配体吸附等。特别的是，吸附的羰基配体增强催化性质的能力已经在凝聚相过程，甚至在原子团簇的气相反应中均有展现。过渡金属–羰基配体间 σ 给予和 π 反馈的协同相互作用涉及金属–羰基间的电荷转移，对过渡金属–氧化学键具有重大的影响。一氧化碳的连续多分子吸附至 NbONi 核，逐渐削弱了 Nb—O 键，从而促进了 $n=7$ 时一氧化碳按照类似于 Langmuir-Hinshelwood 的机理发生氧化。

用同族的钽原子取代异核过渡金属配合物 NbNiO(CO)$_n^-$ 中的铌原子，对 Ni—O 键的长度和 Mayer 键级，以及镍原子和氧原子的自然电荷等的影响甚微。桥氧连接的异构体中 Ta—O 键的键级（$1.17\sim1.77$）大于 Ni—O 键的键级（$0.45\sim0.78$），具体如表 7-3 所示。

表 7-3　BP86-D3(BJ)/def2-TZVP 理论水平下计算的 TaNiO(CO)$_n^-$（$n=4\sim8$）体系 3 种不同类型异构体（μ^2-O-线性结构、μ^2-O-弯曲结构和 η^2-CO$_2$ 贴附结构）的键长、Mayer 键级和原子自然电荷

结构	键长/Å			Mayer 键级			自然电荷/e		
	Ta—O	Ni—O	Ta—Ni	Ta—O	Ni—O	Ta—Ni	Ta	Ni	O
4A	1.855	1.809	2.845	1.50	0.72	0.28	−0.02	0.11	−0.75
5A	1.903	1.798	2.816	1.37	0.78	0.34	−0.35	0.09	−0.79
6A	1.909	1.889	2.772	1.32	0.71	0.25	−0.37	−0.18	−0.72
7A	1.865	2.079	3.056	1.54	0.47	0.17	−0.22	−0.69	−0.70
8A	1.936	2.037	2.990	1.15	0.54	0.17	−0.75	−0.69	−0.69
4B	1.874	1.714		1.60	0.83		−0.25	0.02	−0.77
5B	1.859	1.824		1.66	0.65		−0.10	0.02	−0.84
6B	1.852	1.921		1.71	0.47		−0.09	−0.11	−0.78
7B	1.840	2.031		1.77	0.39		−0.09	−0.65	−0.71
8B	1.904	2.010		1.18	0.39		−0.54	−0.64	−0.71
4C	2.183		2.497	0.64		0.64	−0.16	0.21	−0.55

续表

结构	键长/Å			Mayer 键级			自然电荷/e		
	Ta—O	Ni—O	Ta—Ni	Ta—O	Ni—O	Ta—Ni	Ta	Ni	O
5C	2.075		2.618	0.49		0.49	−0.16	−0.05	−0.57
6C	2.063		2.585	0.50		0.50	−0.18	−0.52	−0.56
7C	2.347		2.471	0.53		0.53	−1.28	−0.20	−0.50
8C	2.361		2.715	0.30		0.16	−1.36	−0.50	−0.51

　　过渡金属–氧键的强度越大，后续的反应能垒越高。键级的差异与从一氧化碳吸附到一氧化碳氧化的结构重组过程所涉及的两个过渡态 TS$_n^2$ 和 TS$_n^3$（$n=5\sim7$）的不同能垒密切相关，表明上述介绍反应路径中第一步所涉及的 Ta—O 键活化是至关重要的。自然布局分析表明，钽原子和镍原子在连续的一氧化碳吸附过程中均作为电子受体。镍原子和钽原子的局部电荷分别在 $n=7$ 和 $n=8$ 时达到其极小值，而桥氧原子的局部电荷几乎没有发生变化。因此，镍原子和桥氧原子间的电荷差异在 $n=7$ 时发生了突变，而桥氧原子和钽原子之间的电荷差异变化发生在 $n=8$ 时。降低过渡金属–氧原子间的电荷差异，可导致过渡金属–氧键的更小离子特征，可能会降低氧原子的解离能，从而促进氧原子的迁移和对应发生在 $n=8$ 时的一氧化碳氧化反应。原子自然电荷布局的变化与 Mayer 键级的改变密切相关。连续的一氧化碳吸附对 Ni—O 键的键长和键级有极小的影响，直到 TaONi 内核化学吸附至 7 个羰基配体。尽管 $n=7$ 时 Ni—O 键的键级已经显著地减小，这时的一氧化碳氧化反应仍然是十分困难的，因为一氧化碳的多分子吸附并没有明显地削弱 Ta—O 键，直至一氧化碳分子的吸附数量达到 $n=8$ 的临界值。整体而言，TaNiO(CO)$_n^-$ 体系的 Ta—O 键比 NbNiO(CO)$_n^-$ 系列的 Nb—O 键（键级：0.87$\sim$1.37）要强。这表明，相较于同类的 NbNiO(CO)$_n^-$ 配合物一氧化碳氧化反应发生在 $n=7$ 时，TaNiO(CO)$_n^-$ 系列需要多吸附一个一氧化碳配体来促进一氧化碳的氧化。目前的工作进一步阐明了一氧化碳氧化反应的羰基配体自促进概念。

　　一氧化碳吸附过程中过渡金属氧化物团簇保留的羰基吸附能被认为是一氧化碳氧化反应的驱动力[17]。不同电荷态的金氧化物团簇，一氧化碳结合能差异很大，在对一氧化碳的氧化反应中，表现对类似于 Langmuir-Hinshelwood 的机理或类似于 Eley-Rideal 的机理的偏好。通常，气相中的一氧化碳氧化反应优先地选择类似于 Langmuir-Hinshelwood 的机理进行[18]，因为类似于 Langmuir-Hinshelwood 的机理中初始的一氧化碳化学吸附所获得的能量，比类似于 Eley-Rideal 的机理中一氧化碳物理吸附所获得的能量要大。对于连续一氧化碳吸附的过程中，TaNiO(CO)$_n^-$ 体系的物理吸附能很小，以至于类似于 Eley-Rideal 的机理竞争不过类似于 Langmuir-Hinshelwood 的机理。然而，随着连续的一氧化碳吸附，一氧化碳化学吸附至桥氧连接异构体上的每步羰基结合能单调递减，最终收敛至接近于物理吸附的结合能，如图 7-8 所示。因此，$n=8$ 时化学吸附失去了它的竞争优势，此时对于 TaNiO(CO)$_8^-$ 配合物上发生的一氧化碳氧化反应，类似于 Langmuir-Hinshelwood 的机理和类似于 Eley-Rideal 的机理均变得动力学可行。

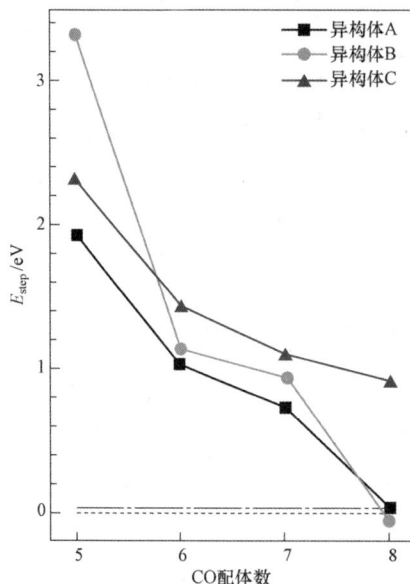

图 7-8　连续羰基吸附过程中，TaNiO(CO)$_n^-$（$n=5\sim8$）配合物负离子的μ^2-O-弯曲结构（A）、μ^2-O-线性结构（B）和η^2-CO$_2$贴附结构（C）3 种不同类型结构的每步羰基结合能曲线：灰色的点划线和点线分别代表物理吸附 CO 到 7A 和 7B 结构的羰基结合能；

$$\{E_{\text{step}} = [E(\text{TaNiO(CO)}_{n-1}^-) + E(\text{CO})] - E(\text{TaNiO(CO)}_n^-)\}$$

　　异核过渡金属配合物 TaNiO(CO)$_n^-$体系的连续一氧化碳吸附过程中，确认了与过渡金属配合物组成相关的反应性和反应机理选择性，其根源在于过渡金属组分的内在性质。反应性质的显著差异归因于不同键强度的过渡金属–氧键，$5d$ 过渡金属的金属–氧键比更轻的 $3d$ 和 $4d$ 过渡金属更强。双原子 TaO 的 8.30 eV 解离能，证实比更轻的 VO 的 6.48 eV 解离能或 NbO 的 7.53 eV 解离能要大得多。考虑了相对论效应和相关效应的高精度从头算计算，阐明了诸如一氧化碳氧化和 C—H 键活化等化学过程中，$5d$ 过渡金属表现出的优越的化学反应性质，在很大程度上是由相对论效应引起的。同样的原因可以用来解释钒族元素正离子（V$^+$、Nb$^+$、Ta$^+$）配合物关于最大羰基配位数的差异。钽原子的 $6s$ 原子轨道的相对论质量速度收缩导致了 Ta—O 键的收缩（表 7-3），相对于 NbNiO(CO)$_n^-$体系中对应的 Nb—O 键更短。由于钽原子的 $6s$ 原子轨道稳定而 $5d$ 原子轨道不稳定，钽原子的 ^{4}F($3d^36s^2$)基态不同于铌原子的 ^{6}D($3d^46s^1$)。因此，钽原子的电子亲和能（0.323 eV）明显地小于更轻的同族元素钒原子（0.526 eV）和铌原子（0.894 eV）。而且，钽原子的 $6s$ 原子轨道稳定和 $5d$ 原子轨道不稳定引起的原子轨道收缩，有利于羰基配体的 π*轨道和钽原子的 $5d_\pi$ 轨道间更好地重叠。因此，相对于钒原子和铌原子的 $3d_\pi$ 和 $4d_\pi$，钽原子 $5d_\pi$ 轨道的电子密度 π 反馈作用更强。相应地，TaNiO(CO)$_n^-$配合物中钽原子的净电子储存能力，相对于同类的 NbNiO(CO)$_n^-$中的铌原子，竞争力更弱。更强的 Ta—O 键和钽原子低竞争力的电子储存能力，导致 TaNiO(CO)$_n^-$配合物对于一氧化碳氧化反应的反应性，弱于对应的 NbNiO(CO)$_n^-$同类配合物，需要额外的一氧化碳配体吸附来驱动 TaNiO(CO)$_n^-$配合物上的一氧化碳氧化。

值得一提的是，TaNiO(CO)$_n^-$（$n=4\sim7$）的 μ^2-O-弯曲结构的 Ta—O 键键级在 1.32-1.52 的范围内，而 μ^2-O-线性结构的 Ta—O 键键级在 $1.60\sim1.77$ 的范围内，暗示着配合物中 Ta—O 键具有双重键的特征。相较于 Ta$^+$ 正离子形成七配位的配合物，TaNiO(CO)$_n^-$ 负离子配合物中的钽原子最大配位数可能降低至 6。TaNiO(CO)$_7^-$ 的镍原子达到它的化学吸附饱和极限和最小值的局部电荷。因此，对于 TaNiO(CO)$_7^-$，额外的一氧化碳配体可以是物理吸附，以保留 Ta—O 双重键，或是通过化学吸附积累，这样 Ta—O 双重键变成单键，以达到钽原子的化学吸附饱和极限。换句话说，TaNiO(CO)$_7^-$ 配合物上的额外羰基化学吸附和物理吸附彼此相当，从而，对于 TaNiO(CO)$_8^-$ 配合物上发生的一氧化碳氧化反应，类似于 Langmuir-Hinshelwood 的机理和类似于 Eley-Rideal 的机理均是动力学可行的。

7.4　本章小结

本章，我们运用光电子速度成像能谱结合密度泛函理论计算、研究了钽镍单氧羰基配合物负离子 TaNiO(CO)$_n^-$（$n=5\text{-}8$）系列的几何结构和对于一氧化碳氧化的反应性演变。3 种不同类型的几何结构参与了配合物基态的竞争，一开始 μ^2-O-弯曲结构是最有利的，然后 μ^2-O-线性结构变得能量更稳定，最后 η^2-CO$_2$ 贴附结构占主导。不同于同族的钒掺杂和铌掺杂的镍氧化物配合物，其羰基配体的多分子吸附导致配合物上发生的一氧化碳氧化反应主要遵循 Langmuir-Hinshelwood 机理，理论计算揭示，对于 TaNiO(CO)$_8^-$ 配合物上自促进的一氧化碳氧化反应，前驱体 TaNiO(CO)$_7^-$ 配合物上的羰基化学吸附和物理吸附不分伯仲，此时类似于 Eley-Rideal 的机理和类似于 Langmuir-Hinshelwood 的机理都变得动力学可行，如图 7-9 所示。TaNiO(CO)$_n^-$（$n=5\sim8$）体系的光电子速度成像研究揭示了异核过渡金属配合物中的金属组分，在调控一氧化碳氧化反应的反应性和机理选择性的重要作用，有助于理论指导高效催化剂的合理设计和开发应用。

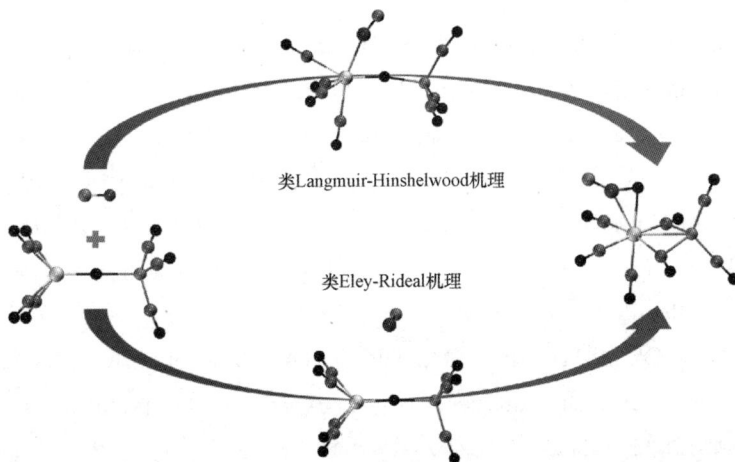

图 7-9　TaNiO(CO)$_7^-$ 与一氧化碳的反应机理选择示意图

7.5　本章主要参考文献

[1]　(a) QIAO B T, WANG A Q, YANG X F, et al. Single-atom catalysis of CO oxidation using Pt_1/FeO_x[J]. Nat. Chem., 2011, 3: 634; (b) GRISEL R J H, NIEUWENHUYS B E. Selective oxidation of CO, over supported au catalysts[J]. J. Catal., 2001, 199(1): 48-59; (c) LOPEZ N, JANSSENS T V W, CLAUSEN B S, et al. On the origin of the catalytic activity of gold nanoparticles for low-temperature CO oxidation[J]. J. Catal., 2004, 223(1): 232-235.

[2]　LANGMUIR I. Part II. —"Heterogeneous Reactions". chemical reactions on surfaces[J]. Trans. Faraday Soc., 1922, 17(0): 607-620.

[3]　ERTL G. Reactions at well-defined surfaces[J]. Surf. Sci., 1994, 299-300: 742-754.

[4]　(a) SCHWARZ H, ASMIS K R. Identification of active sites and structural characterization of reactive ionic intermediates by cryogenic ion trap vibrational spectroscopy[J]. Chem. Eur. J., 2019, 25(9): 2112-2126; (b) MA J B, WANG Z C, SCHLANGEN M, et al. On the origin of the surprisingly sluggish redox reaction of the N_2O/CO couple mediated by$[Y_2O_2]^+$. and$[YAlO_2]^+$. cluster ions in the gas phase[J]. Angew. Chem. Int. Ed., 2013, 52(4): 1226-1230.

[5]　(a) WANG L N, LI X N, JIANG L X, et al. Catalytic CO oxidation by O_2 mediated by noble-metal-free cluster anions $Cu_2VO_{3-5}^-$[J]. Angew. Chem. Int. Ed., 2018, 57(13): 3349-3353; (b) ZOU X P, WANG L N, Li X N, et al. Noble-metal-free single-atom catalysts $CuAl_4O_{7-9}^-$ for CO oxidation by O_2[J]. Angew. Chem. Int. Ed., 2018, 57(34): 10989-10993; (c) WANG L N, LI X N, HE S G. Catalytic CO oxidation by noble-metal-free $Ni_2VO_{4,5}^-$ clusters: a CO self-promoted mechanism[J]. J. Phys. Chem. Lett., 2019, 10(5): 1133-1138.

[6]　LI X N, YUAN Z, HE S G. CO oxidation promoted by gold atoms supported on titanium oxide cluster anions[J]. J. Am. Chem. Soc., 2014, 136(9): 3617-3623.

[7]　ZHANG J M, LI Y, LIU Z L, et al. Ligand-mediated reactivity in CO oxidation of niobium-nickel monoxide carbonyl complexes: the crucial roles of the multiple adsorption of CO molecules[J]. J. Phys. Chem. Lett., 2019, 10(7): 1566-1573.

[8]　WILEY W C, MCLAREN I H. Time-of-flight mass spectrometer with improved resolution[J]. Rev. Sci. Instrum., 1955, 26(12): 1150-1157.

[9]　DRIBINSKI V, OSSADTCHI A, MANDELSHTAM V A, et al. Reconstruction of Abel-transformable images: the gaussian basis-set expansion abel transform method[J]. Rev. Sci. Instrum., 2002, 73(7): 2634-2642.

[10]　HO J, ERVIN K M, LINEBERGER W C. Photoelectron spectroscopy of metal cluster

anions: Cu$_n^-$, Ag$_n^-$, and Au$_n^-$[J]. J. Chem. Phys., 1990, 93(10): 6987-7002.

[11]　FRISCH M J, TRUCKS G W, SCHLEGEL H B, et al. Gaussian 09. Wallingford, CT: Gaussian, Inc., 2013.

[12]　ZHANG J M, LI Y, BAI Y, et al. CO oxidation on the heterodinuclear tantalum-nickel monoxide carbonyl complex anions[J]. Chin. Chem. Lett., 2021, 32(2): 854-860. 白燕. 异双核钽镍单氧羰基配合物催化氧化 CO 反应的机理研究［D］. 山西师范大学, 2022."

[13]　GRIMME S, EHRLICH S, GOERIGK L. Effect of the damping function in dispersion corrected density functional theory[J]. J. Comput. Chem., 2011, 32(7): 1456-1465.

[14]　GRIMME S, ANTONY J, EHRLICH S, et al. A consistent and accurate ab initio parametrization of density functional dispersion correction(DFT-D)for the 94 elements H-Pu[J]. J. Chem. Phys., 2010, 132(15): 154104.

[15]　PENG C Y, AYALA P Y, SCHLEGEL H B, et al. Using redundant internal coordinates to optimize equilibrium geometries and transition states[J]. J. Comput. Chem., 1996, 17(1): 49-56.

[16]　KIMBLE M L, MOORE N A, JOHNSON G E, et al. Joint experimental and theoretical investigations of the reactivity of Au$_2$O$_n^-$ and Au$_3$O$_n^-$($n = 1$-5)with carbon monoxide[J]. J. Chem. Phys., 2006, 125(20): 204311.

[17]　BÜRgel C, REILLY N M, JOHNSON G E, et al. Influence of charge state on the mechanism of CO oxidation on gold clusters[J]. J. Am. Chem. Soc., 2008, 130(5): 1694-1698.

[18]　BAXTER R J, HU P. Insight into why the langmuir-hinshelwood mechanism is generally preferred[J]. J. Chem. Phys., 2002, 116(11): 4379-4381.

第 8 章

总结和展望

　　双核过渡金属羰基配合物团簇是理解金属–金属和金属–配体相互作用的简单模型体系,在金属有机化学和催化中发挥着重要应用。气相负离子的光电子速度成像技术是研究过渡金属羰基配合物负离子的有效实验手段之一,该技术可以同时获得负离子的光电子能谱和对应电子跃迁的角分布信息,结合量子化学理论计算,可以解析配合物的几何结构、电子结构和反应性质。本研究利用脉冲激光溅射–超声膨胀分子束载带团簇离子源,气相制备了一系列的双核过渡金属羰基配合物团簇负离子,采用质量选择的负离子光电子速度成像能谱方法,获得了这些配合物负离子的光电子能谱和角分布信息,并通过密度泛函理论方法对它们的几何结构、电子结构、化学成键和反应性质进行了理论计算。通过实验光谱数据与理论计算值的比较,确定了它们的几何和电子结构,对饱和/不饱和配位的同核和异核过渡金属羰基配合物团簇负离子的几何电子结构、金属–金属和金属–配体成键,以及这些双核过渡金属羰基配合物参与一氧化碳氧化反应的活性进行了讨论。

　　通过对一些代表性的双核过渡金属羰基配合物负离子开展光电子速度成像研究,本研究取得了初步的成果。双桥配位的 $Ni_2(CO)_n^-$($n=4\sim6$)体系表明桥羰基配体与金属双核构建了三中心两电子成键,桥羰基给予的电子对同时被桥连的金属双核共享;$AgNi(CO)_n^-$($n=2\sim3$)体系揭示了过渡金属掺杂诱导的电荷转移,可以增强对一氧化碳配体的活化;$AgFe(CO)_4^-$羰基配合物中的金属双核成键时,邻近的羰基配体也会参与其中,形成特殊的多中心电子共享 σ 键;$NbNiO(CO)_n^-$ 和 $TaNiO(CO)_n^-$($n=5\sim8$)体系的对比研究表明,过渡金属氧化物参与一氧化碳氧化反应的反应活性,一方面受到连续吸附的羰基配体的调控,另一方面表现出与金属组分的相关性。这些结论为理解一氧化碳在过渡金属表面的化学行为提供了理论参考,有助于理论指导高效催化剂的合理设计和开发应用。

　　虽然当前的研究工作取得了一定的成果,但仍存在一些不足和值得改进的地方。在实验技术方面,受限于热的激光蒸发团簇源,实验探测的光电子能谱的谱峰普遍出现展宽的现象，从而掩盖了许多有用的光谱信息。这就要求我们继续优化团簇源的条件，同时发展低温离子技术。当前的光电子速度成像能量分辨率在 5% 左右，无法获得一些更精细的振动、转动结构，在后续的研究中，可以将成像系统升级成慢电子速度成像。此外，由于光脱附区的离子质量分辨率有限，部分研究体系受到质量近简并的杂质离子的干扰。为了提高光脱附区的质量选择能力，现在正在开发双反射式飞行时间质谱。在研究体系方面，当前的体系集中于双核的过渡金属配合物，在一定程度上能反映金属材料表面的化学行为。但为了更接近真实的凝聚相金属表面化学反应，后续的光电子成像研究工作可以推广至大尺寸的多核过渡金属配合物体系，建立从原子分子层次至凝聚相的联系。